21世纪高等院校教材

粉体工程导论

周仕学　张鸣林　编著

科学出版社
北京

内 容 简 介

本书综合近年来国内外粉体工程发展的最新理论和技术成果，结合作者在粉体制备、表征、应用等方面的研究，以粉体的“认知—加工—利用—安全”为主线，系统地阐述粉体工程的基本理论、工程技术、工艺设备。全书主要内容包括粉体的几何性质、力学性质、粉碎制备、分级与分离、储存与转运、混合与造粒、粉尘的危害与防治等。

本书可作为普通高等学校矿物加工、无机非金属材料、金属材料等专业的本科生教材或教学参考书，也可供煤炭、冶金、建材、化工、环保等领域从事粉体加工利用和粉尘控制方面工作的科研人员和工程技术人员参考使用。

图书在版编目(CIP)数据

粉体工程导论/周仕学，张鸣林编著.—北京：科学出版社，2010.2
21世纪高等院校教材
ISBN 978-7-03-026506-7

Ⅰ.①粉… Ⅱ.①周… ②张… Ⅲ.①粉末技术-高等学校-教材
Ⅳ.①TB44

中国版本图书馆CIP数据核字(2010)第014472号

责任编辑：陈雅娴 杨向萍 / 责任校对：陈玉凤
责任印制：张 伟 / 封面设计：陈 敬

科 学 出 版 社 出版
北京东黄城根北街16号
邮政编码：100717
http://www.sciencep.com
北京虎彩文化传播有限公司 印刷
科学出版社发行 各地新华书店经销
*
2010年 2 月第 一 版 开本：B5(720×1000)
2023年11月第九次印刷 印张：14 1/2
字数：292 000
定价：58.00 元
(如有印装质量问题，我社负责调换)

前　　言

人们对粉体的加工和利用有悠久的历史。在我国古代，北京周口店山顶洞人用赤铁矿粉饰石珠等；新石器时代，人们在烧制陶器的原料陶土中添加石英等粉体，改善成品陶器的耐热急变性能；仰韶文化时期，人们用赤铁矿、黑锰矿等粉体作颜料制作彩陶，把“料姜石”磨细为“白灰面”涂抹洞壁；商代，人们把长石、石英等粉体加入黏土，配成釉料用于制造釉陶，用朱砂和碳素制墨写成甲骨文；周代，人们以明矾作媒染剂，用茜素染出红布；秦代，人们用朱砂、蓝铜矿、雌黄等粉体作颜料，制出彩绘陶兵马俑；汉代，人们用高岭土成功烧制瓷器；唐代，人们用氧化铁、氧化铜、氧化钴等粉体作颜料釉，制成闻名于世的“唐三彩”釉陶；宋代，人们以石灰调制防染剂，用于制作蓝印花布。在国外，古埃及人在泥浆中掺入砂后砌成土砖，用于建造金字塔；古罗马人在石灰中掺入砂和磨细的火山灰，制得原始水泥“罗马砂浆”。

当代，粉体工程支撑着国民经济的各行各业。2008 年，我国粉碎加工小麦 1.1 亿吨，玉米 1.7 亿吨，水泥 13.9 亿吨，煤炭 27.2 亿吨，铁矿石 8.2 亿吨，稀土矿石 8.2 亿吨，以及铝土矿石、铜矿石、金矿石等数亿吨。人们的衣、食、住、行无不与粉体密切相关，新材料、新能源、新工艺等领域的高新技术也无不渗透着粉体的贡献。但是，随之也带来了环境污染、生产及人身安全问题，如煤矿井下粉尘爆炸、粉体作业环境导致尘肺病、燃煤排放大量烟尘污染大气等。掌握粉体工程的理论和技术，对从事矿物加工、粉末冶金、无机非金属材料、环境保护等方面工作的研究者和工程技术人员是非常重要的。

对粉体的记载也由来已久。我国西汉的《神农本草经》记载了硝石粉能治 20 多种疾病，东汉的《周易参同契》提到了硫磺粉用于炼丹，明代的《本草纲目》记载了铜矿、水晶等多种粉体入药，明代的《天工开物》描述了原始粉末冶金工艺。在国外，从近代开始大量地论述粉体。1943 年美国学者达拉瓦勒(J. M. Dallavalle)出版了 *Micromeritics*，1960 年德国学者麦尔道(I. R. Meldau)编写了 *Handbuch der Staubtechnik*，1966 年美国学者奥尔(C. Orr)出版了 *Particulate Technology*。此后，国内外相继出现了多种版本的粉体工程方面的专著和教材。

本书基于作者在粉体的制备、表征、应用等方面研究的理论和技术成果，并结合国内外粉体工程的最新发展，阐述粉体工程的基本理论、工程技术、工艺设备，主要内容包括粉体的几何性质、力学性质、粉碎制备、分级与分离、储存与转运、混合与造粒、粉尘的危害与防治等。对粉体工程的各个环节，先阐述经典理论、成熟技术、重要设备、应用实例，再探讨其中存在的问题和今后的发展方向。

本书介绍了作者在粉体实验研究和工程应用方面的最新成果:①超细粉体的观测,展示了所制储氢粉体材料、氧化锆镀层、沉积碳等在电子显微镜及原子力显微镜下拍摄的形貌照片;②粉体粒度的控制,列举了山东兖州矿业集团水煤浆气化炉优化煤粒度的工程实践,描述了螺旋藻吸附纳米蒙脱石、活性炭粒度对吸附性能影响等方面的研究结果;③粉碎理论和技术,根据矿物的微观结构,提出粒子聚集理论及选择粉碎方式的原则,特别是粉磨过程中防止金属粒子焊接的方法,为提高粉碎效率、减少粉碎功耗、制取超细粉体提供了重要依据;④新型粉体材料的制备,创立了高效氢气反应球磨一步法制备镁碳复合储氢材料,在镁粉中添加微晶碳,于球磨罐内与1~2 MPa氢气进行反应球磨2~4 h,即可制得放氢动力学性能优异的储氢纳米材料。

书中的经典内容参考了陆厚根、陶珍东、谢广元、曾凡、郑水林、李凤生等编写的粉体工程方面的教材,并参阅了国内外从事粉体研究的诸多专家、学者的研究成果和文献资料,谨向他们表示衷心的感谢。

作者对粉体的研究,得到国家自然科学基金、山东省自然科学基金、教育部留学回国人员科研基金等的资助,得到吕宪俊、邱俊、王力、于洪观、崔广文、刘振学等的支持,并得益于研究生杨敏建、张同环、马怀营、吕东琴、姜瑶瑶、胡秀颖、吴峻青、卢国俭、聂西文、林乐腾、雷桂芹、谭琦、张光伟、李桂江、牛海丽、陈海鹏、康凤楠等同学辛勤的课题研究和资料整理工作,在此一并表示深切的谢意。

由于作者水平所限,书中难免有不妥和错误之处,敬请同行和读者批评指正。

作　者

2009年11月

目　　录

第1章 绪 论

1.1 粉体的发展史

1.1.1 古代对粉体的加工利用

人们的生产和生活自古就与粉体密切相关，对粉体的认识和应用已有上万年的历史。人们最初是用矿物粉体作粉饰颜料，见证于距今3万年的北京周口店山顶洞人遗址。在那里发现了以赤铁矿粉饰的赭红色小石珠、贝壳、兽牙、鱼骨等140多件装饰品。此后，人们将粉体用于陶瓷、建筑材料、墨、印染、医药等。

1. 粉体用于制造陶瓷

(1) 夹砂陶。新石器时代人们在制造陶器时，用陶土(一种黏土，含铁量一般在3%以上)作原料，并掺入石英(SiO_2)、长石[(K_2O, Na_2O, CaO, BaO)·Al_2O_3·$6SiO_2$]等砂质粉体，以增强陶土的成型性能，降低陶坯在火烧过程中的收缩率，改善所烧出陶器的耐热急变性能，提高成品率和陶器耐用性，这种陶器称为夹砂陶。例如，1962年在山东省曲阜市西夏侯遗址出土的大汶口文化时期的夹砂陶“袋足陶鬶”。夹砂陶主要作炊器，也有饮器、食器。对于炊器，由于其中掺入了砂，在火中煮食时陶器不易爆裂，颇似今日的砂锅。

(2) 彩绘陶。将陶器烧成后再行彩绘的陶器称为彩绘陶。所用的绘彩颜料为矿物粉体，并添加胶质物，使颜料贴附到陶器表面。1978年，在甘肃省天水市秦安县大地湾遗址出土的大地湾文化时期的白色彩绘陶，先用淘洗过的陶土烧制成细泥陶，再把含有较多方解石($CaCO_3$)的“料姜石”烧熟后研磨成白色颜料粉，绘在陶器表面上。在陕西省西安市的秦始皇陵出土的彩绘陶兵马俑，用朱砂(HgS)、铅丹(Pb_3O_4)、赤铁矿(Fe_2O_3)、蓝铜矿{$Cu_3[CO_3]_2(OH)_2$}、孔雀石{$Cu_2[CO_3](OH)_2$}、雌黄(As_2S_3)、白铅($PbCO_3$)等矿物粉体作颜料进行彩绘。其中，1975年发掘的秦始皇陵兵马俑1号坑有陶俑、陶马6000余件，形同真人、真马，色彩以大红大绿为主，有朱红、枣红、玫瑰红、橘红、粉红、紫红、粉紫、深绿、粉绿、天蓝、深蓝、珠宝蓝、杏黄、土黄、深赭、赭黑、粉白等10多种颜色。

(3) 彩陶。将陶坯先彩绘再行焙烧的陶器称为彩陶。陶坯制成后在上面彩绘，一般以赤铁矿作红色颜料，以软锰矿(MnO_2)作黑色颜料。将颜料矿物砸碎，研磨成粉，加水调和成颜料浆，使用类似毛笔的工具，在陶坯表面绘制各种图案。坯体绘彩后，有的用卵石等工具反复滚压、打磨，使陶坯表面质地致密、光洁细腻，并且颜料嵌入坯表，牢固地附着在坯体上，使之成为坯表的有机组成部分而不致脱落。然后装入窑，用氧化性火焰经 900～1100 ℃焙烧，便在橙红的底色上呈现出红、褐、黑等颜色的图案，并且颜料由于发生化学变化而与陶坯融为一体。例如，1955 年在陕西省西安市半坡遗址出土的仰韶文化时期的“人面鱼纹盆”彩陶，绘有清晰的黑色线条的人面和鱼纹图案。

(4) 釉陶。施以低温釉的陶器称为釉陶。将长石、石英、大理石、石灰等粉体掺入黏土并加水调配成釉料，涂敷于坯体表面，经一定温度焙烧而熔融，冷却后就形成一薄层玻璃态的釉。按颜色区分，有绿釉、褐釉、黄釉、黑釉等。釉提高了陶器的机械强度和热稳定性，并可防止液体渗透和气体侵蚀，釉还具有使陶器更为美观、便于洗拭、不被尘土黏染等作用。我国商代出现原始釉陶。春秋战国时期出现铅釉陶器，以铅黄(PbO)作为基本助熔剂，用 Cu 和 Fe 的化合物作为呈色剂，在氧化性气氛中焙烧，呈现出翠绿、黄褐和棕红色，釉层清澈透明，釉面光泽平滑。唐代烧制的以黄、褐、绿三色为主的绚丽多彩的彩色釉陶“唐三彩”闻名于世，先用白色黏土(经挑选、舂捣、淘洗、沉淀、晾干等处理)作坯料，经 1000～1100 ℃素烧，再用含有 Fe_2O_3、CuO、CoO、MnO_2 等的矿物作着色剂、用铅黄作助熔剂配成釉料，涂敷后，经 900 ℃釉烧而制成。在窑内釉烧时，各种金属氧化物熔融、扩散、任意流动，形成斑驳灿烂的多彩釉，有黄、绿、褐、蓝、紫、黑、白等颜色，造型有动物、器皿、人物。

(5) 瓷器。我国早在东汉时期就已成功烧制瓷器，是用高岭土作胎料，施釉后经 1300 ℃高温焙烧而成，此技术比欧洲领先约 1700 年。所用的高岭土因最早出产于江西景德镇东乡高岭村而得名，又称瓷土、瓷石，其主要矿物为高岭石 $Al_4[Si_4O_{10}](OH)_8$，含铁量一般在 3%以下，粉体粒径小于 2 μm，是长石类岩石经长期风化和地质作用而形成的。瓷器的釉料品种很多，其中以颜色釉为主，是在釉料中加入金属氧化物粉体颜料而成。唐代盛行蓝釉；宋代有影青、粉青、定红、紫钧、黑釉等；明代宣德年间尤以青花瓷闻名，是以氧化钴粉作呈色剂，在坯胎上进行纹饰绘制后，再施以透明釉，入窑一次烧制成高温釉下彩瓷器；清代乾隆年间，景德镇已有各种颜色釉 60 多种。

2. 粉体用作建筑材料

我国仰韶文化时期的先民把“料姜石”磨细制成“白灰面”，用来涂抹山洞、地穴的地面和壁面，使其变得光滑、坚硬。“白灰面”因呈白色粉末状而得名，是迄今所发现的我国古代最早的建筑胶凝材料。

石灰始现于公元前 7 世纪的周代，用大蛤的外壳烧制，因其具有良好的吸湿、防潮性能和胶凝性能，用于修筑陵墓等。秦汉时期用石灰石烧制石灰，加水调制成石灰浆体，用于砌筑条石和砖墙、粉刷墙面，如万里长城的许多地段在砌筑时使用了石灰。南北朝时期出现了建筑材料三合土，顾名思义，是由三种材料配制、夯实而成的一种建筑材料，其组成为石灰、黏土、细砂，将其用作地面、屋面、房基、筑坝原料等。明代出现了以石灰、陶土、碎石组成的三合土。清代则有石灰、炉渣、砂子组成的三合土。在三合土中，石灰是不可或缺的。宋代民间出现了一种以三合土为主浇筑墓穴的方法，墓穴被一层又一层的石灰糯米浆、三合土等紧密包裹，增强墓葬的密封和防盗性能。这种方法在普通官僚士大夫阶层尤其流行，最典型的例子是1964年在江苏省苏州市发掘的“娘娘墓”。该墓是元代末割据苏州自立为“吴王”的张士诚的母亲的墓，修于1365年。墓穴从里到外用石灰浆、三合土、石块等浇筑了十多层，盗墓者费了九牛二虎之力，凿到第七层，再也无力坚持下去，只好悻悻而去；考古工作者对这座墓进行发掘时，打秃了许多钢钎，还是无法打开墓穴，最后动用钻井机械，大卸八块，才发掘成功。墓内古尸肌肤呈白色，保存尚好，大量银器及一些绸缎、金钗、白玉片、红脂粉等陪葬品都保存完好。

国外将粉体用于建筑也有悠久的历史。古埃及人建造金字塔时，除了用岩石外，还用了尼罗河泥浆砌筑成的土砖，为增加砖的强度、减少其收缩，在泥浆中掺入砂。公元前146年后，古罗马人在石灰石煅烧生成的石灰中不仅掺砂，还将火山灰磨细掺入其中，制成“石灰-火山灰-砂”三组分砂浆，又称为“罗马砂浆”。这种砂浆在强度和耐水性方面比“石灰-砂”二组分砂浆有很大改善，用其砌筑的普通建筑和水中建筑都比较耐久。

3. 粉体用于制墨和印染布

在制墨方面，出土于河南省安阳市殷墟（商代晚期都城遗址）的距今3300年的15万片甲骨上，有黑色和红色的字迹4500个，经化验，黑色是碳素单质，红色是朱砂。出土于湖北省云梦县睡虎地秦墓（战国末期至秦代的墓葬群）的墨丸，为最早出土的一块墨丸，是用碳素单质（煤、烟炱）与动物胶调和而成。出土于河北省保定市望都汉墓的松塔形墨丸，黑腻如漆，烟细胶清，手感轻而致密，埋藏1800年仍不龟裂。

在布料印染方面，我国古代最初用赤铁矿粉染红色，后来用朱砂，用石黄（AsS）和铅黄（PbO）染黄色，用铜矿石染青色，用白云母$\{KAl_2[AlSi_3O_{10}](OH,F)_2\}$和白铅（$PbCO_3$）染白色，用炭黑染黑色。周代以明矾$\{KAl[SO_4]_3 \cdot 12H_2O\}$作为媒染剂（对染色起媒介作用的物质），用茜草根所含的茜素染出红布。宋代著名的蓝印花布，是以石灰和黄豆等调和而成的浆体作为防染剂（印花色浆中起防止染色作用的物质）。

4. 粉体入药

在元代“御药院方”中，将珍珠碾为极细的粉体入药；在西汉《神农本草经》（我国现存最早的中药学专著）中，硝石粉（KNO_3）被列为上品中的第六位，认为它能治 20 多种病；明代李时珍的《本草纲目》中记载了水晶粉（α-SiO_2）、铜矿粉、鳗鲡骨粉、牡蛎壳粉、蟹壳粉等入药。

西汉时期的方士开始炼制矿物药“仙丹”。东汉末年，魏伯阳的《周易参同契》（世界上最古老的炼丹著作）专讲炼丹，提到硫磺等矿物粉体的使用。在炼丹的基础上，炼丹家把硫磺、硝石、木炭三种粉体按一定比例混合（三者的物质的量之比为 1∶2∶3，质量比约为 10∶75∶15），发明了火药，时间在唐宪宗元和三年（公元 808 年）之前。由于炼丹家喜欢保守秘密，现尚无法知道火药发明的具体年代。

5. 古代制备粉体的工具

大地湾遗址出土大量彩陶的同时，出土了沾有颜料的石斧，由此推测先民们用石斧粉碎颜料矿物；还出土了上百件研磨石、研磨盘，可能是用于研磨彩陶颜料的成套工具。研磨石有圆形、圆锥形、椭圆柱形，均有一个光滑的研磨面；研磨盘形状多样，但都有一个凹陷的磨坑。

古代逐步发展起来用于粉碎固体的石斧、石杵、石臼、石磨、石碾等石器，原材料易得、材质污染小、制造简单、使用方便，而得以广泛应用，以至于像石臼、石磨、石碾等沿用至今，但石器不能用于粉碎硬度大的物料。古代铜器和铁器的出现，有助于粉碎硬度较大的物料，但生产效率仍较低，粉体粒度的可控性还较差。

1.1.2 现代的粉体工程

如今人们的衣、食、住、行，国民经济的各个行业，无不与粉体密切相关，新材料、新能源、新工艺等领域的高新技术无不渗透着粉体的贡献。涉及粉体工程的主要工业领域可归纳为如下几个方面：

(1) 冶金工业。各种金属矿石的磨矿、选矿、团矿、烧结，粉末冶金、硬质合金、金属陶瓷、金属淬火、合金调制，铸造型砂、金属塑性加工、金属腐蚀、金属表面处理，高炉炼铁用焦的原料煤粒度和煤种配比，铁合金生产用焦的粒度控制等。

(2) 无机非金属材料工业。水泥、玻璃、石灰、陶瓷、耐火材料、保温材料、碳素材料等工业原料的粉碎、热处理，感压材料、感热材料、荧光粉体、照相感光材料、录音录像磁性材料的制备等。

(3) 煤炭工业。煤粉碎、选煤、配煤、水煤浆制备、粉煤气流输送、流化床煤燃烧、烟气集尘、粉煤灰利用、煤泥水处理、煤尘爆炸防治等。

(4) 石油及化工行业。钻井泥浆配制、固体催化剂制备、催化剂床层流化、塑料球晶化、化肥造粒、农药造粒、洗衣粉造粒、悬浮剂分散，橡胶填料、塑料配合剂、钛白粉、颜料、纳米涂料、化妆粉、固体炸药、照相乳剂的生产等。

(5) 食品及制药行业。面粉超细分级、果实超细粉碎、调料微细化，医药造粒、中药微细化、药物缓释剂等。

现在用来生产粉体的粉碎机大小、式样各异，实现了粉碎工艺参数的自动控制，可以准确地控制粉体粒度，而且能制备粒度非常小的粉体，粉碎效率高，生产能力强。

1.1.3　粉体工程学科的形成

明代宋应星的著作《天工开物》(公元 1637 年)对一些原始的粉末冶金工艺进行了描述和总结。到了近代，随着粉体相关工业的不断发展，各行各业认识到粉体的共性，将粉体作为物质的一种存在形式，从而粉体科学技术发展成为一门综合而又相对独立的学科，称为"颗粒学"或"粉体工程学"。1943 年，美国学者达拉瓦勒出版了世界上第一部关于粉体的专著 *Micromeritics*；1960 年，德国麦尔道编写了 *Handbuch der Staubtechnik*；1966 年，美国的奥尔出版了 *Particulate Technology*，此后国内外相继出现了多种版本的粉体工程学方面的专著和教材。

粉体工程学以粉体为研究对象，研究其性质及加工利用技术，基本内容包括：①粉体的几何性质，包括粉体粒度、颗粒形状、粒度分布、粒度测定方法、粉体填充结构；②粉体的力学性质，包括颗粒间作用力、湿粉体内液桥力、粉体摩擦力、流动阻力；③粉体加工利用的理论、方法、技术、设备，包括粉碎、机械力化学、分级、分离、储存、输送、喂料、混合、造粒等工艺及过程参数的控制；此外还涉及呼吸性粉尘、粉尘爆炸、沙尘暴的防治。

近年来，粉体技术成为实施可持续发展战略的主导技术得以迅速发展，新理论、新方法、新技术层出不穷，并与理、工、农、医等多个学科领域及若干现代工程技术不断交融，覆盖范围更广泛，科学内涵更丰富，应用技术更现实。从而使粉体工程学发展成为一门极为重要的新兴综合性学科，引领科技发展趋势，为矿业发展、能源供应、环境保护等提供技术支撑，受到国内外科技界的高度重视。

1.2　粉体的定义

1.2.1　粉体与颗粒的关系

颗粒(particle)是小尺寸物质的通称，其几何尺寸相对于所观测的空间尺度而言比较小，从厘米级到纳米级大小不等，又称为粒子(狭义的粒子是指微小的颗粒)。粉体(powder)是大量颗粒的集合体，即颗粒群，又称为粉末(狭义的粉末是指粒度较小的部分）。颗粒是粉体的组成单元，是粉体中的个体，是研究粉体的出发点。颗粒又总是以粉体这种集合体的形式出现，集合体产生了个体所不具有的性质。粉体由诸多颗粒组成，是大量颗粒的宏观表现，其性质取决于各颗粒，并受颗粒堆积情况、颗粒之间介质、外界作用力等的影响。

“颗粒”和“粉体”这两个术语，都是从几何尺寸上对物质所下的定义，其本身不涉及化学组成、物质结构、物理性质、化学性质、工艺性能和用途等。根据不同的研究目的、研究角度和研究方法对同一领域事物进行认知时，因考虑问题的出发点、角度和目的不同，对研究对象及学科的命名也不同。侧重于研究个体颗粒时，将学科称为“颗粒学”；侧重于研究集合体粉体及其工程问题时，则将学科称为“粉体工程学”。命名的差异有助于从不同的角度加深对同一对象的认识，殊途同归，在信息传播和交流中应注意这一差异。

1.2.2　粉体的存在状态

粉体颗粒除了以固态存在以外，气体中的液滴、液体中的气泡也都属于颗粒的范畴，所以，颗粒有固、液、气三种相态，但通常是指以固态存在的，即粉体颗粒是小尺寸的固体。同样是固态粉体颗粒，不同运动状态时也显现出不同的性质，静止时是固体，悬浮在气体中时具有气体的某些性质，流动时又酷似流体。

粉体颗粒有的以分散状态存在，有的以聚集状态存在。固态物质可以看作分散或聚集的粉体。大部分固态物质是分散的粉体，如矿砂、精矿粉、煤粉、泥沙、水泥、涂料、颜料、土壤、谷物、面粉、种子、食盐、砂糖、药丸、煤灰、尘埃等。大块固体是粉体颗粒的聚集体，即大块固体在微观结构上也是由粉体颗粒构成的。例如，大块矿石由一个个矿物颗粒聚集而成，如图 1－1 所示。又如，材料表面的金属氧化物镀层由一个个金属氧化物颗粒组成，材料表面沉积的碳层由一个个碳颗粒组成，如图 1－2 所示的氧化锆镀层和乙炔热解沉积碳层。

以分散状态存在的粉体与以聚集体存在的大块固体具有不同甚至是迥异的性质。粉体是固体材料的一种存在状态，可将其称为“粉体材料”。粉体颗粒越小，其化学势越高，溶解度越大，熔点越低。超细粉体的光、电、磁、热等性质会发生奇异的变化。例如，当颜料粒径小到可见光波长（0.4～0.7 μm）的 2/3～1/2 时，颗粒对入射光的散射能力最大，颜料具有较高的遮盖力，而当粒径进一步减小，小到可见光波长的 1/2 以下时，因发生光的衍射，颜料遮盖力显著下降，对光具有透明性。因此，把粉体作为物质的一种特定存在状态，对其进行深入研究，充分认识和利用其特性，对于矿物材料及粉体技术的创新具有重要意义。

(a) 赤铁矿(hematite)

(b) 黄铜矿(chalcopyrite)

(c) 孔雀石(malachite)

(d) 石榴石(garnet)

(e) 锂云母(lepidolite)

(f) 自然金(native gold)

图 1-1　矿石中的颗粒

(a) 氧化锆镀层

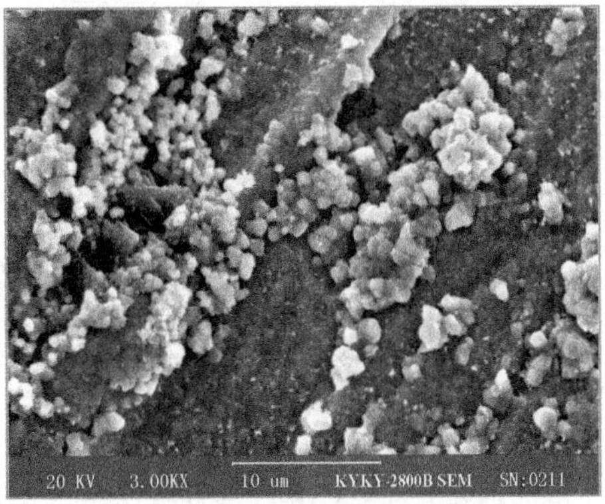

(b) 乙炔热解沉积碳层

图 1-2　氧化锆镀层和乙炔热解沉积碳层的扫描电镜照片

1.3 粉体的分类

粉体可按其成因、制备方法、颗粒分散状态、颗粒大小等进行分类。此外,还可按粉体的化学组成、晶体结构、用途等进行分类。

1.3.1 按成因分类

粉体按其成因可分为天然粉体和人工粉体两大类。

(1) 天然粉体。天然粉体是在自然力的作用下形成的粉体,如岩石风化、河海波浪冲击、火山爆发、地震等形成的石英砂、泥沙、火山灰、黏土等。这些天然粉体是宝贵的自然资源、重要的工业原料。

(2) 人工粉体。人工粉体是用机械粉碎等方法制造的粉体,如矿粉、水泥、化肥、涂料、奶粉、医药等粉体,是各工业部门的原料或产品。

粉尘是污染性粉体,按其成因可分为工业粉尘和非工业粉尘。工业粉尘是工业生产过程中产生的,如煤炭燃烧、矿石采掘、粉碎、运输、掺和、流化床反应等,产生的细粉扩散到大气中即形成工业粉尘,这些粉尘是大气的主要污染物。由荒漠、建筑工地、道路交通、裸露地面、日常生活等产生的粉尘归为非工业粉尘。

1.3.2 按制备方法分类

人工粉体的制备方法可分为机械粉碎法和化学法两类。

(1) 机械粉碎法。机械粉碎法是用破碎机、粉磨机、超细粉碎机制备粉体,其优点是生产能力强、成本低、颗粒团聚现象少,缺点是纯度低、均匀性差、几何尺寸较大。机械粉碎法在粉体制备中的应用最为广泛。

(2) 化学法。化学法是用化学反应的方法制备粉体,包括溶液法、气相法、盐分解法,其优点是纯度高、组成可控性好、化学均匀性好、颗粒尺寸小、粒度均匀,缺点是生产能力弱、工艺复杂、成本高、颗粒易团聚。

1.3.3 按颗粒分散状态分类

粉体颗粒按其分散状态可分为原级颗粒、聚集体颗粒、凝聚体颗粒、絮凝体颗粒四类。

1. 原级颗粒

构成粉体的原始颗粒称为原级颗粒(native particle),又称为一次颗粒或基本颗粒。直接由原级颗粒构成的粉体,颗粒松散堆积,颗粒之间不存在结合,能完全分散开来。

原级颗粒的形状、表面性状、孔隙、原子结构等因物料种类而异。颗粒形状有球状、方块状、片状、棒状、不规则形状，如图1－3所示；颗粒表面有的光滑、有的粗糙；颗粒按其内部孔隙可分为空心、实心、多孔三种；颗粒按其原子排布有序性可分为单晶、混晶、非晶三种。

图1－3　原级颗粒

2. 聚集体颗粒

多个原级颗粒以化学键力(离子键、共价键、金属键)于颗粒表面相连而集合起来的颗粒称为聚集体颗粒(aggregated particle)，又称为二次颗粒，如图1－4所示。

图1－4　聚集体颗粒

聚集体颗粒是在粉体物料的加工和制造过程中形成的。例如，化学沉淀法制备的颗粒在晶体生长、加热脱水、高温晶型转化、焙烧熔融等过程中，原级颗粒彼此融并黏结，形成聚集体颗粒。其原级颗粒之间的结合力很强，彼此黏结得非常牢固，加之往往聚集体颗粒本身很小，因此难以再将其分散为原级颗粒，难以对其原级颗粒进行观测。颗粒聚集后，粒度变大，比表面积变小，粉体性能发生变化。

3. 凝聚体颗粒

由原级颗粒或聚集体颗粒或二者的混合物通过较弱的表面附着物理力，如范德华力(van der Waals' force)和静电引力，结合在一起形成的松散颗粒群称为凝聚体颗粒(agglomerated particle)，又称为三次颗粒，如图1－5所示。

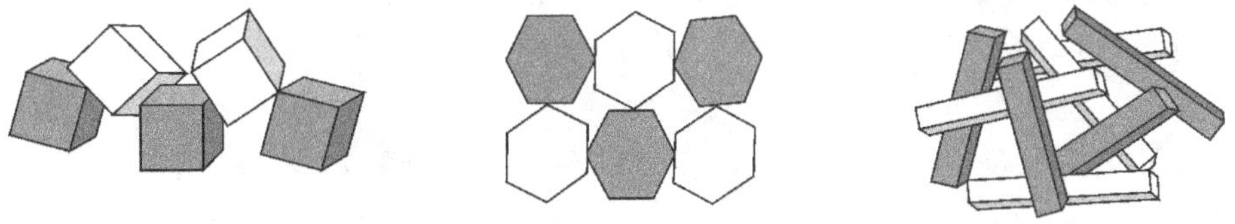

图1－5　凝聚体颗粒

原级颗粒或聚集体颗粒的粒度越小，颗粒之间的表面附着力越显著，越易于凝聚，且形成的凝聚体颗粒越牢固。凝聚体各组成颗粒之间是以棱或角结合的，而非面接触，结构较松散，能够用研磨分散力或高速搅拌剪切力等机械力使之解体。

4. 絮凝体颗粒

在粉体的实际应用中由于液态介质的加入，多个颗粒以物理力（水分毛细管力、有机大分子的桥连黏附作用力）松散地结合在一起形成的颗粒群称为絮凝体颗粒（flocculated particle），如图 1－6 所示。

在空气中长期储存的粉体，如面粉，由于空气中所凝结水蒸气的作用，会形成絮凝体。絮凝体颗粒很容易被微弱的剪切力所解絮，在表面活性剂（分散剂）的作用下能自行分散开来，用液固分离方法（如干燥脱水）除去液相介质后也会解絮。

图 1－6　絮凝体颗粒

聚集、凝聚、絮凝现象可统称为团聚，颗粒发生团聚后形成聚集体颗粒、凝聚体颗粒或絮凝体颗粒。粉体造粒时，采取各种手段有控制地使颗粒发生团聚，制取较大的团聚体颗粒。而在有些过程中不希望颗粒发生团聚，颗粒团聚影响过程的正常进行。例如，在粒度测定时，团聚使测得的粒度偏大；在粉体制备时，团聚使粉体的制备效率降低，甚至无法制得足够细的粉体；在粉体分离时，团聚使小颗粒混入大颗粒，降低分离效率。

1.3.4　按颗粒大小分类

粉体按颗粒的大小可分为粗粉体、中细粉体、细粉体、微粉体、纳米粉体五类。

(1) 粗粉体（coarse powder）。粒径＞0.5 mm，由机械破碎制得，可用作无机复合骨料等，适于进行大颗粒矿物的解离、重选等。

(2) 中细粉体（medium powder）。粒径 0.074～0.5 mm，由机械粗磨制得，可用作细砂填料等，适于进行较小颗粒矿物的解离、泡沫浮选、表层浮选等。

(3) 细粉体（fine powder）。粒径 10～74 μm，由机械细磨制得，可用作填料、粉体增强材料、化工原料，适于进行细粒矿物的解离、泡沫浮选等。

(4) 微粉体(micro powder)。微粉体又称为超细粉体，由机械超细磨或化学法制得，粒径 0.1～10 μm，可用作优质填料、颜料、涂料、陶瓷材料、悬浮体材料，适于进行微米级矿物的泡沫浮选、油团聚浮选、选择性絮凝等。

(5) 纳米粉体(nano powder)。粒径＜100 nm，由化学法制得，可用作胶体材料、高性能涂料、颜料、糊料、胶黏材料，适于进行纳米级矿物的离子浮选、溶剂浮选等。

第 2 章　粉体的几何性质

2.1　粉体的粒度

粒度(particle size)是指粉体颗粒所占空间的线性尺寸。表面光滑的球形颗粒只有一个线性尺寸，即直径，粒度用直径表示；正方体颗粒的粒度可以用其棱长表示；长方体颗粒用其长、宽、高来表示；圆柱形颗粒用其底圆直径和高度来表示。非球形颗粒及表面不光滑的球形颗粒，可以用某种规定的线性尺寸表示其粒度，其中，有些规定是以三维尺寸为基础的，有些是以某种意义的当量球或当量圆的直径表示，但也可统称为颗粒的直径，简称为粒径。

2.1.1　颗粒的三维尺寸

颗粒的三维尺寸包括其长、宽、高。将一个颗粒以最大稳定度(重心最低)置于一个水平面上，如图 2-1(a)所示，以另一水平面与此水平面恰好夹住此颗粒，则定义这两个水平面之间的距离为颗粒的高度 h。除片状颗粒外，一般不测定颗粒的高度。颗粒的水平投影像如图 2-1(b)所示。按海伍德(Heywood)的规定，颗粒的宽度 b 定义为夹住颗粒投影像的相距最近的两条平行线之间的距离，与宽度垂直、能夹住此投影像的两条平行线之间的距离定义为颗粒的长度 l。三维尺寸取平均值的方法有如下几种：

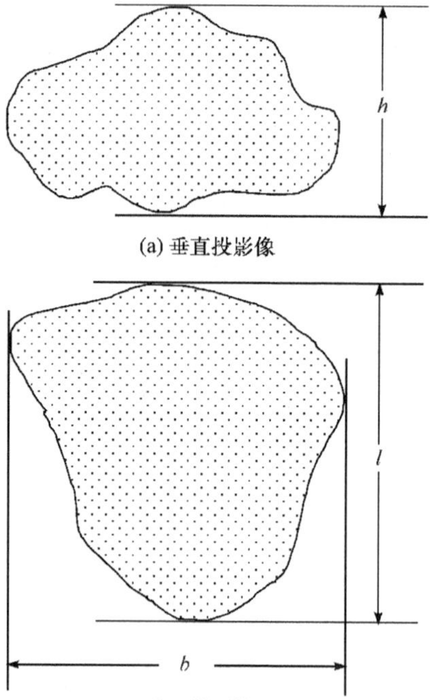

图 2-1　颗粒的投影像

1）二轴平均径 d_2

观测颗粒的投影像时，其长度 l 和宽度 b 的算术平均值称为二轴平均径，简称二轴径，对于必须强调长形颗粒存在的情况较为适用，其计算式如下：

$$d_2=\frac{l+b}{2} \tag{2.1}$$

2）三轴平均径 d_3

颗粒的长度 l、宽度 b、高度 h 的算术平均值称为三轴平均径，简称三轴径，对于片状颗粒较为适用，其计算式如下：

$$d_3=\frac{l+b+h}{3} \tag{2.2}$$

3）二轴几何平均径 d_{rect}

将颗粒的投影像近似为长方形而求得的直径称为二轴几何平均径，其计算式如下：

$$d_{rect}=(lb)^{\frac{1}{2}} \tag{2.3}$$

2.1.2　用当量直径表示

颗粒投影像的周长和面积分别用 L 和 a 表示，颗粒的表面积和体积分别用 S 和 V 表示，体积比表面积（表面积与体积之比，即单位体积物料所具有的表面积）用 S_V 表示，将这些几何参数与圆或球的参数进行对比来定义颗粒的各种粒度，称为当量直径（equivalent diameter），简称为当量径。

1）等体积球当量径 d_V

无论从几何学还是物理学的角度来看，球是最容易处理的，因此，往往以球为基础，把颗粒看作相当量的球。具有与颗粒相等体积的球的直径称为等体积球当量径，计算式如下：

$$d_V=\left(\frac{6V}{\pi}\right)^{\frac{1}{3}} \tag{2.4}$$

2）等表面积球当量径 d_S

具有与颗粒相等表面积的球的直径称为等表面积球当量径，计算式如下：

$$d_S=\left(\frac{S}{\pi}\right)^{\frac{1}{2}} \tag{2.5}$$

3）等体积比表面积球当量径 d_{S_V}

具有与颗粒相等体积比表面积的球的直径称为等体积比表面积球当量径，计算式如下：

$$d_{S_V}=\frac{6V}{S}=\frac{6}{S_V}=\frac{d_V^3}{d_S^2} \tag{2.6}$$

4）等面积圆当量径 d_a

用与颗粒投影图形面积相等的圆代表颗粒投影像，与颗粒投影图形面积相等的圆的直径称为等面积圆当量径，又称为海伍德径，计算式如下：

$$d_a=\left(\frac{4a}{\pi}\right)^{\frac{1}{2}} \tag{2.7}$$

5）等周长圆当量径 d_L

与颗粒投影图形周长相等的圆的直径称为等周长圆当量径，计算式如下：

$$d_L = \frac{L}{\pi} \tag{2.8}$$

6）其他当量径

可将颗粒的沉降速度与球对比来求取当量直径。例如，阻力当量径 d_r 是与颗粒具有相同密度在同样介质中以相同速度运动时呈相同阻力的球的直径；自由沉降当量径 d_f 是与颗粒具有相同密度在同样介质中有相同自由沉降速度的球的直径；斯托克斯（Stokes）当量径 d_{st} 是在层流区的自由沉降当量径。

2.1.3　用统计平均径表示

在显微镜下观测颗粒投影像时，对于一个颗粒，其二维尺寸随观测方向而异。对于取向随机的许多颗粒，可沿一定方向观测（左右方向，或前后方向），用平行于一定方向测得的线性尺寸的平均值表示颗粒的平均粒径，称为统计平均径（statistic diameter），又称为定方向径（directional diameter）。测定统计平均径时，颗粒的个数一般需几百以上才具有代表性，颗粒数过少会造成较大偏差。统计平均径按测定方法分如下三种（图 2－2）：

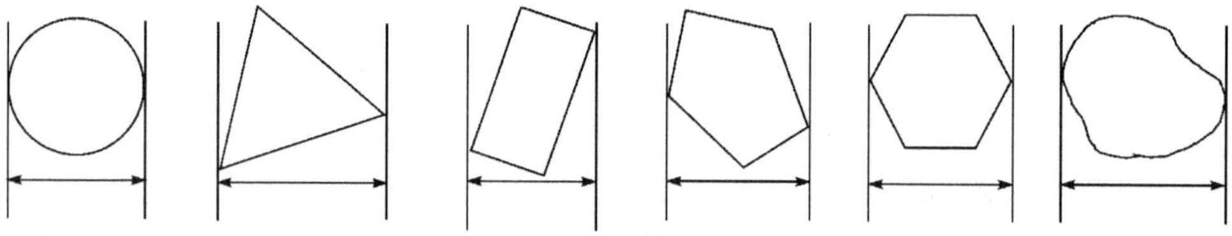

(a) 定方向径 d_F

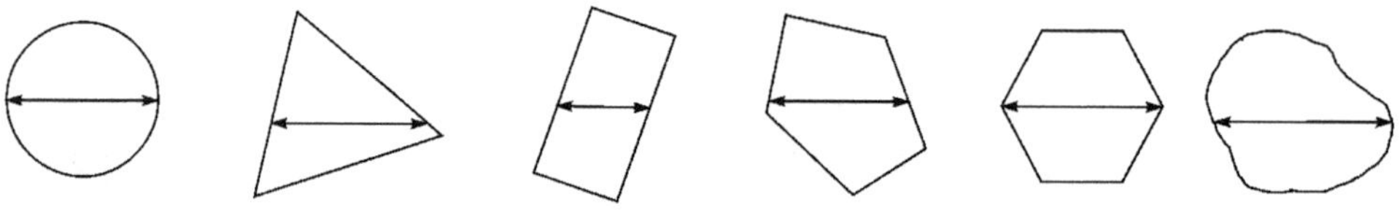

(b) 定向等分径 d_M

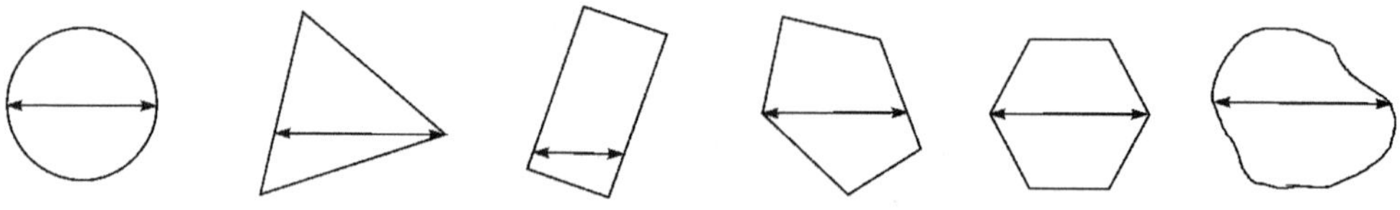

(c) 定向最大径 d_{max}

图 2－2　三种统计平均径

(1) 定方向径 d_F。沿一定方向测得的颗粒投影像两平行线间距离的平均值称为定方向径,又称为菲雷特(Feret)径。

(2) 定向等分径 d_M。沿一定方向等分颗粒投影像面积的线段长度的平均值称为定向等分径,又称为马丁(Martin)径。

(3) 定向最大径 d_{max}。沿一定方向测得的颗粒投影像内最长线段的平均值称为定向最大径。

上述三种统计平均径的相对大小一般为定方向径 d_F＞定向最大径 d_{max}＞定向等分径 d_M。此外,逐个测定时也可测算每个颗粒的当量径,但定向径远比当量径易于获取。当长径与短径相差较小时,定向径与当量径偏差较小,而对于细长颗粒,其偏差较大。逐个测定长径与短径相差较小的大量颗粒时,一般采用较简单的定方向径。

2.1.4　粉体的平均粒径

颗粒的个数足够多时,粉体可以看作是由许多粒级组成的。设 i 粒级内,颗粒个数为 N_i,颗粒平均粒径为 d_i,颗粒个数占颗粒体系总个数的分数为 φ_{Ni},颗粒质量占颗粒体系总质量的分数为 φ_{Wi},颗粒体积占颗粒体系总体积的分数为 φ_{Vi}。

以个数为基准的平均粒径 D_N 可归纳为如下表达式:

$$D_N = \left[\frac{\sum(\varphi_{Ni} d_i^{\alpha})}{\sum(\varphi_{Ni} d_i^{\beta})}\right]^{\frac{1}{\alpha-\beta}} = \left[\frac{\sum(N_i d_i^{\alpha})}{\sum(N_i d_i^{\beta})}\right]^{\frac{1}{\alpha-\beta}} \tag{2.9}$$

以质量分数及体积分数为基准的平均粒径可归纳为如下表达式:

$$D_W = \left[\frac{\sum(\varphi_{Wi} d_i^{\alpha-3})}{\sum(\varphi_{Wi} d_i^{\beta-3})}\right]^{\frac{1}{\alpha-\beta}} \qquad D_V = \left[\frac{\sum(\varphi_{Vi} d_i^{\alpha-3})}{\sum(\varphi_{Vi} d_i^{\beta-3})}\right]^{\frac{1}{\alpha-\beta}}$$

实际应用中,有 $\beta=0$ 和 $\alpha-\beta=1$ 两个系列,对于以个数为基准的平均粒径简化如下:

(1) 当 $\beta=0$ 时,α 分别取 1、2、3,化简式(2.9)可得到如下三种以个数为基准的平均粒径(式中分母项为总个数)。

(i) $\alpha=1$、$\beta=0$,为个数长度平均径:$D_{NL} = \dfrac{\sum(N_i d_i)}{\sum N_i}$。

(ii) $\alpha=2$、$\beta=0$,为个数表面积平均径:$D_{NS} = \left[\dfrac{\sum(N_i d_i^2)}{\sum N_i}\right]^{\frac{1}{2}}$。

(iii) $\alpha=3$、$\beta=0$,为个数体积平均径:$D_{NV} = \left[\dfrac{\sum(N_i d_i^3)}{\sum N_i}\right]^{\frac{1}{3}}$。

以上三种平均径的共同特征是，以颗粒群的个数均分颗粒的粒径之和、表面积之和、体积之和，意指一个假想颗粒群的粒径。例如，个数体积平均径 D_{NV} 是指与该颗粒群的颗粒个数相同、总体积相同、颗粒形状相同、粒径均匀的一个假想颗粒群的粒径。可以证明，$D_{NV} \geqslant D_{NS} \geqslant D_{NL}$，当所有颗粒的粒径相等时，$D_{NV} = D_{NS} = D_{NL}$。

（2）当 $\alpha - \beta = 1$ 时

（i）$\alpha = 1$、$\beta = 0$，为个数长度平均径：$D_{NL} = \dfrac{\sum (N_i d_i)}{\sum N_i}$。

（ii）$\alpha = 2$、$\beta = 1$，为长度表面积平均径：$D_{LS} = \dfrac{\sum (N_i d_i^2)}{\sum (N_i d_i)}$。

（iii）$\alpha = 3$、$\beta = 2$，为表面积体积平均径：$D_{SV} = \dfrac{\sum (N_i d_i^3)}{\sum (N_i d_i^2)}$。

（iv）$\alpha = 4$，$\beta = 3$，为体积四次矩平均径：$D_{VM} = \dfrac{\sum (N_i d_i^4)}{\sum (N_i d_i^3)}$。

以上四种平均径的共同特征是，分别以各粒级的颗粒个数、粒径、表面积、体积作为权，对粒径求平均得到，因此分别表示个数分布、长度分布、表面积分布和体积分布的平均粒径。可以证明，$D_{VM} \geqslant D_{SV} \geqslant D_{LS} \geqslant D_{NL}$，当所有颗粒的粒径相等时，$D_{VM} = D_{SV} = D_{LS} = D_{NL}$。

2.2 颗粒的形状

颗粒的形状与物性之间有密切的关系，对粉体的许多性质产生重要影响，如比表面积、流动性、填充性、形状分离、表面现象、化学活性、涂料覆盖能力、对流体阻力、在流体中运动阻力等。在工程应用中，不同的使用目的，对颗粒形状有不同的要求。例如，用作砂轮的研磨料要求有好的填充结构，还要求颗粒具有棱角；铸造用型砂要求强度高，还要求空隙率大，以便透气，故以球形颗粒为宜；混凝土集料要求强度高，还要求填充结构紧密，故碎石以正多面体为理想形状。

对实际颗粒形状仅用定性描述，如球状、卵石状、片状、棒状、针状、纤维状、树枝状、多面体状、角状、海绵状、不规则状等，已远不能满足材料科学和工程对颗粒形状定量表征的需要。用某些几何参数的组合对颗粒的形状作定量描述，称为形状因子。各种意义和名称的形状因子都是量纲为一的量，其数值与颗粒形状有关，在一定程度上表征颗粒形状偏离标准形状（一般为圆球）的程度。很多形状因子是颗粒的两种粒度（在几何规定或测定方法上不同）的无量纲组合。形状因子分为形状系数和形状指数两类。

2.2.1 形状系数

颗粒的表面积、体积、比表面积等几何参数与某种规定的粒径 d_p 的相应次方的比例关系称为形状系数(shape coefficient),形状系数有较明确的物理意义。

(1) 表面积形状系数 Φ_S。颗粒表面积 S 与粒径 d_p 的平方相关联的系数称为表面积形状系数,计算式如下:

$$\Phi_S = \frac{S}{d_p^2} \tag{2.10}$$

对于球形颗粒,d_p 为球的直径,$\Phi_S=\pi$;其他形状颗粒,Φ_S 与 π 的差别表征颗粒形状对球形的偏离程度。对于立方体颗粒,d_p 取立方体的棱长,$\Phi_S=6$。

(2) 体积形状系数 Φ_V。颗粒体积 V 与粒径 d_p 的立方相关联的系数称为体积形状系数,计算式如下:

$$\Phi_V = \frac{V}{d_p^3} \tag{2.11}$$

对于球形颗粒,$\Phi_V=\pi/6$;其他形状颗粒,Φ_V 与 $\pi/6$ 的差别表征颗粒形状对球形的偏离程度。对于立方体颗粒,$\Phi_V=1$。

(3) 比表面积形状系数 Φ_{S_V}。表面积形状系数 Φ_S 与体积形状系数 Φ_V 之比称为比表面积形状系数,计算式如下:

$$\Phi_{S_V} = \frac{\Phi_S}{\Phi_V} \tag{2.12}$$

对于球形或立方体颗粒,$\Phi_{S_V}=6$;其他形状颗粒,Φ_{S_V} 与 6 的差别表征颗粒形状对球形或立方体的偏离程度。

(4) 卡门(Carman)形状系数 Φ_C。等体积比表面积球当量径 d_{S_V} 与等体积球当量径 d_V 之比,称为卡门形状系数,计算式如下:

$$\Phi_C = \frac{d_{S_V}}{d_V} \tag{2.13}$$

对于球形颗粒,卡门形状系数 $\Phi_C=1$。对于立方体颗粒,$\Phi_C=(\pi/6)^{1/3}$。

2.2.2 形状指数

形状指数(shape index)是颗粒几何参数的无量纲组合。形状指数与形状系数有所不同,它没有明确的物理意义,只是按各种数学式计算出来的数值。

(1) 瓦德尔(Wadell)球形度 Ψ_W。颗粒的瓦德尔球形度定义为

$$\Psi_W = \left(\frac{d_V}{d_S}\right)^2 = \frac{d_{S_V}}{d_V} \tag{2.14}$$

瓦德尔球形度在数值上与卡门形状系数相等,但其最初表达式不像卡门形状

系数那样有较明确的物理意义。对于球形颗粒，$\Psi_W=1$；一般情况下 $\Psi_W<1$。例如，煤尘 $\Psi_W=0.606$，水泥 $\Psi_W=0.57$，云母尘粒 $\Psi_W=0.108$。

(2) 克伦宾(Krumbein)球形度 Ψ_K。颗粒的克伦宾球形度定义为

$$\Psi_K=\frac{h}{b}\left(\frac{h}{l}\right)^2 \tag{2.15}$$

式中，宽度 b 和长度 l 与前述海伍德的规定不同，此处是先规定投影像的最大尺寸为 l，然后规定与 l 垂直的尺寸为宽度 b。对于球形和立方体颗粒，$\Psi_K=1$；一般情况下 $\Psi_K<1$。

(3) 扁平度 m 和伸长度 n。颗粒的宽度 b 与高度 h 之比，称为扁平度。颗粒的长度 l 与宽度 b 之比，称为伸长度，其计算式如下：

$$\text{扁平度}\ m=b/h \tag{2.16}$$

$$\text{伸长度}\ n=l/b$$

(4) 丘奇(Church)形状因子 Ψ_C。颗粒的丘奇形状因子定义为定方向径 d_F 与定向等分径 d_M 之比：

$$\Psi_C=\frac{d_F}{d_M} \tag{2.17}$$

颗粒的形状可以用上述各种不同的形状因子来表达。对比不同形状颗粒的形状因子会发现，不同形状的颗粒，其形状因子可能相等，即相同的形状因子，其颗粒形状可能不同。例如，球和立方体的比表面积形状系数都是6，二者的克伦宾球形度都是1。一个几何体的形状是由其轮廓表面上的各个点的空间坐标的相互关系所决定的，仅用形状因子一个数值来代表形状的所有信息是不完善的，也是不可能的，近年来人们试图测定轮廓界面上一系列点的坐标，将这些能够更完全地表达颗粒形状的信息用各种函数表示。一般情况下，为方便起见，根据使用要求简单地选取一种形状因子来表达颗粒的形状。

2.3　粒度分布

在粉体中，如果所有颗粒的粒度都相等或近似相等，则称为单粒度(单分散)粉体。实际粉体所含颗粒的粒度大都有一个分布范围，称为多粒度(多谱或多分散)粉体。粒度分布的范围越窄，其分散程度越小，集中度也就越高。

对于实际的粉体，颗粒个数有限，粒度分布严格地说是不连续的，但大多数情况下粒度分布可以认为是连续的。在实际测定中，往往将连续的粒度分布范围分为多个离散的粒级，测出各粒级中的颗粒个数、质量或体积分数 $\Delta\varphi$，或者测出小于(有时用大于)各粒级的累积分数 φ。进行逐个测定时，用显微镜法及计数器法获得的是个数分布数据；用筛分析法和沉降法获得的是质量分布数据。

用数学函数可准确地描述粒度分布。例如，可用概率论或近似函数经验法来寻找粒度分布的数学函数，进而用解析法求得平均粒径、比表面积、单位质量颗粒数等粉体特性参数。

微小粒径范围 Δd_p 内，颗粒个数、质量或体积分数 $\Delta\varphi$ 很小，则有 $\Delta\varphi/\Delta d_p \approx d\varphi/dd_p$，将 $f(d_p)=d\varphi/dd_p$ 称为颗粒分布函数或概率密度函数，它是粒径累积分布曲线在粒径 d_p 处的斜率。任意两个粒径 d_{p_1} 到 d_{p_2} 范围内的分数为

$$\int_{d_{p_1}}^{d_{p_2}} f(d_p)\,dd_p$$

分布函数 $f(d_p)$ 是具有归一性的函数，即个数、质量或体积分数在 $(0,+\infty)$ 内的积分为 1 或 100%；也可以是颗粒个数积分等于体系总个数 N，或颗粒质量积分等于体系总质量 W，或颗粒体积积分等于体系总体积 V。

2.3.1　正态分布

正态分布在统计学上又称为高斯分布（Gauss distribution），是一条钟形对称曲线，如图 2－3 所示。一些气溶胶或沉淀法制备的粉体粒径近似符合正态分布。

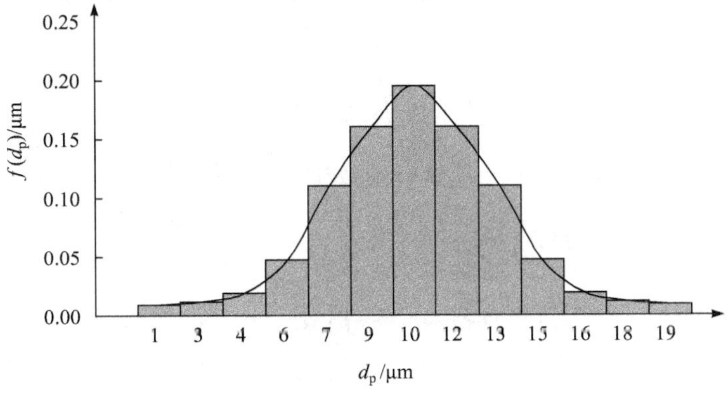

图 2－3　正态分布

正态分布函数的表达式为

$$f(d_p)=\frac{1}{\sqrt{2\pi}\,\sigma}\exp\left[-\frac{(d_p-\bar{d}_p)^2}{2\sigma^2}\right] \tag{2.18}$$

式中，d_p 为粒径；$\bar{d}_p$ 为平均粒径；σ 为标准偏差，由正态分布函数的性质可得

$$\sigma=d_{84.13}-d_{50}=d_{50}-d_{15.87} \tag{2.19}$$

式(2.19)中的 $d_{84.13}$、d_{50}、$d_{15.87}$ 分别表示小于该粒径的累积百分数为 84.13%、50%、15.87%。d_{50} 又称为中位粒径，是一种平均粒径，小于该粒径的颗粒占一半，大于该粒径的颗粒占一半。

标准偏差反映分布函数相对于平均粒径的分散程度。$\alpha=\sigma/\bar{d}_p$ 称为相对标准偏

差，量纲为一。α 值越小，分布越窄。当 $\alpha=0.2$ 时，有 68.3%的颗粒集中在 $\bar{d}_p \pm 0.2\bar{d}_p$ 这一狭小的粒径范围内，通常把 $\alpha \leqslant 0.2$ 的粉体称为单分散粉体。

2.3.2 对数正态分布

用粉碎法、结晶法或沉淀法制备的粉体、气溶胶中的粉尘颗粒、海边的沙粒等，以粒径为横坐标时其分布曲线不对称，偏向于小粒径一侧，此曲线近似为对数正态分布(logarithmic normal distribution)，如图 2-4 所示。

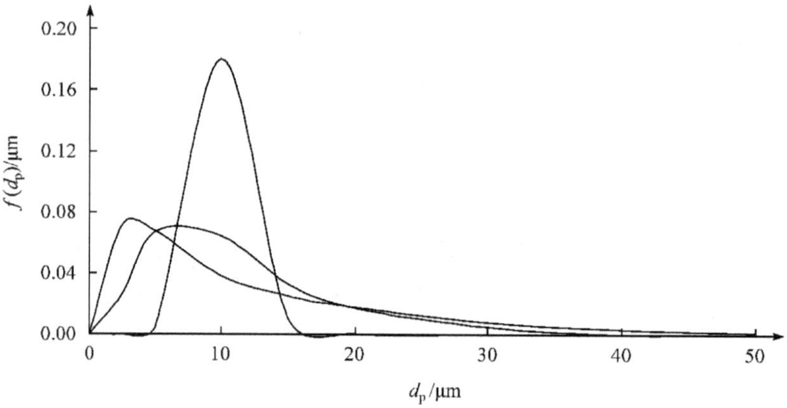

图 2-4 对数正态分布

分别用 $\lg d_p$ 和 $\lg\sigma_g$ 代替正态分布函数中的 d_p 和 σ，得到对数正态分布函数

$$f(d_p)=\frac{1}{\sqrt{2\pi}\lg\sigma_g}\exp\left[-\frac{(\lg d_p-\lg d_g)^2}{2\lg^2\sigma_g}\right] \tag{2.20}$$

式中，d_p 为粒径；d_g 为几何平均径，$d_g=\prod d_{pi}^{\varphi_i}$，$\varphi_i$ 为 i 粒级的分数；σ_g 为几何标准偏差，$\lg\sigma_g=\sqrt{\sum[\varphi_i(\lg d_{pi}-\lg\bar{d}_p)^2]}=\sigma\lg d_g$。

由对数正态分布函数的性质可得

$$\lg\sigma_g=\lg d_{84.13}-\lg d_{50}=\lg d_{50}-\lg d_{15.87}$$

$$\sigma_g=\frac{d_{84.13}}{d_{50}}=\frac{d_{50}}{d_{15.87}} \tag{2.21}$$

正态分布以标准偏差 σ 表征粒度分布的宽窄，而对数正态分布则用量纲一的几何标准偏差 σ_g 表征分布的宽窄。如果粒群的粒径组成符合对数正态分布，在对数正态概率纸上作图，其粒径必定分布在一条直线附近，σ_g 即为直线的斜率。

当粉体中所有颗粒的粒径 d_p 完全相等时，则 $\sigma_g=1$，这是 σ_g 的最小值。若 $\sigma_g \leqslant 1.2$，则有 68.3%的颗粒的粒径集中在 $0.83d_{50} \sim 1.2d_{50}$，故称为单分散粉体。

如果颗粒的粒径服从对数正态分布，则颗粒的其他参数如比表面积、质量等的分布也服从对数正态分布，而且有相同的几何标准偏差，用解析法可求得各种平均粒径。

2.3.3　罗辛-拉姆勒分布

对数正态分布在解析法上是比较方便的，因此得以广泛应用。但是，对于粉碎产物、粉尘等粒度分布范围广的粉体来说，在对数正态分布图上作图时所得直线的偏差很大。

罗辛-拉姆勒(Rosin-Rammler)方程是 20 世纪 30 年代由罗辛(P. Rosin)、拉姆勒(E. Rammler)、斯珀林(K. Sperling)及后来的贝内特(I. G. Bennet)，根据磨矿因素试验，用统计方法建立的粒径特性方程，又称为 RRSB 方程：

$$
\begin{aligned}
R(d_p) &= 100\exp\left[-\left(\frac{d_p}{d_e}\right)^n\right] \\
P(d_p) &= 100 - 100\exp\left[-\left(\frac{d_p}{d_e}\right)^n\right]
\end{aligned}
\tag{2.22}
$$

式中，d_p 为粒径；$R(d_p)$为累积筛上产率，%；$P(d_p)$为累积筛下产率，%；d_e 为特征粒径，为 $R(d_p)=36.8\%$ 或 $P(d_p)=63.2\%$ 时对应的粒径；n 为方程模数，也称为均匀系数，表征粒度分布范围的宽窄，n 值越大表示粒度分布范围越窄，n 值越小表示粒度分布范围越宽。对于一般粉碎产物，$n \leqslant 1$。

将式(2.22)两边同除以 100，然后对其倒数取二重对数得

$$
\lg\left[\lg\frac{100}{R(d_p)}\right] = n\lg\left(\frac{d_p}{d_e}\right) + \lg(\lg e) = n\lg d_p + K \tag{2.23}
$$

式中，$K=\lg(\lg e)-n\lg d_e$。在 $\lg d_p$-$\lg\{\lg[100/R(d_p)]\}$坐标系中作图呈直线，根据斜率可求得 n，由 $R(d_p)=36.8\%$ 处可得 d_e，或由截距 $K=\lg(\lg e)-n\lg d_e$ 求出特征粒径 d_e。

多数破碎和磨碎产物的粒度分布都服从罗辛-拉姆勒分布规律，尤其是煤、石灰石等脆性物料经各种破碎和磨碎设备处理后的产物。

2.4　粒度的测定

粒度测定在表征粉体颗粒的特性方面很重要。选矿、金属粉、催化剂、食品、造纸、涂料、颜料、精细化工等行业中，粒度测定是过程控制和描述产品特性方面应用最广的技术之一。除工业应用外，粒度测定在医学、生物学、环境学等研究领域也很常用。

2.4.1　粒度测定方法的分类

粒度测定方法各种各样，有如下几种分类方法：

1）理论计算和标定测定

理论计算是根据各种物性参数用理论公式进行粒度计算，如沉降法是按斯托克斯公式计算粒度。而标定测定是用已知粒度的球形颗粒预先进行标定，然后进行测定，如光学计数器和库尔特计数器即属此类，早期的标准颗粒用花粉，现在常用聚苯乙烯球，也可用玻璃珠、氧化铝球、氧化锆球等。

2）在线测定和非在线测定

目前大多数测定仪器为非在线（离线，offline）测定，是取出有代表性的样品进行测定。但最近几年，在线（实时，online）测定发展较快，如用超声衰减法对工艺过程中的颗粒进行测定、库尔特在线监测器等，在线测定的特点是实时、真实、快速，且现场监测方便。

3）逐个测定和非逐个测定

逐个测定是测定通过传感区的每一个颗粒，借助于某种效应（干涉、衍射、散射）测定颗粒的粒度并计数，以获得个数粒度分布，如各种成像法和计数器法。筛分法和沉降法则是非逐个测定的典型例子。

4）分级测定和非分级测定

分级测定是将样品分成若干个不同粒度级别，测出每个粒级物料的质量就能求出样品的质量粒度分布。例如，筛分法、淘析法等属于分级测定，而离心沉降法、光散射法等则属于非分级测定。

2.4.2 筛分法

筛分（sieving）是让粉体试样通过一系列不同筛孔的标准筛（standard sieve），将其分离成若干个粒级，再分别称量，求得以质量分数表示的粒度分布。筛分法适于 20～100 mm 的粒度分布测定。如果采用电成形微孔筛，其筛孔尺寸可小至 5 μm，甚至更小，从而可分析细粒粉体。

各国规定了不同的标准筛系列，其中大多数系列的筛孔尺寸按$\sqrt[4]{2}$等比几何级数改变，即相邻号筛孔面积之比为$\sqrt{2}=1.414$。制造筛的材料、筛孔的形状、尺寸、排列等都影响筛分效果，因此不同的国家及行业对其标准都作了具体规定，筛上都需标明所执行的标准。

目前广泛使用的标准筛是美国的泰勒（Tyler）系列，以目（mesh，每英寸长度上方形孔的数目，1 in＝2.54 cm）作为筛号，称为泰勒筛。以 200 目为基准（每英寸长度上有 200 个方形孔，网丝直径为 0.053 mm），筛孔尺寸为 0.074 mm；最细为 400 目，筛孔尺寸为 0.038 mm。美国材料与试验协会（American Society for Testing and Materials，ASTM）系列则采用筛号，以 18 号为基准（号与目不同），筛孔尺寸为 1 mm；最细为 400 号，筛孔尺寸为 0.038 mm。

日本工业标准（Japanese Industrial Standard，JIS）系列使用的筛号，最细为

325 号，筛孔尺寸为 0.037 mm。对于细筛，JIS 系列和 ASTM 系列的筛号数与泰勒系列的目数接近，筛孔尺寸也接近。法国标准（Association Francaisede Normalisation，AFNOR）系列使用筛号，筛孔尺寸按等比为 $\sqrt[10]{10}$ 的几何级数改变，故相邻号筛孔面积之比为 $\sqrt[5]{10}=1.58$，号数越小筛越细，最细为 17 号，筛孔尺寸为 0.040 mm。原苏联标准 ГОСТ 系列直接将筛孔尺寸标在筛框上，最细为 0.040 mm。德国标准（Deutsches Institut für Normung，DIN）系列标以筛号及每平方厘米的筛孔数。

国际标准化组织（International Organization for Standardization，ISO）的标准筛系列基本沿用了泰勒系列，从泰勒系列中每隔一个筛号取一个，其筛孔尺寸值较整齐，且直接将筛孔尺寸标在筛上，而不用目数。此系列筛孔尺寸按 $\sqrt{2}$ 等比几何级数变化，即相邻两筛的筛孔面积之比为 2，最细筛孔尺寸为 0.045 mm。泰勒标准筛系列与 ISO 标准筛系列的比较见表 2－1。

表 2－1　泰勒标准筛与 ISO 标准筛的比较

目数	泰勒系列 筛孔尺寸/mm	ISO 系列 筛孔尺寸/mm	目数	泰勒系列 筛孔尺寸/mm	ISO 系列 筛孔尺寸/mm
5	3.962	4.00	42	0.351	0.355
6	3.327	—	48	0.295	—
7	2.794	2.80	60	0.246	0.250
8	2.362	—	65	0.208	—
9	1.981	2.00	80	0.175	0.180
10	1.651	—	100	0.147	—
12	1.397	1.40	115	0.124	0.125
14	1.168	—	150	0.104	—
16	0.991	1.00	170	0.088	0.090
20	0.833	—	200	0.074	—
24	0.701	0.701	250	0.061	0.063
28	0.589	—	270	0.053	—
32	0.495	0.500	325	0.043	0.045
35	0.417	—	400	0.038	—

在正式发表的学术论文及出版的专著和教材中一般用筛孔尺寸“mm”或“μm”，而不用“目”，以避免因未标明所采用的标准系列而引起误解。本书未特别标明者采用泰勒标准筛系列的目数。

将金属或非金属丝（不锈钢丝、镀锌铁丝、紫铜丝、磷青铜丝、镍丝、锦纶丝、涤

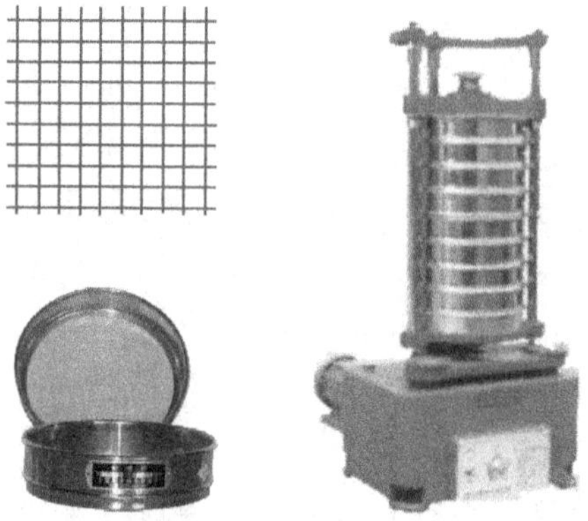

(a) 筛面　　(b) 振动筛

图 2－5　筛面及振动筛

纶丝、聚乙烯丝)编织而成的筛面装在金属筛框里做成筛子，筛框铭牌上标以筛孔尺寸(目数、mm 或 μm)，如图 2－5(a)所示；进行粒度分析时，数层筛子叠置在振动机上，最底层为筛盘，用定时器控制筛分时间，称为振动筛(vibrating sieve)，如图 2－5(b)所示。振动一定时间后，称量每层筛面上物料的质量，计算以质量分数表示的粒度分布。

小于筛孔尺寸的颗粒与筛网的碰撞次数越多，越易于穿过筛孔，即颗粒穿过筛孔的概率是时间的函数。因此，筛分时间会影响颗粒通过筛孔的概率，影响分级效果，故准确控制筛分时间十分重要。

由于制造工艺的原因，出厂筛子的筛孔尺寸难以保证一致；在使用过程中，筛子也会因变形而失去筛孔尺寸的准确性，因此，筛子必须校准。美国国家标准局建议出厂筛子采用显微镜法校准，即依次测定 5～10 根金属丝直径，每根丝测定 4 次取其平均值。由单位长度上的金属丝数算出平均筛孔尺寸。对使用过程中的筛子，宜备用一种已知粒度分布的标准样品对筛子进行定期检查。标准样品可以选用玻璃微球，美国国家标准局供应的玻璃微球粒径范围为 8～35 目、20～70 目、140～400 目等。如果无标准样品，可备一套已校验过的筛子，用它和工作筛对同一种粉体样品进行筛分对比，以两个相邻筛号之间的质量分数之比作为修正系数。

2.4.3　光学显微镜

光学显微镜(简称为光镜，optical microscope)如图 2－6 所示，用可见光作光源，能够直接观察和测定单个颗粒，是测定粒度的最基本方法。而且，显微镜法可用来标定其他测定方法，或者帮助分析其他方法测定结果的偏差。光学显微镜的放大倍数可达 1000～1500 倍，根据光学仪器的分辨率，测定粒度的范围大致为 0.2～200 μm。显微镜法测定的样品量极少，因此取样和制样时要保证样品有充分的代表性和良好的分散性。制备光学显微镜样品时，一

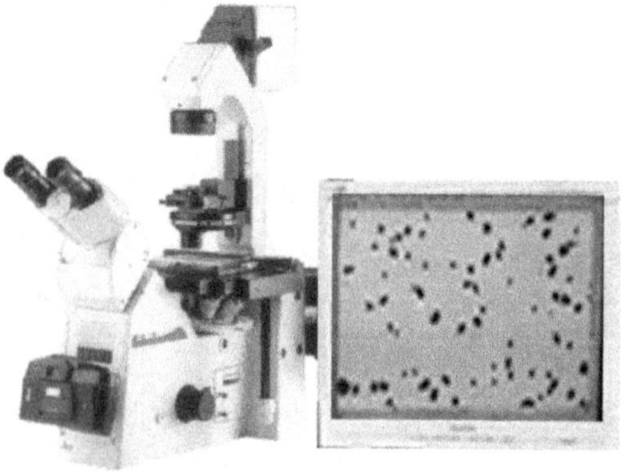

图 2－6　光学显微镜

般取 0.5 g 左右粉体试样放在一块玻璃板上，使用多次四分法使试样质量达到约 0.01 g。然后，将其置于洗净、干燥的玻璃载片(约 75 mm×25 mm)上，滴几滴分散液，再用刮勺或玻璃棒揉研，使样品分散，也可以压上另一载片后进行揉研。常用的分散液有蒸馏水、酒精、甲醇、丙酮、苯等挥发性液体，或松节油、甘油、液体石蜡等黏滞性液体。用挥发性液体作分散液时，成像比较清晰，但对颗粒的黏结力较差。

样品制备好后，即可在显微镜下逐个测定颗粒的粒度，并按前述的统计方法求出平均粒径。测定的颗粒数一般需几百个才有代表性，颗粒数过少可能会造成较大偏差。用光学显微镜测定时，常在目镜中插入一块刻有标尺或一些几何图形的玻璃片，由人眼通过目镜直接观测；或将显微镜中的颗粒图像或照片投影到一个备有标尺或几何图形的屏幕上，通过对比确定颗粒的粒度。屏幕上可投射大小可调节的圆形光点，用作尺寸对比。现在根据投影原理已制成若干半自动或全自动的显微测粒装置。例如，利用图像分析仪可对图像进行自动扫描、数据处理、储存、输出结果。

2.4.4 透射电镜和扫描电镜

在光学显微镜下无法看清小于 0.2 μm 的细微结构，要看清这些结构，就必须使用波长更短的电磁波代替可见光作光源，以提高显微镜的分辨率。电子显微镜(简称电镜，electron microscope)的成像原理与光学显微镜基本相同，所不同的是它用电子束(50～100 kV 加速电压下，电子波长 0.0053～0.0037 nm)代替可见光(波长 380～780 nm)作为光源，用电磁透镜代替玻璃透镜，而实现更高的分辨率。电镜的发展历史可追溯到 1897 年英国的汤姆孙(J. J. Thomson)发现电子，到 1912 年德国的劳厄(M. V. Laue)发现 X 射线衍射现象，经布拉格(Bragg)父子发扬，奠定了 X 射线的波性和利用电磁波衍射测定晶体结构的方法。1924 年法国的德布罗意(L. V. de Broglie)发表质波说，1926 年奥地利的薛定谔(E. Schrödinger)和德国的海森堡(W. Heisenberg)等发展了量子力学，建立了电子波粒二元论的理论基础。电子既然有波性，则应该有衍射现象，1927 年美国的戴维孙(C. J. Davisson)和革末(L. H. Germer)以电子衍射实验证实了电子的波性。汤姆孙做阴极射线管实验时观察到电场及磁场可偏折电子束，后人更进一步发现可用电磁场聚焦电子，产生放大作用。电磁场对电子的作用与光学透镜对光波的作用非常相似，因而发展出电磁透镜，以及电子显微镜。电子显微镜由电子照明系统、电磁透镜成像系统、真空系统、记录系统、电源系统五部分构成。

1931 年德国的克诺尔(M. Knoll)和鲁斯卡(E. Ruska)在实验室制作出世界上第一部透射电子显微镜(简称透射电镜，transmission electron microscope，TEM)，1938 年第一部商售透射电镜问世。20 世纪 40 年代，常用 50～100 keV 工作电压的透射电镜分辨率(resolution)约 10 nm，最高分辨率为 2～3 nm。由于电子束的穿透力很弱，因此用于透射电镜观测的块体需制成厚度约为 50 nm 的超薄切片。这种切片需要用超薄切片机（ultramicrotome）制作，而当时磨制试片非常困难，而且缺乏应用动机。直到 1949 年，海登赖希（R. D. Heidenreich）制成了适于透射电镜观察的铝及铝合金薄膜，观察到因厚度及晶面不同引起的像对比效应，并成功地利用电子衍射理论加以解释，同时也获得了一些与材料性质有关的重要结果，才使材料界人士对透射电镜的看法有所改变。但因为试片不易磨制，透射电镜发展缓慢。但是，透射电镜可非常方便地用于观测分散的粉体颗粒，可观测的最小颗粒约2.5 nm。图 2－7 为 50Mg40C10Mo 储氢粉体材料的透射电镜照片，粉体用镁粉、碳粉、钼粉在氢气中进行反应球磨制得，用电子透射束成像（明场像），照片显示粉体粒度为纳米级。

图 2－7　50Mg40C10Mo 粉体的透射电镜照片（7 万倍）

20 世纪 50 年代中期，由于成功地以透射电镜观察到不锈钢中的位错及 Al 合金中的溶质原子偏聚区，随之各种研究方法不断改进，如双聚光镜的应用可获得漫射程度小、强度高、直径在微米级的电子束，使透射电镜的分辨率由 2.5 nm 增进到几埃，称为高分辨透射电镜（high resolution transmission electron microscope, HRTEM）。高分辨透射电镜增强了透射电镜微区观察的效力，使微区形貌与微区晶体结构分析结合起来，再配以能谱或波谱进行微区成分的分析，得到较全面的信息。

用透射电镜观测粉体时，需将粉体颗粒散落在托于载网的支持膜上。载网的作用是托住支持膜，使支持膜平整，一般用 200～400 目的铜网，使用之前可用乙酸戊酯、蒸馏水、无水乙醇清理。支持膜是一层无结构、均匀的薄膜，作用是使样品中的细小颗粒不至于从载网的孔隙中漏下去。支持膜对电子应透明，厚度一般为 10～20 nm，在电子束的冲击下还应有一定的机械强度，能保持稳定的结构，有良好的导热性，在电镜下无可见的结构，且不与承载的样品发生化学反应，不干扰对样品的观测。支持膜可用塑料膜（如火棉胶膜、聚乙烯甲醛膜），也可以用碳膜或者金属膜（如铍膜）。碳膜在电子束照射下性能稳定，适于进行高分辨率的测定和研究。在一般工作条件下，用塑料膜即可达到要求，塑料膜中火棉胶膜的制备相对容易，但机械强度不如聚乙烯甲醛膜。火棉胶膜的制备方法是，取 1.5％火棉胶的乙酸戊酯溶液滴于静止的洁净水面上，待乙酸戊酯蒸发后，由于水的表面张力，火棉胶随即在水面上形成一层薄膜。将制好的支持膜转移到铜网上，再将已分散有颗粒的玻璃载片翻转过来，对准支持膜，用玻璃棒轻击载片，使颗粒均匀地落到膜上即制成待观测样品。也可取少量研磨后粉体试样置于烧杯中，倒入无水乙醇或其他溶剂，在超声波中振荡 10～30 min，让粉体能够较好地分散，用注射器吸取少量振荡后的溶液，滴在支持膜上，做成透射电镜观测试样。粉体良好地分散是非常重要的，只有颗粒分散开来，才能观测到颗粒的大小和形貌。

用透射电镜观测病毒粒子、细菌、核酸分子等时，由于生物样品主要由碳、氢、氧、氮等元素组成，散射电子的能力很低，在电镜下反差小，所以在样品制备时通常还需采用重金属盐染色或金属喷镀等方法来增加样品的反差，提高观察效果。例如，负染色法就是用电子密度高、本身不显示结构且与样品几乎不反应的物质（如磷钨酸钠或磷钨酸钾）对样品进行“染色”。由于这些重金属盐不被样品成分吸附而是沉积到样品四周，如果样品具有表面结构，这种物质还能穿透进表面上凹陷的部分，因而在样品四周有染液沉积的地方，散射电子的能力强，表现为暗区，而在有样品的地方散射电子的能力弱，表现为亮区，这样便能把样品的外形与表面结构清晰地衬托出来。负染色法由于操作简单，目前在进行透射电镜生物样品制片时比较常用。

扫描电子显微镜（简称扫描电镜，scanning electron microscope, SEM）原理的提出与发展几乎与透射电镜同时，但直到 1964 年，第一部商业扫描电镜才问世。扫描电镜的工作原理是用一束极细的电子束扫描样品，在样品表面激发出次级电子，次级电子的多少与电子束入射角有关，即与样品的表面形貌有关。次级电子由探测体收集，并在那里被闪烁器转变为光信号，再经光电倍增管和放大器转变为电信号来控制荧光屏上电子束的强度，显示出与扫描电子束同步的图像。图像为立体形象，能反映样品的表面结构。

由于扫描电镜能表征样品表面结构及成分，解释样品成像及制作试样也较容易，目前已被广泛使用。扫描电镜以较高的分辨率和很大的景深而清晰地显示粗糙样品的表面形貌，图像富有立体感、真实感、易于识别，并以多种方式给出微区成分等信息，可用来观察断口表面微观形态，分析研究断裂的原因和机理，以及其他方面的应用。

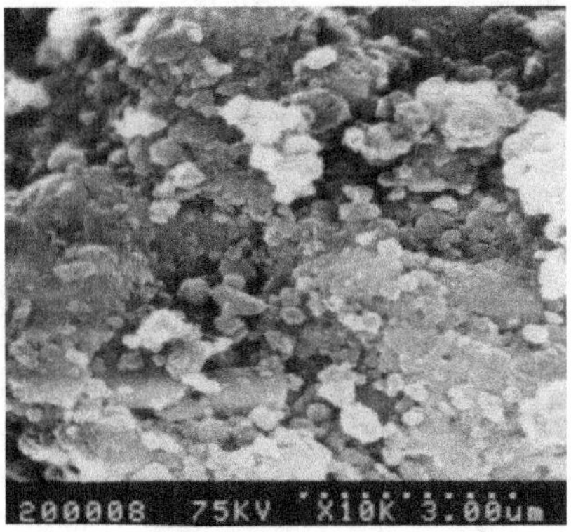

图 2－8　60Mg40C 粉体的扫描电镜照片（1 万倍）

用扫描电镜观测粉体样品时，为使样品表面发射出次级电子，不导电的样品在载样片上固定、脱水后，要喷涂一层重金属才能用于观测，一般用金，重金属在电子束的轰击下发出次级电子信号。扫描电镜可观测的最小颗粒约 10 nm。图 2－8为 60Mg40C 储氢粉体材料的扫描电镜照片。

透射电镜和扫描电镜的关键技术参数是放大倍数和分辨率。用入射电子束进行扫描时，若在样品表面扫描的幅度为 A_s，相应地在荧光屏上同步扫描显示的幅度为 A_c，则 A_s 和 A_c 的比值就是显微镜的放大倍数。分辨率是通过测定图像中可分辨的两个点之间的最小距离来表示。在已知放大倍数的情况下，把在图像上测得的最小间距除以放大倍数所得的数值就是显微镜的分辨率。

近年来透射电镜及扫描电镜的功能日新月异。一是采用高电压，增加电子穿透试样的能力，减少波长散布像差(chromatic aberration)，增加分辨率，对较厚的试样现场观察，目前已有 2～3 MeV 的透射电镜投入使用；二是分辨率提高，1 MeV的原子分辨电子显微镜(atomic resolution electron microscope，AREM)点与点之间的分辨率可达 0.17 nm，线与线之间的分辨率可达 0.14 nm，能直接观测晶体中的原子。

2.4.5　原子力显微镜

原子力显微镜(atomic force microscope，AFM)是美国 IBM 公司的宾尼希(G. Binnig)与斯坦福大学的奎特(C. F. Quate)于 1985 年发明的。原子力显微镜利用原子之间的范德华作用力呈现样品的表面特性，是继光学显微镜、电子显微镜之后的第三代显微镜。在一个对力非常敏感的微悬臂(cantilever)的尖端安装一个微小的探针，当探针轻微地接触样品表面时，探针尖端的原子与样品表面的原子之间产生极其微弱的相互作用力，它们之间的作用力会随距离的改变而变化。当原子与原子很接近时，彼此电子云斥力大于原子核与电子云之间的吸引力，合力表现为斥力；反之，若两原子分开一定距离时，电子云之间的斥力小于彼此原子核与电子云之间的吸引力，合力表现为引力，如图 2－9 所示。作用力使微悬臂弯曲，将微悬臂弯曲的形变信号转换成光电信号并进行放大，就可以得到原子之间作用力微弱变化的信号，利用微小探针与待测样品表面之间的交互作用力呈现样品表面

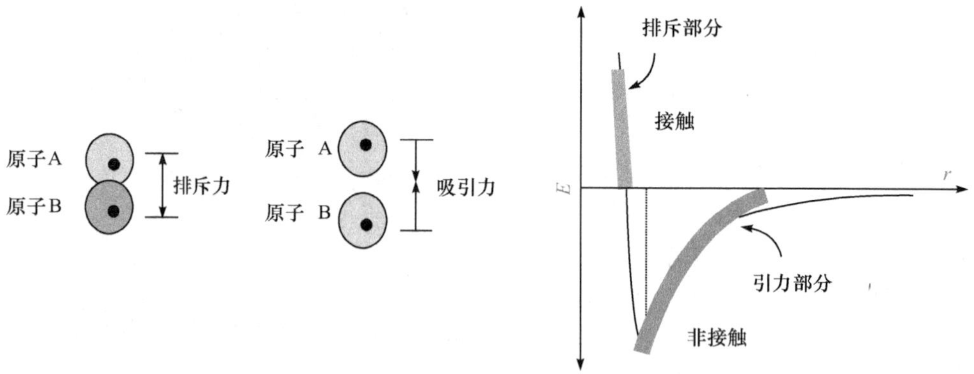

图 2－9　原子之间相互作用的斥力和引力

结构的物理特性,从而达到检测目的。

原子力显微镜系统中,当针尖与样品之间有交互作用之后,使悬臂摆动,因此当激光照射在悬臂末端时,其反射光的位置也会因悬臂摆动而有所改变,这就造成偏移量的产生。整个系统中,依靠激光光斑位置检测器记录偏移量并转换成电信号,供控制器作信号处理。后来相继出现了一些以测量探针与样品之间各种作用力来研究表面性质的仪器,如以摩擦力为对象的摩擦力显微镜、研究磁场性质的磁力显微镜、利用静电力的静电力显微镜等,这些不同功能的显微镜在不同的研究领域发挥重要的作用,它们又统称为扫描力显微镜(scanning force microscope,SFM)。

原子力显微镜的工作模式有接触模式(contact mode)、轻敲模式(tapping mode)和非接触模式(non-contact mode)。测定粗糙的样品表面时,若采用接触模式易损坏探针,故常用轻敲模式,并可适于柔软、黏附性强或与基底结合不牢固的样品。原子力显微镜可进行纳米级甚至原子级的分辨,其样品制备过程简便,可以不需要诸如染色、包埋、电镀、电子束照射等处理过程,除能对大气中干燥的样品进行观察外,还能对液体中样品成像。样品为粉体时,需将粉体颗粒固定后才能进行观测。例如,对金属粉体可进行高压成型,对无焊接性粉体进行加黏结剂成型等。图 2-10 为 70Mg30C 储氢粉体高压成型后的原子力显微镜成像。

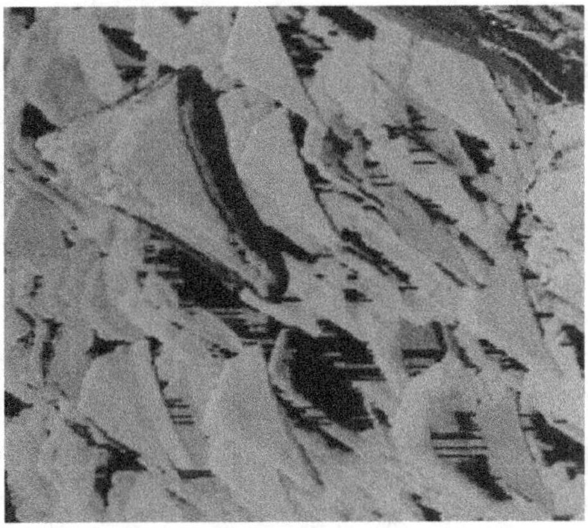

图 2-10　70Mg30C 粉体的原子力显微镜成像

2.4.6　光散射法和消光法

1. 光散射法

光散射法(light scattering method)利用颗粒对激光的散射角度随粒度而改变的原理测定粉体粒度分布。大颗粒的散射光角度大,小颗粒的散射光角度小。光散射法激光粒度分析仪的光路如图 2-11 所示。

激光经过透镜组扩束成直径约 8 mm 的平行光,穿过粉体样品时产生衍射,在接收透镜[傅里叶(Fourier)变换透镜]的聚焦面处放置光电接收器。接收透镜有不同焦距的 6 组,对大颗粒范围,选用长焦距透镜。光电接收器由 30 个同心半圆环及中间的一个小孔组成,各环互相绝缘。每个半圆环能将粉体在聚焦平面上衍射到该环范围的光通量接收下来,得到的信号经模数转换和计算机处理,给出粉体的粒度分布(体积分数)和平均粒度。

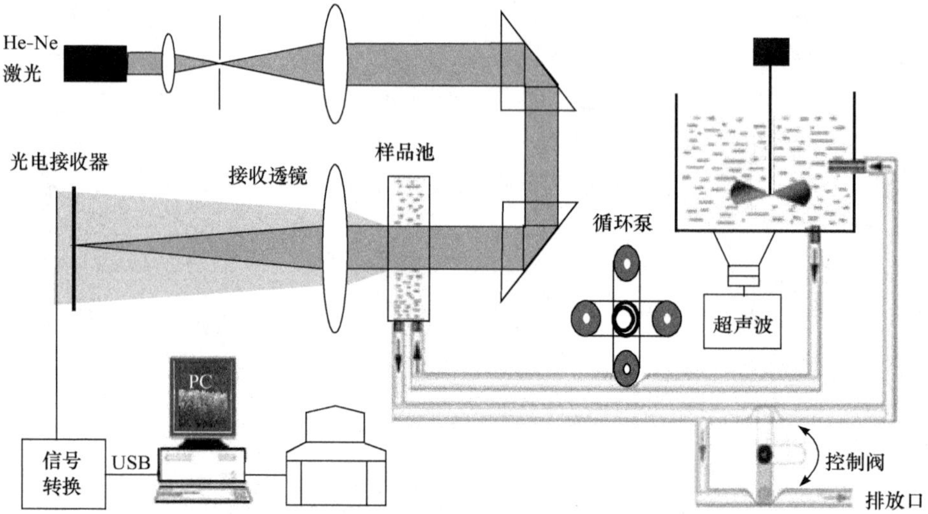

图 2-11　光散射法激光粒度分析仪光路图

马尔文(Malvern)激光粒度仪是 20 世纪 70 年代末开发的粒度分析仪,测定范围为 0.5～1800 μm,之后一系列激光粒度仪相继问世。图 2-12 为德国某公司生产的干湿二合一激光粒度仪,干样干测、湿样湿测,干法的粒度测试范围为 0.1～3500 μm,湿法的粒度测试范围为 0.1～875 μm。可选择不同的量程以获得最佳的测试精度,大颗粒物料选用大量程镜头测试,小颗粒物料选用小量程镜头测试,有针对性地选择不同的测试镜头,使被测样品的全部粒度分布恰好落在所选镜头量程的最佳位置,充分保证测定的最大分辨率和测试结果的最高精确性和可靠性,测试在 20 s 内即可完成。干法的分散介质为 0.01～0.6 MPa 压缩气体(空气或惰性气体),湿法的分散介质可采用多种液体,样品量从几毫克到几千克,测试结果可给出粒度分布曲线和平均粒度。

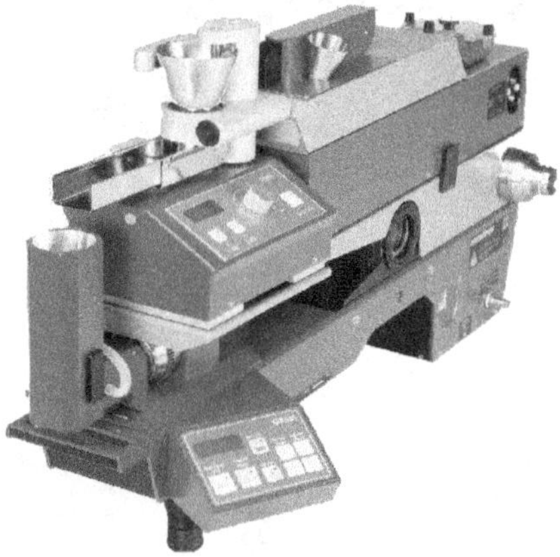

图 2-12　干湿二合一激光粒度仪

2. 消光法

消光法(light extinction method)通过测定经粉体散射和吸收后的光强度在入射方向上的衰减确定粒度。光源产生的单色光经过聚光透镜、光阑和准直透镜变为一束平行光,穿过在气体或液体中分散的粉体,然后通过透镜和光阑被光电探测器接收,如图 2-13 所示。

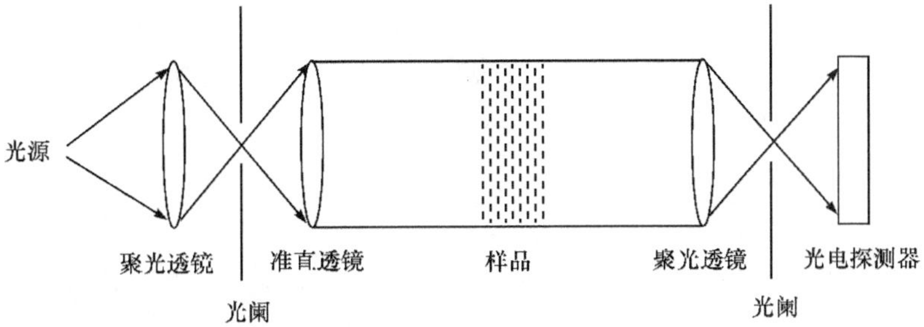

图 2-13　消光法示意图

根据朗伯-比尔(Lambert-Beer)定律,粉体的消光度 G 为

$$G=\lg\frac{I_0}{I}=\frac{0.6514CKl}{d_p\rho_p} \tag{2.24}$$

式中,I 为透光强度;I_0 为空白透光强度;l 为样品区域层的厚度;K 为粉体消光系数;d_p 为粉体粒度;ρ_p 为粉体颗粒密度;C 为粉体浓度(单位体积中粉体的质量)。对于可视为单分散体系的粉体,测定消光度后,利用消光系数 K 和粒径 d_p 的关系,可求得其粒度。

上述两种粒度测定方法属于成像以外的光学方法。由于其特点为非接触测定,故适于对气溶胶作在线测定,如对燃料喷射中的液滴或煤粉、大气粉尘、洁净室中的尘粒、云雾水滴、动力装置蒸气中的水滴,也适用于液体分散体系,如检测净化水及乳化燃料中的颗粒。若试样为粉体,则需制备成分散良好的以液体或气体为介质的分散体系。

光散射法和消光法粒度测定速度快,通过光电转换易于实现测定和数据处理自动化,粒度测定范围广,为 2 nm～2 mm。由于激光强度大,又有单色性和方向性好等优点,20 世纪 70 年代以来用激光作光源在粒度测定上已获得广泛应用。

2.4.7　库尔特计数器

颗粒本身是离散的个体,因此对颗粒分级计数不失为一种好的测定方法。库尔特(Coulter)计数器利用电传感法对颗粒进行逐个测定,已成为磨料和某些行业的测试标准,但受导电介质的限制和小孔的约束,仅局限于某些领域使用。

电传感法(electric sensing method)是将被测颗粒分散在导电的电解质溶液中,在该导电液中放置一个开有小孔的隔板,如图 2-14 所示,并将两个电极分别插入小孔两侧的导电

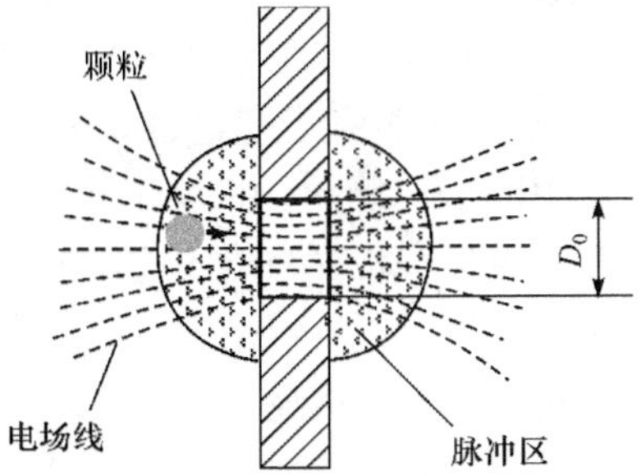

图 2-14　电传感法原理图

液中。在电压差作用下，颗粒随导电液逐个地通过小孔。每个颗粒通过小孔时产生的电阻变化表现为一个与颗粒体积或粒径成正比的电压脉冲。对于球形颗粒悬浮液的电阻变化 ΔR 可写成如下关系式：

$$\Delta R = K\frac{\rho V}{A^2} f\left(\frac{d_p}{D_0}\right) \tag{2.25}$$

式中，ρ 为液体电阻率；A 为小孔截面积；D_0 为孔道直径；V 为颗粒体积；K 为与 1 相差不大的系数；d_p 为颗粒粒径；$f\left(\frac{d_p}{D_0}\right)$ 为一个收敛级数的展开式。当 $\frac{d_p}{D_0}$ 足够小时，$f\left(\frac{d_p}{D_0}\right)$ 趋于 1。因此，对于球形颗粒来说，可认为 ΔR 与颗粒体积 V 即 d_p^3 成正比。

仪器可按脉冲大小进行归挡（颗粒体积或粒度的间隔）计数，给出单位体积导电液中的总颗粒数和各挡的颗粒数，也可给出颗粒体积或粒度的分布。

电传感法测定粒度的仪器最早由英国的库尔特公司进行商品生产，故称为库尔特计数器。其粒度测定范围通常为 0.5～1000 μm，取决于悬浮液进入隔板小孔的直径、测定电压脉冲的灵敏度及噪声干扰。其特点是测定速度快，每分钟可计数几万个颗粒，所需样品量少，再现性较好。早期被应用于血球的计数，后经改进发展，迅速推广用于固体颗粒、乳状液中液滴的粒度测定，包括过滤材料性能的测试及晶粒生长和颗粒聚结过程的研究。

2.4.8 气体吸附法

气体吸附法是研究固体表面结构的重要方法。N_2 吸附 BET 法被认为是测定颗粒比表面积的标准方法，此外，气体吸附质还可以用 CO_2，但 CO_2 用于测定有极性的固体表面和微孔时会产生偏差。利用比表面积可计算粉体的平均粒度及固体内的孔径分布。

BET 法是基于多分子层吸附理论。大多数固体对气体的吸附并不是单分子层吸附，而是多分子层吸附，物理吸附尤其如此。为解决这一问题，1938 年布鲁诺尔（S. Brunauer）、埃米特（P. H. Emmett）和特勒（E. Teller）在朗缪尔（I. Langmuir）单分子层吸附理论的基础上，提出多分子层吸附理论。他们认为第一层吸附是气-固直接发生作用，属于化学吸附，吸附热相当于化学反应热的数量级，第二层以后的各层是相同气体分子之间的相互作用，属于物理吸附，吸附热等于气体凝聚相变能。

使气体分子吸附于微粒表面，通过测定气体吸附量，可换算出粉体比表面积。低温下（－195 ℃）令样品吸附 N_2，在 N_2 的相对压强 p/p_0 为 0.05～0.35 时，测定 5～8个不同 p/p_0 下的平衡吸附量 V，按 BET 方程计算单分子层饱和吸附量 V_m

$$\frac{p}{V(p_0-p)}=\frac{1}{V_m c}+\frac{(c-1)p}{V_m c p_0} \tag{2.26}$$

式中，p 为吸附平衡时气体的压强；p_0 为吸附气体的饱和蒸气压；c 为与吸附热有关的常数。用式(2.26)求得 V_m 后，用式(2.27)计算样品的比表面积 S_V

$$S_V=\frac{4.353V_m}{W/\rho_p} \tag{2.27}$$

式中，W 为试样质量；ρ_p 为颗粒密度。根据粉体比表面积 S_V 与等体积比表面积球当量径 d_{S_V} 的关系($d_{S_V}=6/S_V$)可求出粒度。颗粒裂纹等内表面和微细凹凸的存在，使吸附法比其他方法测定的比表面积大，即平均粒径偏小。

N_2 吸附法还可通过测定气体吸附量或气体脱附量来确定固体中细孔的孔径分布。其基本原理是，蒸气凝聚(或蒸发)时的压强取决于孔中凝聚液体弯月面的曲率。开尔文(Kelvin)方程给出了一端封闭的毛细管中蒸气压随表面曲率的变化

$$\ln\left(\frac{p}{p_0}\right)=-\frac{2\sigma V_a\cos\theta}{r_c RT} \tag{2.28}$$

式中，p 为弯曲液面上的饱和蒸气压；p_0 为平液面上的饱和蒸气压；σ 为液体的表面张力系数；V_a 为液体的摩尔体积；θ 为接触角；r_c 为毛细管的曲率半径；R、T 分别为摩尔气体常量和热力学温度。在 N_2 吸附的条件下，根据式(2.28)孔半径 r_c 可表示为

$$r_c=-\frac{2\sigma V_a\cos\theta}{RT\ln\left(\frac{p}{p_0}\right)} \tag{2.29}$$

用 N_2 吸附法测定的最小孔径为 1.5～2 nm，最大为 300 nm。对于更小或更大的孔，其测定误差偏大。纳米陶瓷的一次颗粒小于 100 nm，聚集形成的孔径应小于 100 nm，可用气体吸附法测定。

2.4.9　水力分析法

水力分析法(hydraulic method)简称为水析法，是根据颗粒的沉降速度间接地测定粉体粒度组成的方法，用于小于 0.1 mm 物料粒度组成的测定。常用的水析法有三种：重力沉降法、上升水流法和离心沉降法。

重力沉降水析法中比较简单而又可靠的方法是淘析法(elutriation method)。淘析法的基本原理是利用逐步缩短沉降时间的方法，由细颗粒到粗颗粒，逐步将各粒级物料从试料中淘析出来。淘析法水析装置如图 2－15 所示，一个直径为 70～100 mm、高度为 150～170 mm

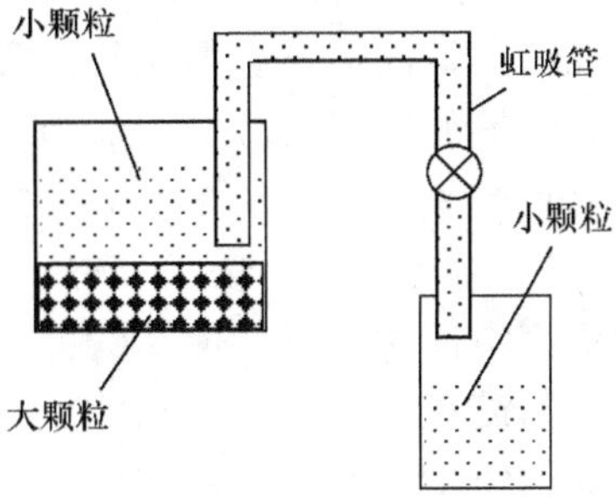

图 2－15　淘析法水析装置

的玻璃杯，内装一根直径 6～10 mm 的虹吸管。按斯托克斯阻力定律计算分级粒径为 d_p 的颗粒在水中沉降所需的时间 t 为

$$t=\frac{18\mu L}{(\rho_p-\rho)gd_p^2} \tag{2.30}$$

式中，ρ_p 为颗粒的密度；ρ 为水的密度；g 为重力加速度；μ 为水的黏度；L 为沉降距离。

沉降时间达到 t 后将上部浆料吸出，重复淘析过程，最后将吸出的浆料汇合，烘干称量，即得试料中全部小于分级粒径 d_p 的产物。逐步缩短沉降时间，淘析出由细到粗的一系列物料。由淘析法测定微细物料的粒度组成时，虽然比较简单、准确，但费时，因此，淘析法大多用来对其他水析法进行校核，或没有连续水析器时使用。

上升水流水析法的典型装置是连续水析器，基本原理是利用相同的上升水量在不同直径的分级管中产生不同的上升水速，粒度不同的颗粒按其沉降速度不同分成若干粒级。该水析器除主要工作部件分级管外，还有给水装置、水玻璃添加装置、给料装置和溢流接收装置等。分级管的直径由给水量和分级粒径确定。

离心沉降水析法所用装置是串联的水力旋流分级器，又称旋流水析器，其基本原理是使分级过程在离心力场中进行。旋流水析器内颗粒的径向沉降速度可按斯托克斯公式求出，只是需要用离心加速度取代重力加速度。

2.4.10 粒度测定方法的选择

对于同一种样品，用不同方法测定的粒度不同，有时相差很大甚至有数量级的差别。这并不足为奇，这是由于所测定或计算的粒度的定义不同，或是由于分散状态不同(颗粒团聚)所致。因此，对某一待测样品选择测定方法时，往往要选用几种方法进行对比测定。选择测定方法时通常应考虑如下几点：

(1) 根据数据的应用场合来选择。例如，筛分法因简便且经济，被广泛用于选矿厂控制磨矿作业的操作，使磨矿细度既达到单体解离又不产生过细现象。然而，对于用作涂料的微细粉体(如二氧化钛)的粒度分析，需测定投影面积平均径，这种情况需选择测定投影面积的光学仪器。因此选择描述颗粒特性的方法时，必须考虑其数据的应用场合是否恰当，否则，即使是最准确、最精密的分析资料，对于某种研究目的来说也可能是不恰当的。又如，对于气相反应的催化剂，既要考察其外表面积，也要考察其内表面积，故宜用气体吸附法测定比表面积；对于水泥而言，因其水化凝结性质与颗粒内孔的关系不大，故宜用空气透过法而不是用气体吸附法测定比表面积。再如，对于制造过滤板的粉体，为计算流体通过过滤板的压强降，显然需测定粉体的比表面积；但当研究过滤板的过滤性能时，则需测定粉体的粒度分布。在水文地质上为描述砂粒在沉降中的行为，宜用沉降法。

（2）根据粉体的粒度范围选择。被测样品的粒度范围常限定所能采用的仪器类型。例如，根据重力沉降原理进行测定的仪器，对小于 1 μm 的颗粒不适合，因为小于 1 μm 的颗粒需要的沉降时间太长，对大于 100 μm 的颗粒也不适合，因为大颗粒沉降太快。所以重力沉降法仅对 1～100 μm 的颗粒是有效的。同样，光学显微镜可以精确地测定大于 0.5 μm 的颗粒，更小颗粒的测定应当用电子显微镜。所以，在确定粒度分析的技术要求时，测定的粒度范围是一个重要参数。

（3）根据粉体的存在形式选择。根据取样的难易程度、分散粉体的难易程度、可取得样品的数量、粉体的物理化学性质等考虑相应的方法。对气溶胶和两相流中的颗粒，或处于动态过程如正在结晶长大或因溶解正在减小的颗粒，常要求快速、实时、在线测定，此时常用光散射法、消光法、全息照相法。

（4）根据粒度测定的精度要求选择。不同测定方法的精度不同，同一测定方法的精度还受仪器性能和技术要求的影响。由于受样品代表性的影响，高精度仪器的测定结果不见得可靠。对某个给定的颗粒体系，由于该体系空间分布的不均匀性，导致所测样品的粒度与实际物料的粒度之间有一定的偏差，因此选用精度低、分析时间短、能分析大量样品的仪器，可能比选用精度高、分析时间长、样品量少的仪器会更好一些。一般而言，常规测试往往要求快速简便，并尽可能自动化，对精度要求不高。

（5）根据样品量选择。对于干式筛分法，用 100 g 粉体试样比较恰当，测得的粒度误差为 5%～10%，如果只用 10 g 试样，测得数据的误差可能高达 50%。因此，一旦确定分析所要求的资料类型，为得到这种资料，选择测定方法时必须考虑样品量。

（6）根据粒度测定所需时间选择。测定方法及仪器性能都会影响所耗时间。有些仪器能够提供高精度的测定数据，但所需时间长；有些仪器精度可能较低，但可在短时间内提供相近的测定信息。筛分法在选矿中的应用很广泛，不仅筛子便宜，分析方法也简便快捷；带有复杂辅助设施的显微镜能得到高度准确的分析资料，但耗时太长。因此，在实际应用中，需根据样品个数、每个样品所需时间、工作总时间等来选择测定方法。

（7）根据设备投资和分析费选择。计算投资时，应考虑仪器价格、使用寿命、配件价格、配套设施造价。此外，还应考虑人员培训的费用，图像分析仪、光学显微镜、扫描电镜等大型仪器要求由受过训练的人员进行操作，虽然分析一个样品可能只需 5 min，但要掌握操作技术，操作人员可能需要经过至少半年的培训，才能熟练地得到有用信息，人员培训费是必需的。一般而言，价格高昂的仪器使用频率低、分析费高，但每批样品的个数越多，平均每个样品的分析费越低。若能快速地提供对生产过程进行反馈控制的信息，即使仪器昂贵、运行费高，有时也是必要的。

2.5　粉体的填充结构

粉体在料仓内储存时，粉体的填充情况对料仓结构、料仓体积、进料方式、出料形式、粉体黏结程度、防结拱方法等非常重要。此外，填充情况对粉体输送胶带倾角、造粒密度等有直接影响。

粉体的填充结构(filling structure)是指粉体层内颗粒在空间的排列状态，属于其几何性质。为定量地表征粉体的流体力学性质及进行储存、输送、喂料、混合、造粒等粉体操作，必须研究颗粒的排列状态。填充结构随粉体粒度、颗粒密度、颗粒间作用力及填充条件而变化。工程上已注意到粉体填充状态的两个极端，即最疏填充状态与最密填充状态。例如，为避免料仓结拱造成料流阻塞，要求粉体处于最疏填充状态，而造粒往往要求达到最密填充状态。

2.5.1　描述粉体填充结构的参数

描述粉体的填充结构时，常用容积密度、填充率、空隙率、配位数、空隙率分布、接触点角度分布等参数。

(1) 容积密度 ρ_b。单位体积粉体填充层(包括颗粒实体部分、颗粒内孔隙、颗粒之间空隙)的质量称为容积密度，也可称为填充层的表观密度(apparent density)或粉体的堆积密度(piling density)，表达式如下：

$$\rho_b=\frac{\text{粉体的质量}}{\text{粉体填充层体积}}=\frac{V_b(1-\varepsilon)\rho_p}{V_b} \tag{2.31}$$

式中，V_b 为粉体填充层的体积；ρ_p 为颗粒密度；ε 为空隙率。

(2) 填充率 Ψ。粉体颗粒体积(颗粒实体部分和颗粒内孔隙体积之和，不包括颗粒之间空隙的体积)占粉体填充层体积的分数称为填充率，表达式如下：

$$\Psi=\frac{\text{粉体颗粒体积}}{\text{粉体填充体积}}=\frac{M/\rho_p}{M/\rho_b}=\frac{\rho_b}{\rho_p} \tag{2.32}$$

式中，M 为粉体的质量；ρ_b 为填充层的密度；ρ_p 为颗粒密度。

(3) 空隙率 ε。颗粒之间空隙的体积占粉体填充层总体积的分数称为空隙率(voidage)，表达式如下：

$$\varepsilon=1-\frac{\rho_b}{\rho_p}=1-\Psi \tag{2.33}$$

空隙率与填充率之和等于 1，即 $\varepsilon+\Psi=1$。有时，填充率和空隙率用百分数表示。

(4) 配位数 k_n。与被观察颗粒接触的颗粒个数称为配位数(coordination

number),类似于配位化学中配位数的概念。实际粉体层中各个颗粒所处的环境不同,与之相接触的颗粒个数不同,从而有不同的配位数,用分布表示具有某一配位数的颗粒分数时,称为配位数分布。

(5) 空隙率分布。将距离所观察颗粒中心任一半径处的微小球壳内的空隙体积分数,以距离为自变量表示的分布称为空隙率分布(voidage distribution)。

(6) 接触点角度分布。将与所观察颗粒相接触的第一层颗粒的接触点位置,以坐标角度为自变量表示的分布称为接触点角度分布(contact-angle distribution)。

2.5.2　均一球形颗粒的规则填充

要研究粒度组成复杂的实际粉体的填充结构,最基本的是研究均一球形颗粒的规则填充结构。将大小相同的球在平面上排列起来作为基本层,如图 2-16 所示,相邻的 4 个球(图中带填充图案者)可作为基本层的最小组成单位,则有正方形(square)和单斜方形(菱形,rhombus)两种排列形式。

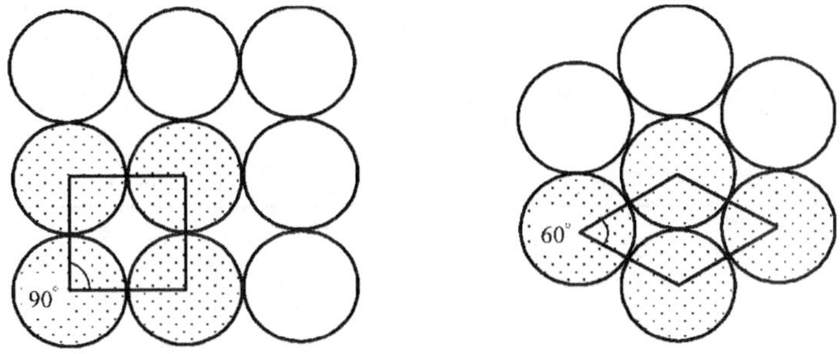

(a) 正方形排列　　(b) 单斜方形排列

图 2-16　均一球形颗粒的基本排列层

为研究均一球的立体填充结构,可将填充体分割成若干最小组成单位。取相邻的 8 个球并连接其球心得到一个平行六面体,作为均一球填充结构的最小组成单位,称为单元体。底层呈正方形排列的称为正方系,底层呈单斜方形排列的称为单斜方系(六方系),正方系和单斜方系各有 3 种排列,共有 6 种排列形式,如图 2-17所示,排列 1、2、3 为正方系,排列 4、5、6 为单斜方系,将排列 2 回转 90°则成为排列 4,排列 3 回转 125°16′则成为排列 6,其空间特性相同。各种排列的空间特性数据见表 2-2,排列 1(立方体填充)是所有排列中的最疏填充,称为立方最疏填充;排列 3 或排列 6(菱面体填充)是所有排列中的最密填充,称为六方最密填充。

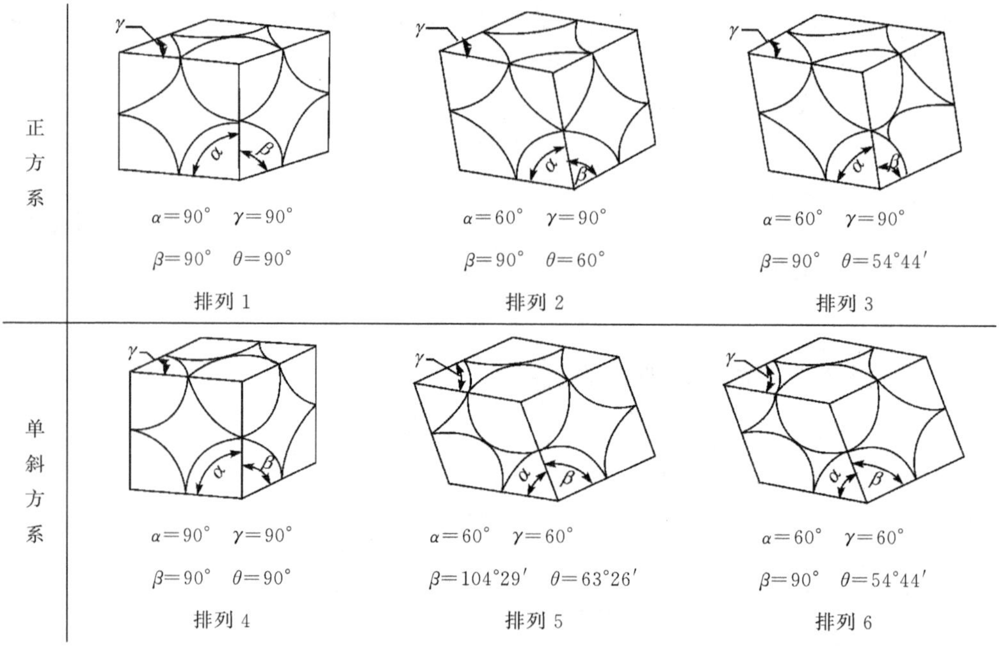

图 2-17　均一球形颗粒的规则填充单元体（θ 为单元体右侧面与水平面的夹角）

表 2-2　均一球形颗粒规则填充结构的特性

序号	名称		单元体			空隙率 ε	填充率 Ψ	配位数 k_n
			底面积	总体积	空隙体积			
1	正方系	立方体填充（立方最疏填充）	1	1	0.4764	0.4764	0.5326	6
2		正斜方体填充	1	$\frac{\sqrt{3}}{2}=0.866$	0.3424	0.3954	0.6046	8
3		面心立方体填充（菱面体填充）	1	$\frac{1}{\sqrt{2}}=0.707$	0.1834	0.2595	0.7405	12
4	单斜方系	正斜方体填充	$\frac{\sqrt{3}}{2}$	$\frac{\sqrt{3}}{2}=0.866$	0.3424	0.3954	0.6046	8
5		楔形四面体填充	$\frac{\sqrt{3}}{2}$	$\frac{3}{4}=0.750$	0.2264	0.3019	0.6981	10
6		菱面体填充（六方最密填充）	$\frac{\sqrt{3}}{2}$	$\frac{1}{\sqrt{2}}=0.707$	0.1834	0.2595	0.7405	12

2.5.3　均一球形颗粒的实际填充

实际向容器中填充玻璃球或钢球时，即使非常仔细地操作，也难以得到规则的填充结构。空隙率与规则填充结构不一致是由于实际填充时受到球之间碰撞、回弹、摩擦、容器壁面等的影响，而成为不规则的填充。

在配位数相同的情况下，粉体层的空隙率也在某一范围内变化，因此，用配位数及其分布表征填充状态也是不准确的。为此，贝尔纳(J. D. Bernal)和梅森(J. Mason)采用的表征方法是，除测定与所观察颗粒完全接触的颗粒外，还测定较近接触的颗粒。其实验方法是，取直径 6.35 mm 的钢球 1000～5000 个填入容器，然后浸满墨汁，将墨汁倒掉并烘干钢球后，在钢球的表面上留有墨斑点。根据斑点的类型可将接触点区分为密接触(完全接触，close contact)和疏接触(近接触，near contact)两种，如图 2-18 所示，观测各颗粒的配位数、密接触点数、疏接触点数。实测空隙率为 0.38 和 0.40 时的配位数与接触点分布见表 2-3。由表 2-3 中数据可见，空隙率大的填充结构，其低配位数的密接触点数多，高配位数的疏接触点数多，结果是填充结构疏松，空隙率大。

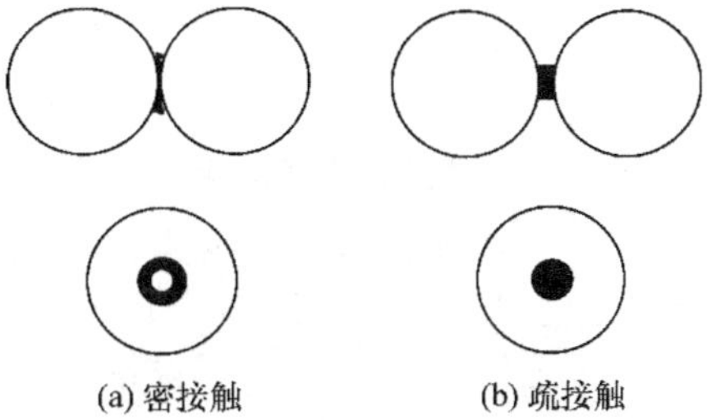

图 2-18　颗粒之间的接触模式

表 2-3　配位数与接触点分布

空隙率 ε	配位数 k_n	密接触点数	疏接触点数
0.38	3	5	—
	4	13	—
	5	72	7
	6	132	38
	7	133	107
	8	95	157
	9	22	137
	10	4	29
	11	—	1
0.40	3	21	—
	4	78	7
	5	128	30
	6	108	83
	7	57	135
	8	24	122
	9	4	36
	10	—	6
	11	—	1

将实际填充看作立方最疏填充和六方最密填充以某一比例混合，其平均空隙率（总空隙率）ε 可用式(2.34)表示

$$\varepsilon = 0.2595x + 0.4764(1 - x) \tag{2.34}$$

式中，x 为六方最密填充的比例。由表 2-2 可知，立方最疏填充和六方最密填充两种单元体中，单位体积的颗粒个数之比为 $1:\sqrt{2}$，两种颗粒的配位数分别为 6 和 12，因此，平均配位数 k_n 为

$$k_n = \frac{12\sqrt{2}x + 6(1 - x)}{\sqrt{2}x + (1 - x)} = \frac{6(1 + 1.828x)}{1 + 0.414x} \tag{2.35}$$

实测填充结构的空隙率 ε 后，代入式(2.34)求出 x，然后将 x 代入式(2.35)便能计算出平均配位数 k_n。空隙率较大时，配位数分布接近于正态分布，随着空隙率减小，趋近于具有最密填充状态的配位数。

里奇韦(K. Ridgway)和塔巴克(K. J. Tarbuck)还整理了其他研究者的实验结果，得到均一球形颗粒随机填充时的空隙率 ε 和平均配位数 k_n 的关系，利用其关系可由测得的空隙率计算配位数，其关系式如下：

$$\varepsilon = 1.072 - 0.1193k_n + 0.0043k_n^2 \tag{2.36}$$

豪伊(D. P. Haughey)认为在配位数较小的范围内，ε 比式(2.36)计算值稍有减小的倾向，并同其他研究人员的数据进行了比较，还举出存在压力时的实例。

朗夫(H. Rumpf)指出，式(2.37)虽然是近似式，但在 $k_n = 6 \sim 12$ 时与按式(2.35)的计算结果基本一致（π 为圆周率）：

$$k_n \varepsilon = 3.1 \approx \pi \tag{2.37}$$

2.5.4 二组分球形颗粒的填充

直径不同的两种球形颗粒填充时，一般是小颗粒的直径越小越有利于获得较高的填充率，而且填充率的大小因两种颗粒混合比的不同而异。

设密度为 ρ_1 的大颗粒单独填充时的空隙率为 ε_1，将小颗粒填充到大颗粒的空隙中，小颗粒的密度为 ρ_2、空隙率为 ε_2，则单位体积中大颗粒的质量 W_1、小颗粒的质量 W_2 分别为

$$W_1 = (1 - \varepsilon_1)\rho_1 \qquad W_2 = \varepsilon_1(1 - \varepsilon_2)\rho_2$$

两种颗粒混合物中大颗粒的质量分数 f_1 为

$$f_1 = \frac{W_1}{W_1 + W_2} = \frac{(1 - \varepsilon_1)\rho_1}{(1 - \varepsilon_1)\rho_1 + \varepsilon_1(1 - \varepsilon_2)\rho_2} \tag{2.38}$$

对于相同材质的颗粒，$\rho_1 = \rho_2$，则式(2.38)变为

$$f_1=\frac{1-\varepsilon_1}{1-\varepsilon_1\varepsilon_2} \tag{2.39}$$

由表 2-1 均一球规则填充的特性参数可知，填充结构的空隙率与颗粒的大小无关，只取决于其排列方式。如果小颗粒远小于大颗粒，则在大颗粒空隙中填充小颗粒时，小颗粒的填充结构不受大颗粒的影响，即与小颗粒单独填充时的填充结构相同。如果小颗粒与大颗粒的填充结构相同，则二者具有相等的空隙率，即 $\varepsilon_1=\varepsilon_2=\varepsilon'$，从而式(2.39)可变为

$$f_1=\frac{1}{1+\varepsilon'} \tag{2.40}$$

当小颗粒与大颗粒相比尺寸较大时，由于受大颗粒空隙几何空间的限制，小颗粒无法形成最密填充，会使二组分填充结构的空隙率较大。当小颗粒的填充不受大颗粒的限制，大颗粒和小颗粒都形成最密填充时，二组分填充结构的空隙率最小。二组分填充结构的最终空隙率 $\varepsilon=\varepsilon_1\varepsilon_2$，对于不规则填充也是如此。例如，当单组分填充的空隙率 $\varepsilon_1=\varepsilon_2=0.5$ 时，$\varepsilon=0.25$，要获得较密填充，则大颗粒的质量分数应为 0.67；当 $\varepsilon_1=\varepsilon_2=0.4$ 时，$\varepsilon=0.16$，要获得较密填充，则大颗粒的质量分数应为 0.71。此计算值与实测结果基本一致。

2.5.5　多组分球形颗粒的规则填充

1. 霍斯菲尔德填充

向均一球形颗粒产生的空隙中依次填充适当大小的小球，可获得非常紧密的填充体。尽管这样的填充实际上是不可能的，但是，随着粉体粒度分布的加宽，填充结构的空隙率将不断下降。

在均一球的六方最密填充结构中，球与球之间形成的空隙大小和形状是规则的，有两种孔型：6 个球围成的四角孔和 4 个球围成的三角孔。最初的均一球称为 1 次球(半径 r_1)，填入四角孔中的最大球称为 2 次球(半径 r_2)，填入三角孔中的最大球称为 3 次球(半径 r_3)，之后，再在 2 次球的周围填入 4 次球(半径 r_4)，在 3 次球和 4 次球之间填入 5 次球(半径 r_5)，最后以微小的均一球填入残留的空隙中，这样构成的填充结构称为霍斯菲尔德(Horsfield)填充。

在霍斯菲尔德填充结构中，根据小球与大球之间的几何关系，可计算出各小球半径与 1 次球半径的比例关系，以及随着填充的深入，填充结构空隙率的变化。在 5 次球填充体(空隙率为 0.149)的空隙中，如果再填入的极微小均一球呈六方最密填充(空隙率为 0.2595)，则整个填充体的最终空隙率为 $\varepsilon_e=0.149\times0.2595=0.039$。以上逐次填充的球半径、相对于 1 次球的个数及所得空隙率的计算值见表 2-4。

表 2-4　霍斯菲尔德填充结构

填充状态	球的半径	球的相对个数	空隙率 ε
1 次球	r_1	1	0.2595
2 次球	$r_2=0.414r_1$	1	0.207
3 次球	$r_3=0.225r_1$	2	0.190
4 次球	$r_4=0.177r_1$	8	0.158
5 次球	$r_5=0.166r_1$	8	0.149
填充料	极小	极多	0.039

2. 哈德森填充

哈德森(J. D. Hudson)在金属固溶体的研究中，将半径为 r_2 的均一球填充到半径为 r_1 的均一球六方最密填充体的空隙，称为哈德森填充，并对 r_2/r_1 和空隙率之间的关系做了研究。由霍斯菲尔德填充结构可知，当 $r_2/r_1<0.4142$ 时，2 次球可填进四角孔；当 $r_2/r_1<0.2248$ 时，2 次球还可填进三角孔。多个 2 次球可以按四角孔基准填充，也可按三角孔基准填充，以三角孔基准填充时可填充更多的球，获得更小的空隙率。表 2-5 为计算的填充结果，由表可知，$r_2/r_1=0.1716$ 时 2 次球按三角孔基准，在四角孔中可填入 21 个小球，在三角孔中可填入 4 个小球，填充最为紧密，空隙率 $\varepsilon=0.1130$。

表 2-5　哈德森填充结构

填充状态	填进四角孔的球个数	r_2/r_1	填进三角孔的球个数	空隙率 ε
四角孔基准	1	0.4142	0	0.1885
	2	0.2753	0	0.2177
	4	0.2583	0	0.1905
	6	0.1716	4	0.1888
	8	0.2288	0	0.1636
	9	0.2166	1	0.1477
	14	0.1716	4	0.1483
	16	0.1693	4	0.1430
	17	0.1652	4	0.1469
	21	0.1782	1	0.1293
	26	0.1547	4	0.1336
	27	0.1381	5	0.1621
三角孔基准	8	0.2248	1	0.1460
	21	0.1716	4	0.1130
	26	0.1421	5	0.1563

3. 连续粒度体系和不连续粒度体系

对于混凝土骨料和耐火材料原料，如何获得最密填充的粒度级配是个值得研究的问题。人们熟知的富勒（W. B Fuller）曲线和安卓森（A. H. M. Andreasen）曲线见图 2-19 和图 2-20。富勒曲线是适于连续粒度体系构成最密填充的经验曲线，大粒度部分呈直线，小粒度部分近似于椭圆的一部分。曲线累计筛下料 7%处与纵坐标轴相切；在最大粒径的 1/10 处，直线与椭圆部分相切，相应的累计筛下料为 37.3%。经典连续堆积理论的倡导者安卓森用式(2.41)表示粒度分布：

$$U_p = 100\left(\frac{d_p}{d_{p,\max}}\right)^q \tag{2.41}$$

式中，U_p 为累计筛下分数；$d_{p,\max}$ 为最大粒径；q 为相对粒径（$d_p/d_{p,\max}$）的指数，当 q 在 0.33～0.5 时，空隙率最小，即填充密度最大。此外，与连续粒度体系相比，不连续粒度体系更易形成密填充。

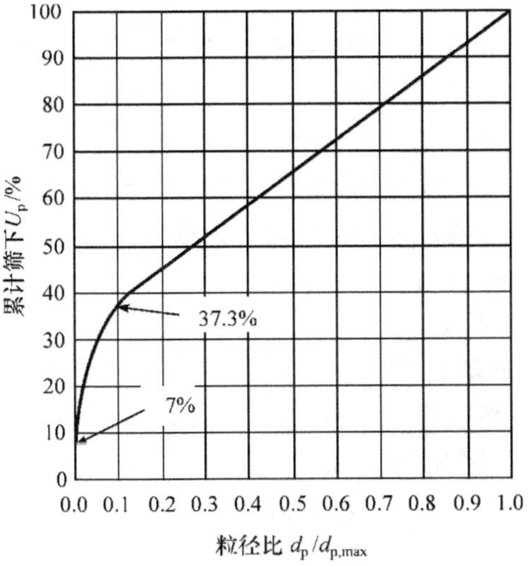

图 2-19　富勒曲线

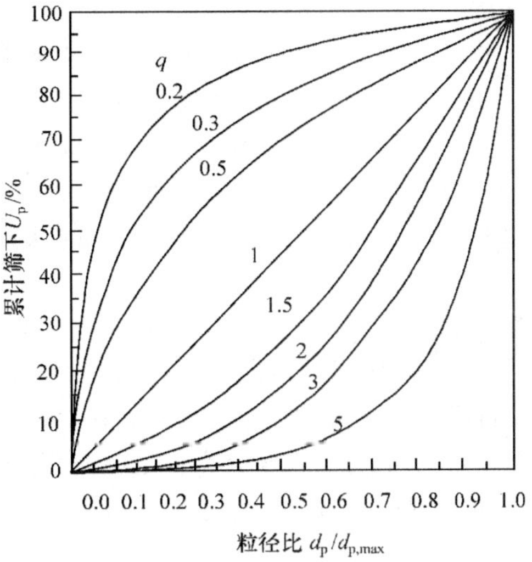

图 2-20　安卓森曲线

2.5.6　影响粉体填充结构的因素

粉体颗粒实际上并非都是球形，而且是随机填充的，其填充状态受容器壁效应、局部填充结构、含水量、颗粒形状、粒度大小等因素的影响。

1. 壁效应

当粉体填入容器时，填充结构受容器壁面的影响，在容器壁面附近形成特殊的

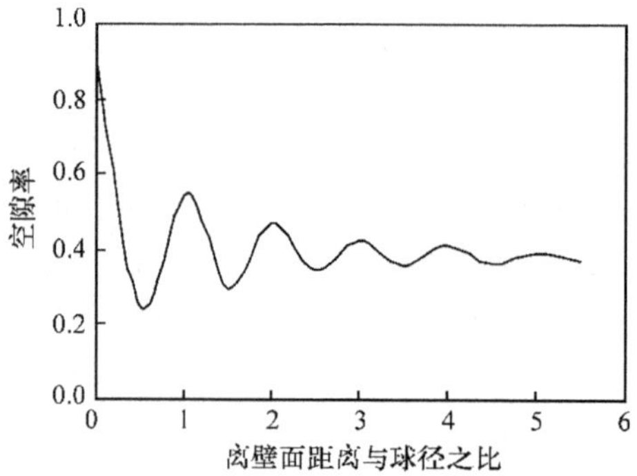

图 2-21　均一球随机填充的空隙率分布

填充结构，称为壁效应。里奇韦和塔巴克将液体缓缓地注入填充结构中，测定液面的微小变化，得到如图 2-21 所示的离器壁不同距离处的空隙率分布，紧靠壁面处空隙率较大，此后空隙率随器壁距离作周期性变化。麦吉里（R. K. McGeary）研究了圆筒型容器和球径之比为 1～200 时填充结构空隙率的变化，结果表明当容器直径和球径之比超过 50 时，空隙率几乎成为常数。

2. 局部填充结构

填充结构的局部变化对粉体现象有着很大的影响，为此，下面就填充结构局部变化的情况作一阐述。

(1) 空隙率分布。贝内纳蒂（R. F. Benenati）和布罗西洛（C. B. Brosilow）研究空隙率分布的方法是，将环氧树脂注入铅弹子填充体的空隙中并将其固化，然后置于车床上从外周开始切削，测定沿填充物一定方向的空隙率分布。

(2) 填充数密度分布。填充体内半径 r 处的球壳内单位体积的颗粒个数称为数密度，设距观察中心 r 至 $r+\mathrm{d}r$ 的球壳内的颗粒数为 $g(r)\mathrm{d}r$，则数密度 $\rho(r)$ 为

$$\rho(r)=\frac{g(r)\mathrm{d}r}{4\pi r^2\mathrm{d}r}=\frac{g(r)}{4\pi r^2} \tag{2.42}$$

数密度分布函数 $\rho(r)$ 可用以表示颗粒的填充结构。斯科特（G. D. Scott）用流动的石蜡固化钢球填充体，然后逐个测定钢球位置，得出密度分布。

(3) 接触点角度分布。若为规则填充，则接触点角度分布也是规则的。对于随机填充，其接触点角度分布变宽，特别是对于密填充，特定角度的接触点会增加。

3. 粉体的含水量

潮湿粉体由于颗粒表面吸附水，颗粒间产生液桥力，导致颗粒间附着力增大，形成二次颗粒，即团粒。由于团粒尺寸较一次颗粒大，团粒内部保持松散的结构，致使整个填充结构的填充率降低。图 2-22 是窄粒级砂子填充层容积密度随含水量变化的曲线。由图 2-22 可知，当含水量较低

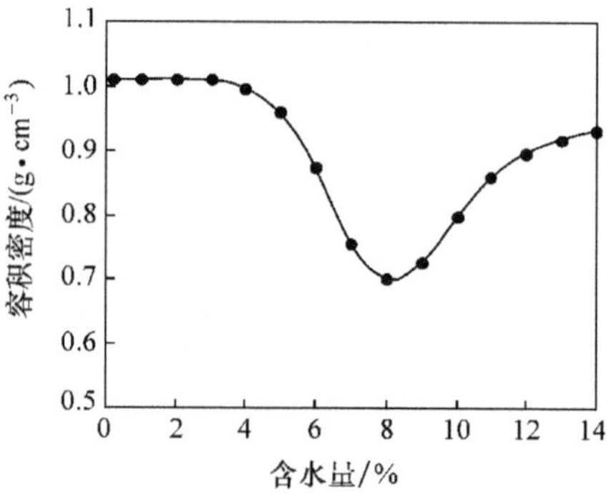

图 2-22　含水量对粉体容积密度的影响

时，随含水量增大，容积密度略有降低，但影响不大；随着含水量的继续增大，由于形成大团粒，容积密度迅速降低，含水量 8%时密度达到最低点，含水量继续增大时，由于颗粒发生滑动而使填充率增大。可以预测，当含水量达到颗粒能在水中沉降时，密度会超过干粉体。

4. 颗粒的形状

颗粒越接近于球形，通常其空隙率越小，即空隙率随颗粒球形度的降低而增高，如图 2-23 所示。对于有棱角的颗粒，与球形颗粒相比，松散堆积时其空隙率较大，紧密堆积时则较致密。表面粗糙度越高的颗粒，填充结构的空隙率越大，如图 2-24 所示。

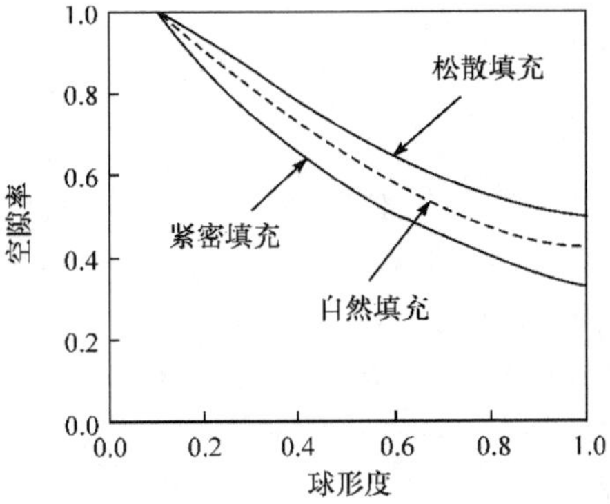

图 2-23　空隙率与球形度之间的关系

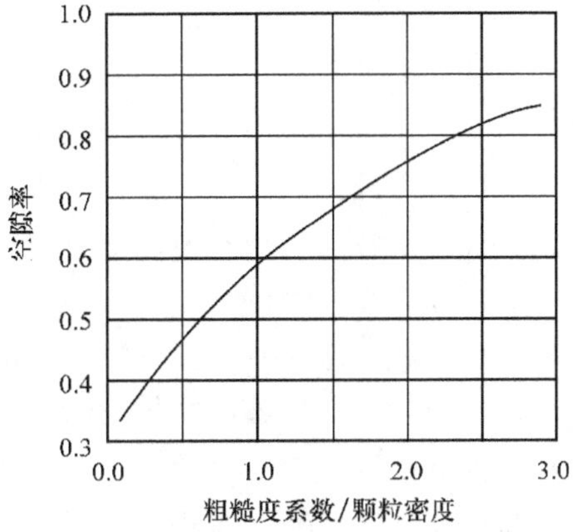

图 2-24　颗粒表面粗糙度对空隙率的影响

表 2-6 是玻璃颗粒的形状与其容积密度之间关系的数据。从表中数据可见，粒径相同时，如果颗粒从球形变为不规则形状，其空隙率增大，容积密度变小，而且粒径越小，形状的影响越突出。

表 2-6　玻璃颗粒的形状与容积密度的关系

颗粒形状	球形	粉状	棒形
平均粒径/μm	56	56	47
容积密度/(g·cm^{-3})	1.44	1.13	1.10

5. 粒度大小

当粒度很小时，颗粒之间附着力大于颗粒重力，从而发生团聚现象，填充结构的空隙率增大，即表观体积(单位质量粉体所占的体积)增大，如图 2-25 所示。当粒度大于某一临界粒度值时，与颗粒重力相比，凝聚力的作用可以忽略不计，颗粒间接触处的凝聚力与粒度大小的关系已不大，粒度大小对堆积密度没有明显的影响。

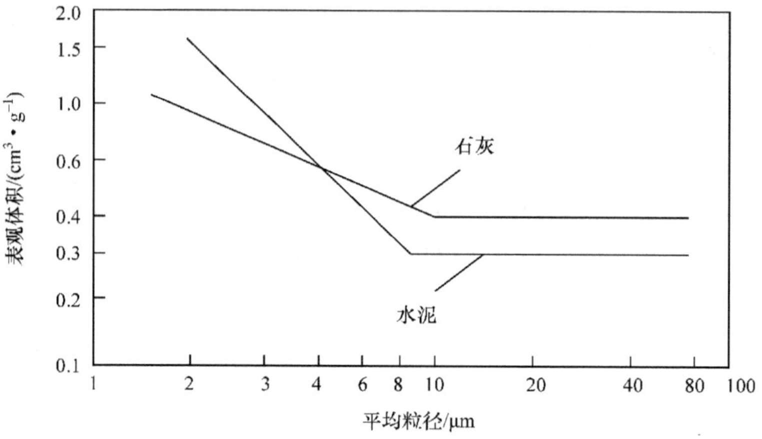

图 2-25　粉体粒度对表观体积的影响

不同粒度的粉体具有不同的堆积结构，其空隙率等参数有很大差异。对于由宽粒度分布组成的粉体，粒度组成比平均粒度提供的信息更重要，粒度大于或小于临界粒度的颗粒，其颗粒之间的相互作用不同，致使粉体性质不同。

此外，粉体的填充速度对填充结构空隙率的影响也非常显著。对粗颗粒，较高的填充速度会导致粉体有较大的空隙率，但对于像面粉那样附着力明显的细粉体，较高的供料速度可降低粉体填充结构的空隙率。

2.6　控制粉体粒度的实例

2.6.1　水煤浆中煤粒度的控制

水煤浆(又称为煤水浆，coal water slurry)是将煤粉碎成具有一定粒度分布的粉体后，与水及添加剂按一定比例混合而成的煤-水分散体系，可作为替代石油的液体燃料，还可用作气化原料。水煤浆以水为分散介质，此外，还有以油为分散介质的油煤浆，统称为煤浆。

水煤浆用作气化原料时，其煤粒度对进料系统和气化过程都有重要影响。美国的德士古(Texaco)水煤浆气化炉用单喷嘴。山东兖州矿业集团研制出对置式四喷嘴，如图 2-26 所示，并对水煤浆做了大量试验研究，得出较优条件为煤粉粒径小于 325 目的占 55%、325～8 目的占 45%、煤浆浓度(63±2)%、煤浆黏度 900～1500 cP。

1. 煤粒度分布对成浆浓度的影响

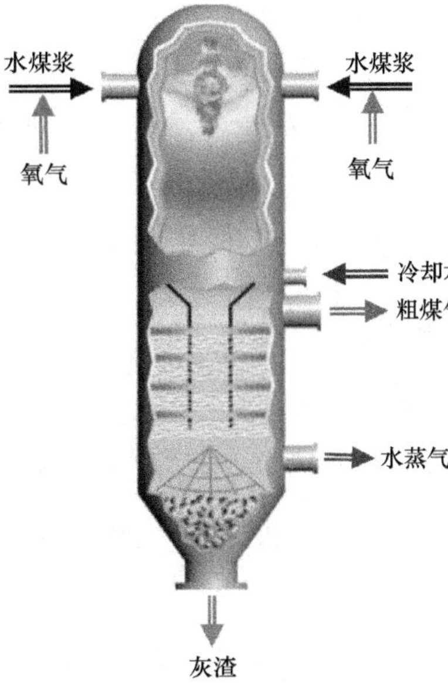

图 2-26　水煤浆气化炉

煤浆浓度是影响气化效率的一个重要因素。随着煤浆浓度的提高，所产煤气中的有效成分（$CO+H_2$）增加，氧气消耗量降低。当煤浆浓度由 44%提高到 56%时，冷煤气效率可提高 40%。影响煤成浆性的主要因素有煤种、煤粒度分布、化学添加剂等，其中，煤粒度分布是影响煤浆性质的重要因素。在制浆过程中，为制备高浓度的煤浆，煤粒度不但要达到一定的细度，而且要具有一定的粒度分布。粗煤粉（>74 μm）的成浆黏度不够大，不能单独成浆。细煤粉（<74 μm）能增加煤浆的黏度，提高煤浆的稳定性，可制得高浓度煤浆。但煤粒度过小，意味着需要较高的磨煤能耗，并且煤浆黏度过大会影响输送系统和雾化效果。

2. 煤粒度对燃烧和气化反应的影响

煤粒度在很大程度上决定燃烧和气化反应特性。在气化炉内，水煤浆通过烧嘴喷出而雾化成液滴，浆滴越小，则着火点越低，最大反应速率出现越早，燃尽时间越短，燃烧和气化反应特性越好。反之，如果浆滴过大，则离开烧嘴后，浆滴在反应区的停留时间过短，并且与气相反应的接触面积小，双重影响的结果使碳转化率较低，灰渣中碳含量较高。要减小浆滴，除了靠改善烧嘴以提高雾化效果外，还需要控制煤粒度和煤浆黏度，适度减小煤粒度，并降低煤浆黏度，有利于获得小浆滴。

3. 煤粒度对煤浆输送的影响

(1) 煤粒度影响输送管道。管道输送对煤浆的要求：一是煤浆在输送流速下具有较高的稳定性，以保持固体颗粒不分级、不沉降；二是煤浆有较好的流动性，以节约输送能耗。煤浆的稳定性和流动性取决于煤浆浓度、煤粒度大小及其分布、煤颗粒之间作用力等因素。细煤粉含量高时，煤浆黏度大，可保持煤浆较高的稳定性；但是，如果黏度过大，会使管道输送阻力增大。实践表明，通过调整煤粒度组成，可使煤浆的稳定性和流动性在一定条件下得到很好的统一，实现高浓度煤浆管道输送，提高经济效益。

(2) 煤粒度影响输送设备。煤浆浓度过高、黏度过大时，会影响煤浆泵的稳定性，还会使煤浆滚筒筛和振动筛带浆严重，增加煤浆输送系统故障率。煤粒度越小，则煤浆黏度越大。例如，全部采用小于 50 μm 甚至小于 38 μm 煤粉制成的煤浆，其黏度很大，工业上采用添加表面活性剂来降低其黏度，但其作用并不是无限的。

(3) 煤粒度影响烧嘴。煤粒度过大时，不仅使雾化效果变差，而且会加剧对烧嘴的磨损，降低烧嘴的寿命，烧嘴磨损会进一步恶化雾化效果。反之，当煤粒度过小时，煤浆黏度过大，烧嘴雾化效果也会变差。

综上所述，就成浆浓度和气化过程而言，煤粒度越小越有利。但实际生产过程中，不得不考虑煤粒度对煤浆输送和雾化过程的影响，因为煤粒度过小，会使煤浆黏度过大，导致输送系统故障和雾化效果变差。

2.6.2 蒙脱石和二氧化钛粒度对吸附能力的影响

大块的蒙脱石或二氧化钛没有明显的吸附能力。当颗粒尺寸小至纳米级时，具有很大的比表面积和很高的表面活性，易于吸附小分子物质或在其他物体表面上发生吸附，显示出很强的吸附能力。

蒙脱石(montmorillonite, MMT)又名微晶高岭石，是一种层状结构、片状结晶的硅酸盐黏土矿物，存在于蒙脱土(膨润土)中，是火山凝灰岩风化的产物，因其最初发现于法国的蒙脱城(Montmorillon)而得名。蒙脱石成分为 $(Na,Ca)_{0.33}(Al,Mg)_2[Si_4O_{10}](OH)_2 \cdot nH_2O$，属于蒙皂石(smectite)族二八面体亚族，由两层共顶连接的硅氧四面体片夹一层共棱连接的铝(镁)氧(氢氧)八面体片构成2∶1型含结晶水结构，是黏土类矿物中晶体结构变异最多的矿物之一。蒙脱石晶体的片层厚度约 1 nm，长和宽 100～1000 nm，层间距 1.0～1.5 nm。

天然蒙脱土经剥片、分级、提纯后可得到纳米蒙脱石。纳米蒙脱石具有很强的吸附能力，可作为漂白、脱色和凝结的助剂，粉料稀释剂和过滤介质，医药上用作止泻药(商品名为思密达，smecta)，修复消化道黏膜屏障功能，抑制消化道病毒、病菌、毒素；具有离子交换性能，在 pH 为 7 的介质中阳离子交换容量为 70～140 $mmol \cdot (100\ g)^{-1}$；吸水性很强，吸水后膨胀，晶格层间距增大，在高水化状态时晶轴 C_0 可达 1.84～2.14 nm。

纳米蒙脱石粉体可吸附在螺旋藻身体表面，如图 2-27 所示。在养殖螺旋藻时，使用适量蒙脱石，可缓释营养物，杀除有害的丝状菌类、轮虫、原生动物，促进藻生长，生产出高营养价值和医用价值的螺旋藻。在治理水体藻污染时，可使用大量蒙脱石，通过吸附营养物而抑制藻生长，甚至破坏藻细胞壁而杀除藻。

大颗粒二氧化钛显现不出优异性能。用机械粉碎法可制备超细二氧化钛，但对粉碎设备要求高，且由于粉磨强度低及研磨介质污染，而难以制得高质量的产品。化学法(如气相沉积法、溶胶-凝胶法、沉淀法、热解法)可制备粒径 10～60 nm

(a) 吸附少量蒙脱石　　(b) 吸附大量蒙脱石而致死

图 2-27　螺旋藻吸附纳米蒙脱石的扫描电镜照片

的纳米二氧化钛。纳米二氧化钛可用作光催化剂、光电效应剂、抗紫外线剂、高级涂料、化妆品等，在抗菌防霉、尾气净化、脱臭、水处理、耐候抗老化、汽车面漆等领域有广阔的应用前景。

2.6.3　活性炭粒度对吸附能力的影响

活性炭颗粒内部孔隙发达，表面积大。孔隙按孔径大小可分为三类：大孔（>50 nm）、中孔（过渡孔，2～50 nm）、微孔（<2 nm）。活性炭的比表面积是指每克活性炭所具有的外表面积和孔隙内表面积之和，一般为 500～1500 $m^2 \cdot g^{-1}$，超级活性炭的比表面积可达 3000 $m^2 \cdot g^{-1}$。活性炭有很强的吸附性能，颗粒表面能吸附气体、液体、固体，其吸附作用具有选择性，非极性物质比极性物质更易于被吸附。在同一系列物质中，沸点越高的物质越容易被吸附，压强越大、温度越低、浓度越大，则吸附量越大。活性炭常用于气体的吸附、分离、提纯，溶剂的回收，用作糖液、油脂、甘油、药物的脱色剂，饮用水及冰箱的除臭剂，防毒面具中的滤毒剂，还可用作催化剂或金属盐催化剂的载体。生产活性炭的原料为木材、硬果壳（椰子壳、核桃壳、杏壳）、兽骨、秸秆、蔗渣、无烟煤。

活性炭的吸附能力常用每克活性炭吸附碘、邻苯二甲酸二丁酯（DBP）、亚甲基蓝的数值来表示，分别称为吸碘值、吸油值、吸蓝值。活性炭的吸附能力受其粒度的影响，当破碎粒度越小时，由于活性炭颗粒的外表面积增大，而且原来在活性炭颗粒内部闭塞的孔被打开，使活性炭的比表面积增大。此外，当颗粒变小后，内部孔隙通道变短，吸附质分子的扩散路径缩短，从而可减少吸附质分子在孔隙通道内的阻塞现象及扩散阻力，使吸附速度加快，吸附量增大。活性炭粉体的粒度对吸碘值和吸油值的影响如图 2-28 所示，由图可见，随着活性炭粒度的减小，其吸碘值和吸油值可显著增大。

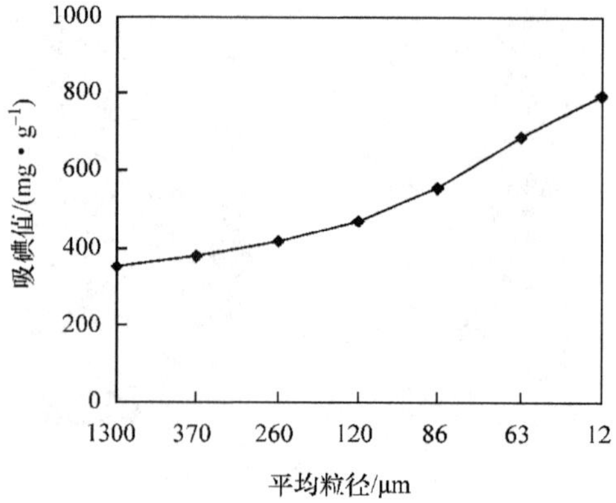

(a) 对吸碘值的影响

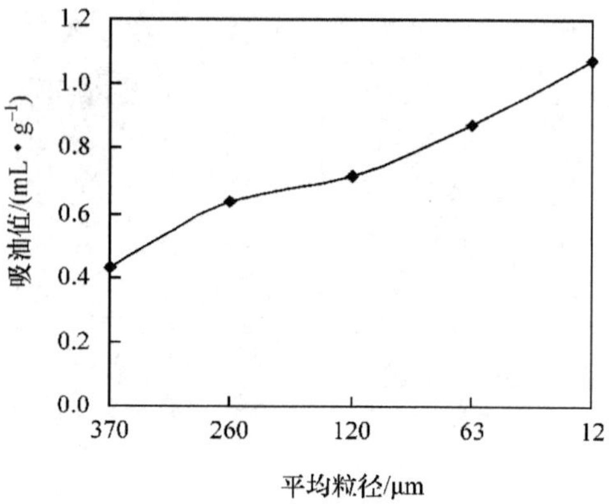

(b) 对吸油值的影响

图 2-28 活性炭粒度对吸附能力的影响

第 3 章　粉体的力学性质

粉体的力学性质是粉体储存、输送、喂料、混合、造粒等单元操作及其装置设计的基础，为此，本章就粉体的内聚性质、摩擦性质、应力状态等基本特性进行阐述。

3.1　颗粒间的附着力

粉体颗粒之间存在附着力(adhesive force)，致使颗粒很容易团聚在一起，尤其当颗粒很小时。粉体的团聚情况对粉体的摩擦特性、流动性、分散性、混合及造粒性能等起重要的作用。颗粒间的附着力包括范德华力、静电吸引力、水分毛细管力、磁性力、机械咬合力，有时这几种附着力同时存在。

3.1.1　范德华力

1873 年，荷兰物理学家范德华(van der Waals, 1837～1923)发现分子之间存在微弱的相互作用，称为分子间力或范德华力，包括分子间的取向力(orientation force)、诱导力(induction force)、色散力(dispersion force)。

两个粒径都是 d_p 的同种物质球形颗粒之间的范德华力 F 的表达式为

$$F=-\frac{Ad_p}{24a^2} \tag{3.1}$$

式中，A 为哈梅克(Hamaker)常数，$A=\pi^2N^2\lambda$，N 为颗粒内的分子数密度，λ 为与分子本性有关的引力常数，A 的数量级为 10^{-20} J；a 为两颗粒表面之间的距离，且应有 $a\ll d_p$。据此可以估算出，两个直径为 1 μm 的球形颗粒在表面间距为 0.01 μm 时的相互吸引力约为 4×10^{-12} N。假设颗粒密度为 10^4 kg·m^{-3}，则直径 1 μm 的两个颗粒不至于因重力而分离。

式(3.1)严格适用于真空中的两个颗粒，也近似适用于空气中的情况。若两个颗粒处于其他介质中，需使用有效哈梅克常数，其近似表达式为

$$A=(\sqrt{A_{11}}-\sqrt{A_{22}})^2 \tag{3.2}$$

式中，A_{11} 为固体颗粒 z 真空中的哈梅克常数；A_{22} 为作为介质的那种液体在真空中的哈梅克常数。有效哈梅克常数一般比真空中的哈梅克常数小一个数量级。固体与液体的物性越接近，即 A_{11} 与 A_{22} 越接近，则有效哈梅克常数 A 越小，因此溶剂化非常好的颗粒之间没有范德华力。

3.1.2　静电吸引力

当介质为不良导体(如空气)时,浮游或流动的固体颗粒(如合成树脂、淀粉、纤维)往往由于相互撞击和摩擦,或放射性照射及高压静电场等作用,容易带静电荷。两个直径都是 d_p、距离为 a、所带异号静电荷量分别为 Q_1 和 Q_2 的颗粒间的吸引力 F 为

$$F=\frac{Q_1 Q_2}{d_p^2}\left(1-\frac{2a}{d_p}\right) \tag{3.3}$$

颗粒表面之间越近、颗粒粒径越小,吸引力越显著。当两个颗粒带有同号电荷(同为正电荷或同为负电荷)时,颗粒间表现为斥力。

3.1.3　水分毛细管力

实际粉体往往含有水分,所含水分有附着水分、表面吸附水分、化合水(结晶水)之分。附着水分是指颗粒接触点附近由于毛细管力而附着的水分,如图 3-1所示,水表面张力的收缩作用在两个颗粒之间产生牵引力,称为水分毛细管力(capillary force)。特别是当粉体粒度小、比表面积大、吸水性强、附着水分大时,其水分毛细管力不容忽视。

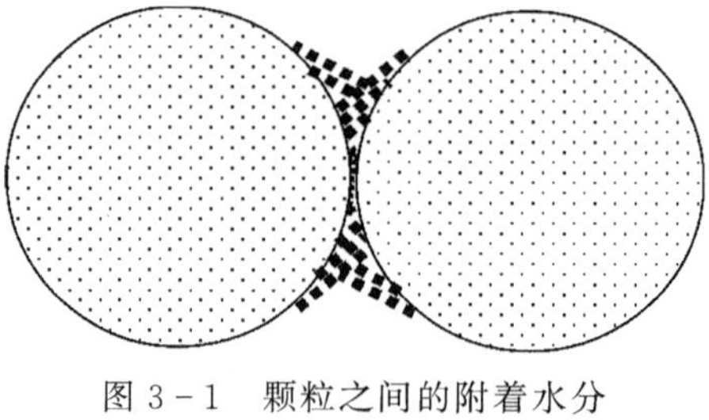

图 3-1　颗粒之间的附着水分

3.1.4　磁性力

铁磁性物质(如铁),以及亚铁磁性物质(如 γ-氧化铁),当其颗粒小到单畴临界尺寸以下时,颗粒只含有一个磁畴,称为单畴颗粒。理论上铁的单畴临界尺寸为 6.4 nm,γ-氧化铁的单畴临界尺寸为 40 nm。单畴颗粒粉体主要用于磁记录材料和塑料永磁材料。铁催化剂粉体颗粒也往往是单畴的。单畴颗粒是自发磁化的粒子,其内部所有原子的自旋方向都平行,无需外加磁场磁化就具有磁性。单畴颗粒之间存在磁性吸引力(magnetic attraction force)。单畴颗粒粉体难以分散,在液体介质中进行分散时常需结合使用高频磁场。例如,对磁性矿浆可使用场强为 0.8 T(Tesla,特斯拉)、频率为 200 kHz(千赫)的磁场。

3.1.5　机械咬合力

颗粒表面不平滑时会使颗粒之间产生机械咬合力(occlusion force),特别是当粉体密度较大或挤压成型时,机械咬合力突现,甚至占主导地位。

两个颗粒间的作用力或颗粒与固体平面之间的作用力可以用高灵敏度的弹簧

秤或天平进行测定。颗粒间的作用力也可以借助测定粉体层的破断力进行推算，或根据其所含接触点的数目进行估算。测定颗粒与平面间的作用力还可以用离心法。

3.2　湿粉体内的液桥力

3.2.1　填充层内的静态液相

根据颗粒间液体量的多少，填充层内的静态液相有图 3－2 所示的四种类型。

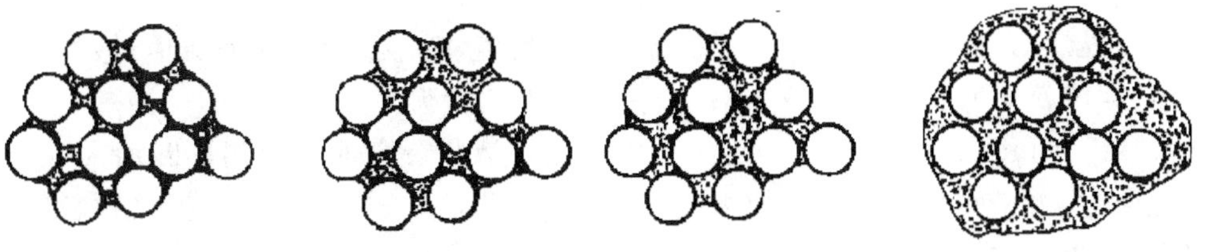

(a) 摆动状态　(b) 链索状态　(c) 毛细管状态　(d) 浸渍状态

图 3－2　颗粒间液相的存在状态

（1）摆动状态（pendular）。当液体量较少时，颗粒之间存在透镜状或环状的液膜，液相之间互不连接，被气相分割。

（2）链索状态（funicular）。随液体量的增多，颗粒空隙中的液相相互联结而成网状组织，气相分布其间。

（3）毛细管状态（capillary）。当液体量进一步增多时，颗粒之间的所有空隙全部被液体充满，在粉体层的表面存在气-液-固界面。

（4）浸渍状态（immersed）。液体量很大时，颗粒浸渍在液体中，液体漫过粉体层，并存在自由液面。

3.2.2　液桥作用力

粉体颗粒之间接触处或间隙部位存在液体的状态称为液桥（liquid bridge）。粉体在过滤、离心分离、造粒等单元操作中常涉及水或液体溶剂，其中有液桥形成。在大气中存放粉体时，由于水蒸气的毛细管凝结作用也会形成液桥。前者的持液量虽然比后者大得多，但其产生附着力的原理也是毛细管凝结作用。液桥力的大小与颗粒间液体量、颗粒表面润湿性、颗粒形状、液固接触状况等有关。

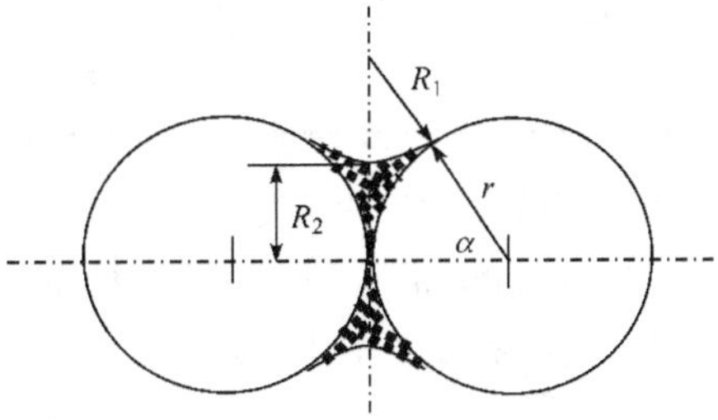

图 3－3　颗粒间液桥模型

两个大小相同的球形颗粒之间的液桥模型如图 3－3 所示。若球半径为 r，液

体钳角为 α，弯曲液面的特征尺寸为 R_1 和 R_2，液面与球表面的接触角为零，则存在如下关系式：

$$\begin{aligned} R_1 &= r/\cos\alpha - r = r(\sec\alpha - 1) \\ R_2 &= r\,\mathrm{tg}\alpha - R_1 = r(\mathrm{tg}\alpha - \sec\alpha + 1) \end{aligned} \tag{3.4}$$

根据拉普拉斯(Laplace)公式，液桥力 p 为

$$p=\sigma\left(\frac{1}{R_1}-\frac{1}{R_2}\right) \tag{3.5}$$

式中，σ 为表面张力系数。对于凹液面，R_1 为负值，R_2 为正值，p 为负值，液桥产生负压，即液桥对所接触的颗粒有引力，又称为毛细管力。

费歇尔(R. A. Fisher)认为毛细管力作用于液膜最窄部分的圆形断面 πR_2^2 上，与此同时，由表面张力产生的拉力还作用在它的圆周 $2\pi R_2$ 上，为此提出颗粒间附着力 F 的计算式为

$$F=\pi R_2^2 p+2\pi R_2\sigma=\pi R_2\sigma\frac{R_1+R_2}{R_1} \tag{3.6}$$

液桥的破坏出现在最窄的断面部分，但有时也可在液桥与粉体颗粒接触的部分。一般来说，以较小的力就能在液桥最窄的断面处产生破坏。颗粒越小，附着力表现得越突出。以玻璃球为例，玻璃密度为 2500 kg · m^{-3}，水表面张力系数 σ 为 0.102 N · m^{-1}，按式(3.6)计算的附着力和重力随玻璃球半径的变化见表 3－1。由表 3－1 中数据可知，随着玻璃球半径的减小，虽然附着力也减小，但其重力减小得更多，因而附着力与重力的比值增大。例如，半径 1 μm 玻璃球的附着力等于 6.02×10^6 个同样大小玻璃球的重力，因此颗粒越小越容易附着聚集。

表 3－1 玻璃球大小对附着力和重力的影响

玻璃球半径/μm	钳角/(°)	毛细管力/N	表面张力/N	附着力/N	重力/N	附着力/重力
1000	0.162	6.37×10^{-4}	1.27×10^{-6}	6.38×10^{-4}	1.03×10^{-4}	6.19
100	0.511	6.33×10^{-5}	4.02×10^{-7}	6.37×10^{-5}	1.03×10^{-7}	6.18×10^{2}
10	1.62	6.20×10^{-6}	1.26×10^{-7}	6.33×10^{-6}	1.03×10^{-10}	6.15×10^{4}
1	5.10	5.81×10^{-7}	3.91×10^{-8}	6.20×10^{-7}	1.03×10^{-13}	6.02×10^{6}

当液面与颗粒表面接触角为 δ 时(图 3－4)，巴特尔(W. Batel)假设毛细管力作用在液面和球的接触部分的断面 $\pi(r\sin\alpha)^2$ 上，表面张力平行于两球中心连线的分量 $\sigma\sin(\alpha+\delta)$ 作用在圆周 $2\pi r\sin\alpha$ 上(不同于费歇尔的观点)，则附着力 F 为

$$F=2\pi r\sigma\sin\alpha\times\left[\frac{r}{2}\left(\frac{1}{R_1}-\frac{1}{R_2}\right)\sin\alpha+\sin(\alpha+\delta)\right] \tag{3.7}$$

式中，$R_1=\dfrac{r(1-\cos\alpha)}{\cos(\alpha+\delta)}$；$R_2=r\sin\alpha-\dfrac{r(1-\cos\alpha)}{\cos(\alpha+\delta)}+r(1-\cos\alpha)\mathrm{tg}(\alpha+\delta)$。

当两球相距 b 时(图 3－5)，皮奇(W. Pietsch)推导出附着力 F 为

$$F=\pi r^2\sigma\sin^2\alpha\times\left(\frac{1}{R_1}-\frac{1}{R_2}\right)+2\pi r\sigma\sin\alpha\times\sin(\alpha+\delta) \tag{3.8}$$

式中，$R_1=\dfrac{r(1-\cos\alpha)+b/2}{\cos(\alpha+\delta)}$；$R_2=r\sin\alpha+R_1[\sin(\alpha+\delta)-1]$。

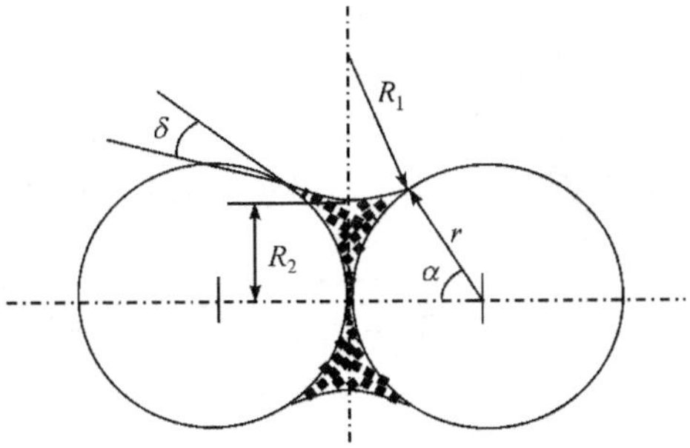

图 3－4　接触角为 δ 时两球间的液桥

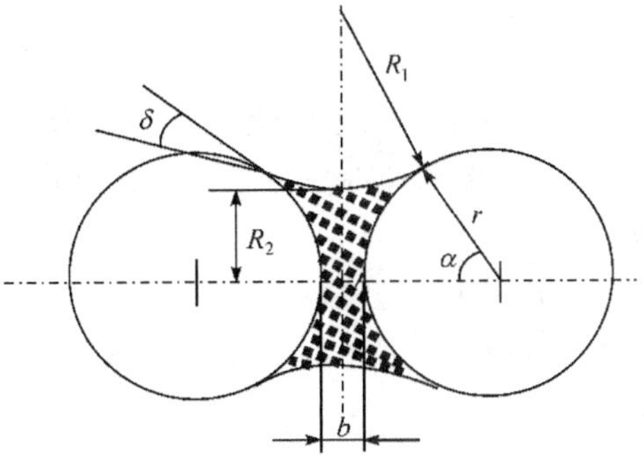

图 3－5　两球间距为 b 时的液桥

设毛细管力为零($R_1=R_2$)时的钳角为 $\alpha_{\min}$，当钳角小于该下限值时液桥产生斥力，$\alpha_{\min}$ 为

$$\alpha_{\min}=\arcsin\left[\frac{c(2c+\sin\delta)\cos\delta\pm Q}{c^2+4c\sin\delta+4}\right] \tag{3.9}$$

式中，$c=1+\dfrac{b}{2r}$；$Q=\sqrt{c^2(2c+\sin\delta)^2\times\cos^2\delta-(c^2+4c\sin\delta+4)(c^2-1)(4-\sin^2\delta)}$。

3.2.3　颗粒间的持液量

直径相等的两球相切时，两球间保持的液体体积 V_w 可由如下的费歇尔式或基恩(Keen)式确定(参照接触角为零时的图 3－3)：

$$V_w=2\pi r^3(\sec\alpha-1)^2\left[1-\left(\frac{\pi}{2}-\alpha\right)\mathrm{tg}\alpha\right]\quad(费歇尔式) \tag{3.10}$$

$$V_w=\frac{8\pi r^3\times\sin^4\left(\dfrac{\alpha}{2}\right)}{\cos^2\alpha}\left[1-\left(\frac{\pi}{2}-\alpha\right)\mathrm{tg}\alpha\right]\quad(基恩式) \tag{3.11}$$

持液体积 V_w 与颗粒间空隙体积 V_t 之比，称为空隙饱和度或液体充满率，用 ψ_w 表示，在造粒操作中 ψ_w 是比含水量更为重要的指标。

［**例 3.1**］ 假定土壤颗粒为均一球形，密度 $\rho_p=2.4\ g\cdot cm^{-3}$，颗粒呈六方最密填充、毛细管力等于零时持液量最大，试求其最大水分。

［**解**］ 土壤颗粒的半径为 r，配位数为 k_n，每个液桥的持液体积为 V_w，每克土壤中颗粒的个数为 N，则每克土壤中颗粒的接触点数为 $k_n\cdot N/2$，含水量 $M_w=V_w(k_n\cdot N/2)$，由 $N=\dfrac{1}{(4\pi r^3/3)\rho_p}$，并结合基恩式(3.11)得

$$M_w=1.25k_n\times\frac{\sin^4\left(\dfrac{\alpha}{2}\right)}{\cos^2\alpha}\left[1-\left(\frac{\pi}{2}-\alpha\right)\mathrm{tg}\alpha\right]$$

颗粒表面与水的接触角 $\delta=0$，颗粒间距 $b=0$，代入式(3.9)得 $\alpha=\arcsin 0.8=53.13°$；最密填充时 $k_n=12$，将 α 和 k_n 值代入上式得 $M_w=23.46\%$，即最大水分为 23.46%。

［**例 3.2**］ 已知石灰石密度 $\rho_p=2.71\ g\cdot cm^{-3}$，水密度 $\rho_w=1.00\ g\cdot cm^{-3}$。设石灰石粉加湿造粒后颗粒空隙饱和度 $\psi_w=0.8$，试求空隙率和含水量 M_w 的关系。

［**解**］ 设石灰石粉造粒后的空隙率为 ε，每克物料中的空隙体积为 V_t。根据空隙率和空隙饱和度的定义有

$$\varepsilon=\frac{V_t}{V_t+\dfrac{1}{\rho_p}}\qquad \psi_w=\frac{M_w}{V_t\rho_w}$$

由上两式得

$$M_w=\psi_w\frac{\varepsilon}{1-\varepsilon}\cdot\frac{\rho_w}{\rho_p}$$

代入数据得 ε-M_w 关系数据：

ε	0.20	0.30	0.35	0.40	0.45	0.50
M_w/%	7.38	12.6	15.9	19.7	24.1	29.5

3.2.4 粉体空隙的抽吸势

1. 粉体空隙的结构

均一球(半径为 r)作六方最密填充时，存在 T 空隙和 R 空隙两种类型的空隙结构，如图 3－6 所示。

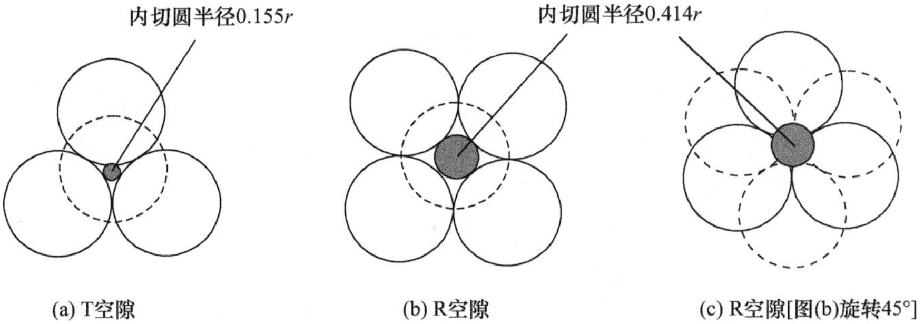

图 3-6　T 空隙和 R 空隙

(1) T 空隙(tetrahedral pore)。4 个球以正三角锥的顶点为球心排列时所形成的四面体形空隙称为 T 空隙。这种空隙有 6 个接触点和 4 个支路，各个支路都与 R 空隙相通，相当于霍斯菲尔德填充中的三角孔，其内切圆半径为 $0.155r$。

(2) R 空隙(rhomboidal pore)。4 个球并排成正方形，在通过正方形中心的垂线上再排列两个球后所形成的长斜方形空隙称为 R 空隙。还可使 3 个球并排成正三角形，在其上面以同一排列形式且水平回转 45°再排列 3 个球，也表示 R 空隙。R 空隙由 6 个球围成，有 12 个接触点和 8 个支路，各个支路都与 T 空隙相通，相当于霍斯菲尔德填充的四角孔，其内切圆半径为 $0.414r$。

无论是 T 空隙还是 R 空隙，每个支路的三段圆弧围成的最狭窄部分都相等，其内切圆半径等于 $0.155r$。T 空隙与 R 空隙的数量之比为 2∶1，如果将空隙一个接一个地贯穿起来，就可得到 R 空隙和 T 空隙以 R-T-R-T…相互交错形式串联的空隙。

2. 抽吸势

从表层开始减少处于浸渍状态的均一球填充结构中的液体量时，粉体的表面就暴露出来，表层的空隙液面成为凹面，开始形成毛细管状态，产生毛细管力，又称为抽吸势或抽吸力。若液面与颗粒表面的接触角为零，因 T 空隙内切圆半径为 $0.155r$，故 T 空隙的抽吸势 p_T 为

$$p_T=\frac{2\sigma}{0.155r}=\frac{12.9\sigma}{r} \tag{3.12}$$

同理，因 R 空隙内切圆半径为 $0.414r$，故 R 空隙的抽吸势 p_R 为

$$p_R=\frac{2\sigma}{0.414r}=\frac{4.83\sigma}{r} \tag{3.13}$$

如果用水力半径 r_h 表示空隙抽吸势，则可对上述计算式作变换。水力半径定义为流体在通道里的流通截面积 A 与润湿周边长度 L 之比，对于直径为 d 的圆形管，流通截面积 $A=\pi d^2/4$，润湿周边长度 $L=\pi d$，水力半径 r_h 为

$$r_h=\frac{A}{L}=\frac{\pi d^2/4}{\pi d}=\frac{d}{4} \tag{3.14}$$

将水力半径概念推广到非圆形管，所导出的直径称为水力当量直径，用 d_e 表示，则 $d_e=4r_h$。根据水力半径的定义，对于空隙率为 ε、体积比表面积为 S_V 的粉体填充层，空隙的水力半径 r_h 为

$$r_h=\frac{\text{填充层颗粒间空隙体积}}{\text{填充层颗粒总表面积}}=\frac{\varepsilon}{S_V(1-\varepsilon)} \tag{3.15}$$

如果接触角为 δ，则空隙半径 $R=2r_h/\cos\delta$，抽吸势 p_c 为

$$p_c=\frac{2\sigma}{R}=\frac{\sigma\cos\delta}{r_h}=S_V\sigma\cos\delta\times\frac{1-\varepsilon}{\varepsilon} \tag{3.16}$$

液体量进一步减少时，表层的 R 空隙开始敞开，而 T 空隙仍保持原样，逐渐地内部的 R 空隙敞开，液体只吸到 T 空隙里。若表层 T 空隙抽取下层 R 空隙里液体的最大压头为 h，则有如下关系：

$$\rho gh=p_T-p_R=\frac{12.9\sigma}{r}-\frac{4.83\sigma}{r}=\frac{8.1\sigma}{r} \tag{3.17}$$

3.2.5　液体在粉体层毛细管中的上升高度

对于毛细管，半径为 r_c，液体表面张力系数为 σ，液体与固体表面的接触角为 δ，液体上升高度为 h，液体密度为 ρ，由拉普拉斯公式可得如下毛细管常数：

$$\frac{2r_c h\rho g}{\sigma\cos\delta}=4$$

根据毛细管常数即可计算液体在毛细管内的上升高度。对于粉体层而言，巴特尔等导出了粉体层的毛细管常数 K_c 为

$$K_c=\frac{\rho gh_c}{\sigma\cos\delta}\left[\frac{\varepsilon d_p^2}{(1-\varepsilon)\rho_p S_w}\right]^{\frac{1}{3}} \tag{3.18}$$

式中，h_c 为液体上升高度；d_p 为颗粒粒径；ρ_p 为颗粒密度；S_w 为颗粒质量比表面积。

在确定砂层中的原油量、由重力或离心力过滤的滤饼中残留的液体量、填充塔中液体滞留量等情况时，都需要求出由于毛细管力作用保留于粉体层中的液体量。颗粒间空隙的一部分被液体充满时，停止供液，颗粒间液体达到平衡状态时的饱和度称为残留平衡饱和度 S_0，L. E. Brownell 和 H. S. Dombrowski 等提出在离心力、气流等存在的条件下确定残留平衡饱和度的方法。无终端效应时，设离心力为 F、气流压差为 $\Delta p/L$，则毛细管常数 K_c 为

$$K_c=k\cdot\frac{\rho+\rho F+\Delta p/L}{\sigma\cos\delta} \tag{3.19}$$

式中，δ 为液体与颗粒的接触角；σ 为表面张力系数；ρ 为液体密度；k 为液体层的透过率。L. E. Brownell 提供了毛细管数 K_c 与残留平衡饱和度 S_0 的关系，如图 3－7所示，用该图可确定残留平衡饱和度 S_0，进而可求得液体滞留量。

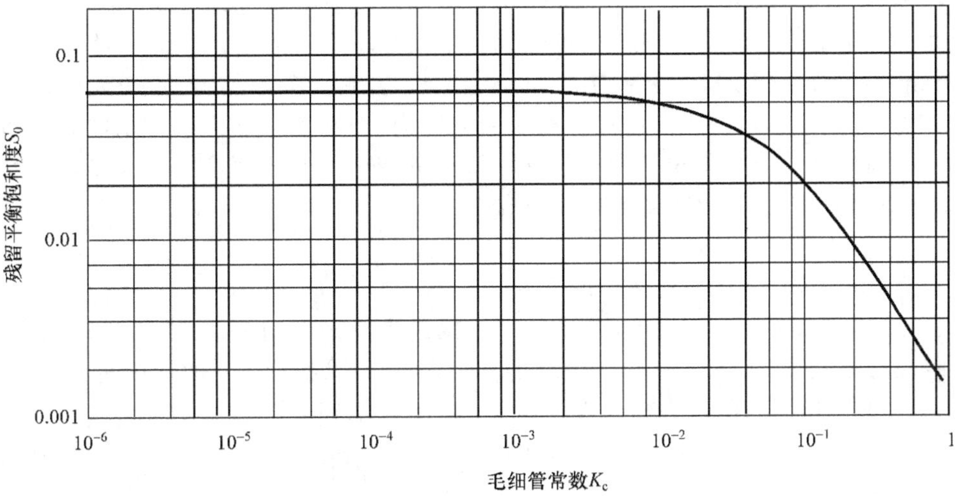

图 3－7　毛细管常数 K_c 与残留平衡饱和度 S_0 的关系

［**例 3.3**］　已知填料塔直径 $D=0.9$ m、高 $H=6$ m，塔内填充直径为 12.7 mm 的陶瓷拉希环(Rasching ring)，空隙率 $\varepsilon=0.8$，液体为轻油，密度 $\rho=835$ kg · m^{-3}，表面张力系数 $\sigma=0.03$ N · m^{-1}，接触角 $\delta=0$，透过率 $k=0.254\times10^{-5}$ m^3 · s^{-2}。试求填料塔的液体滞留量。

［**解**］　已知离心力 $F=0$，气流压差 $\Delta p=0$，液固接触角 $\delta=0$。根据式(3.19)可计算毛细管常数 K_c

$$K_c=0.254\times10^{-5}\times\frac{835}{0.03}=0.0707$$

由图 3－7 查得毛细管常数 $K_c=0.0707$ 时，$S_0=0.024$；填充的空隙总体积 $V_t=\varepsilon(\pi D^2H/4)$。从而得液体滞留量 $W=V_tS_0\rho=\varepsilon(\pi D^2H/4)S_0\rho=61$(kg)，即该填料塔的液体滞留量为 61 kg。

3.3　粉体的摩擦力

粉体从运动状态变为静止状态形成的角，是表征粉体力学行为和流动状况的重要参数。这种由于颗粒间的摩擦力和内聚力而形成的角统称为摩擦角。根据粉体运动状态的不同，可分为内摩擦角、安息角、壁摩擦角、滑动摩擦角、动内摩擦角。

3.3.1　内摩擦角

粉体层受力较小时，粉体层外观上不发生变化。这是由于内摩擦力抵抗外来作用力，两种力保持平衡。但是，当作用力达到某一极限值时，粉体层会突然崩坏，崩坏前后的应力状态称为极限应力状态。极限应力由一对压应力(compression force)和一个剪应力(shear force)组成。换言之，若在粉体层任意面上施加一垂直应力，并逐渐增加该层面的剪应力，当剪应力达到某一值时，粉体层将沿此面滑移。内摩擦角表示极限应力状态下剪应力与垂直应力的关系，可用莫尔圆(Mohr's circle)和破坏包络线来描述。

1. 莫尔圆

用二元应力体系分析粉体层中某一点的应力状态时，任意一点所受的压应力 σ、剪应力 τ，可以用最大主应力 σ_1、最小主应力 σ_3，以及剪应力 τ 的作用面与最大主应力 σ_1 的作用面之间的夹角 θ 表示，如图 3-8 所示，其关系为

$$\left.\begin{aligned}\sigma&=\frac{\sigma_1+\sigma_3}{2}+\frac{\sigma_1-\sigma_3}{2}\cos 2\theta\\ \tau&=\frac{\sigma_1-\sigma_3}{2}\sin 2\theta\end{aligned}\right\}\tag{3.20}$$

由式(3.20)可知，当 $\theta=0$ 时，$\cos 2\theta=1$，σ 为最大值 σ_1；当 $\theta=90°$ 时，$\cos 2\theta=0$，σ 为最小值 σ_3。当 $\theta=45°$ 时，$\sin 2\theta=1$，$\tau=(\sigma_1-\sigma_3)/2$ 为最大值；当 $\theta=0$ 或 $90°$ 时，$\tau=0$ 为最小值。

任意一点所受的应力可以用莫尔圆表示，如图 3-9 所示，以压应力 σ 为横坐标(σ_3 作用方向)，剪应力 τ 为纵坐标(σ_1 作用方向)，圆心处 $\sigma=(\sigma_1+\sigma_3)/2$，圆半径为 $(\sigma_1-\sigma_3)/2$。θ 和 α 与图 3-8 中的夹角一致，并标出了压应力 σ、剪应力 τ、合力 η 的作用方向及角度。

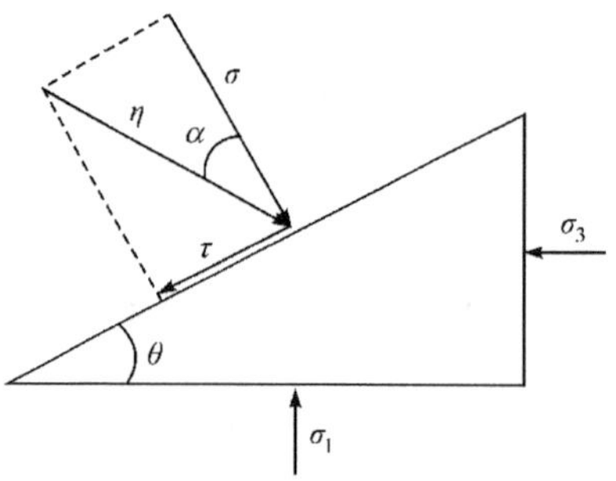

图 3-8　粉体内任一点的应力

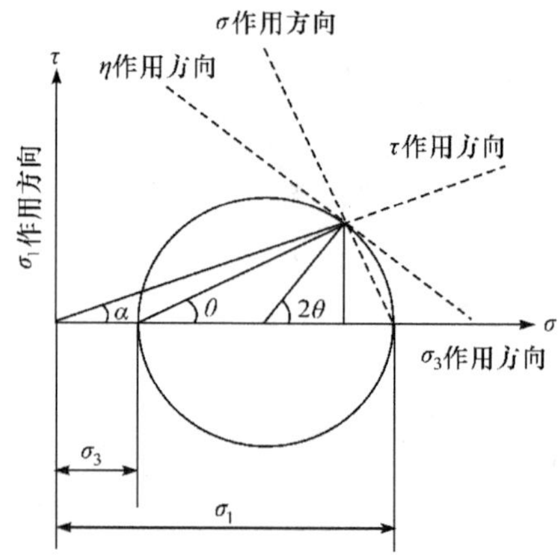

图 3-9　莫尔圆表示的应力

当剪应力与最小主应力的夹角最大时，粉体层发生破坏，如图 3－10 中的 P 点所示，OP 为莫尔圆的切线。

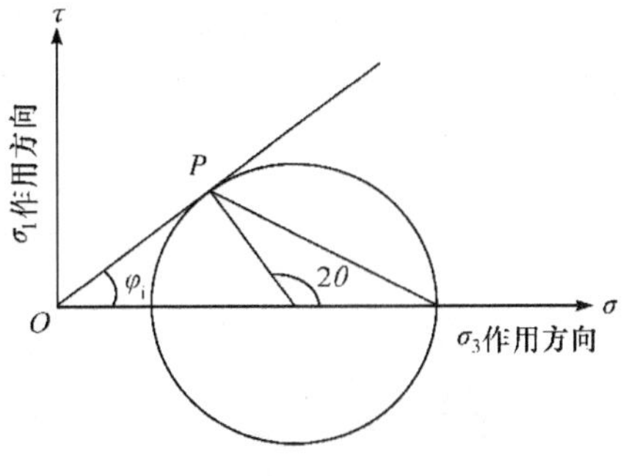

图 3－10 莫尔圆上的最大倾角

2. 内摩擦角的测定

(1) 三轴压缩法。如图 3－11 所示，将粉体试样填充到圆筒状橡胶薄膜内，然后放在压力机的底座上。由于这一试验要求试样能自立，因此要选取在自重下不崩坏的粉体进行试验。从橡胶薄膜的周围用流体均匀地施加压力(水平压力)，并从上方用活塞加压(铅垂压力)。当铅垂压力达到极限值时，粉体层发生崩坏，此时铅垂压力为最大主应力 σ_1，周围水平压力为最小主应力 σ_3，记录水平压力变化时铅垂压力相应的极限值，表 3－2 为以砂为例的测定值。根据 σ_1 和 σ_3 作莫尔圆，如图 3－12 所示，这些莫尔圆的切线称为破坏包络线，破坏包络线与压应力 σ 轴的夹角 φ_i 称为内摩擦角(inner friction angle)，图中夹角($\pi/4-\varphi_i/2$)等于崩坏面与铅垂方向的夹角。三轴压缩试验法作为测定土壤强度的标准方法获得了广泛应用，也用作粉体内摩擦系数的测定。

表 3－2 三轴压缩试验

最小主应力 σ_3/Pa	19	33	50
最大主应力 σ_1/Pa	74	129	190

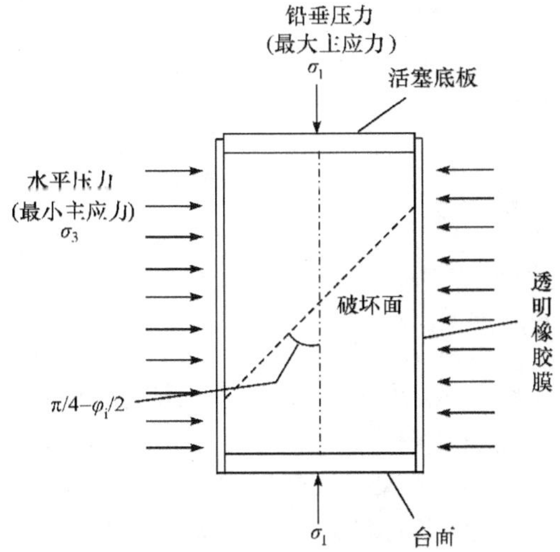

图 3－11 粉体三轴压缩试验

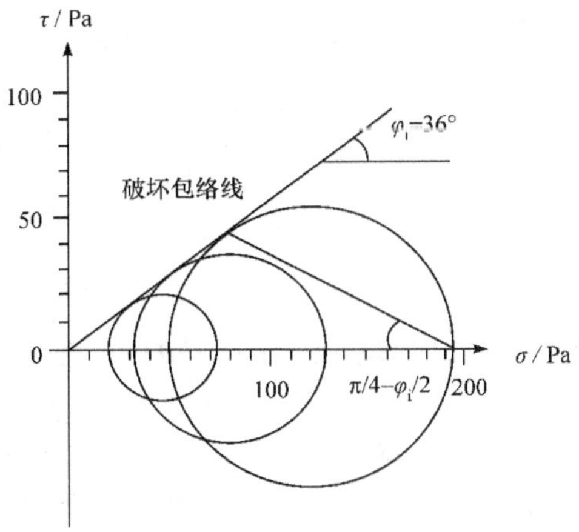

图 3－12 粉体三轴压缩的破坏包络线

(2) 剪切盒法。把填充粉体的圆形或正方形盒重叠起来，铅垂方向作用以压应力 σ，再在上盒或者中盒上施加剪应力，如图 3－13 所示。并逐步增大剪应力，当达到极限应力状态时，重叠的盒子开始错动，记录此时的剪应力 τ，由 σ 与 τ 的关系作图得到破坏包络线，如图 3－14 所示，破坏包络线与 σ 轴之间夹角为内摩擦角 φ_i。

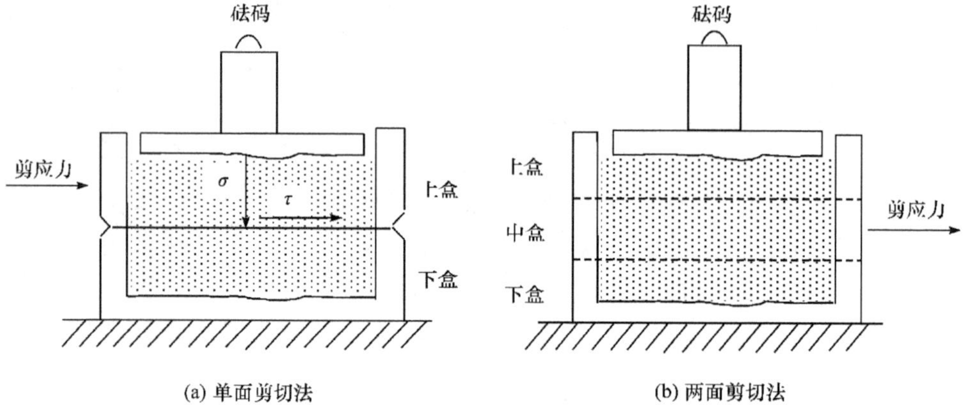

图 3－13　粉体剪切试验

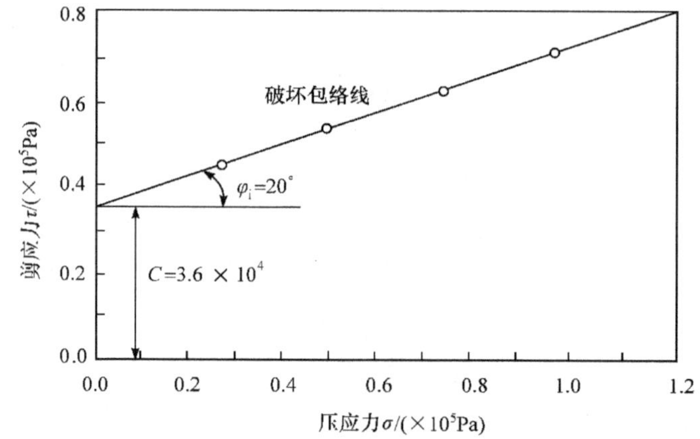

图 3－14　剪切试验结果一例

(3) 破坏包络线方程。破坏包络线为直线时，剪应力 τ 与压应力 σ 的关系式为

$$\tau=\sigma \operatorname{tg} \varphi_i+C=\mu_i\sigma+C \tag{3.21}$$

式中，直线的斜率为内摩擦系数 $\mu_i=\operatorname{tg}\varphi_i$；$C$ 为常数项。式(3.21)又称为库仑(Coulomb)公式，破坏包络线呈直线的粉体称为库仑粉体。对于无黏聚性粉体，$C=0$，破坏包络线与 σ 轴的交点为原点；对于黏聚性粉体，由于内聚力的作用，引入 C 项，破坏包络线与 σ 轴的交点不在原点，而是在原点左侧，为描述方便起见，可将 C 表示为 $C=\sigma_a\operatorname{tg}\varphi_i$，即相对于压应力而言存在一个附加的表观抗张强度 σ_a，如图 3－15 所示，从而破坏包络线方程式变为 $\tau=(\sigma+\sigma_a)\operatorname{tg}\varphi_i$。

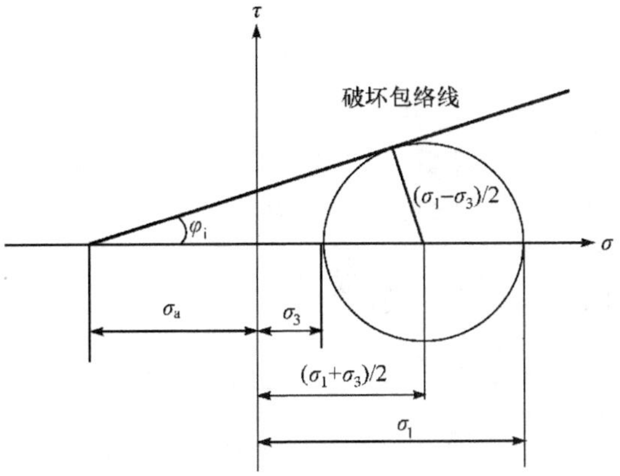

图 3－15　黏聚性粉体

对于无黏聚性粉体，$\sigma_a=0$，则有如下关系式：

$$\sin\varphi_i=\frac{\sigma_1-\sigma_3}{\sigma_1+\sigma_3} \tag{3.22}$$

对于黏聚性粉体，$\sigma_a\neq0$，则有

$$\frac{\sigma_3-\sigma_a}{\sigma_1-\sigma_a}=\frac{1-\sin\varphi_i}{1+\sin\varphi_i} \tag{3.23}$$

3.3.2　安息角

安息角(repose angle，φ_r)又称为休止角，是粉体在自身重力下运动所形成的角。安息角的测定方法有排出角法、注入角法、滑动角法、剪切盒法等多种。排出角法是去掉装粉体的方箱的一面侧壁，箱内残留粉体所形成斜面的倾角即为安息角。对于非黏聚性粉体，安息角与内摩擦角在数值上是相近的，但二者的实质不同，因为内摩擦角是粉体在剪切力作用下形成的角，而非重力作用。用不同方法所测得安息角的数值有明显差异，且由于粉体的不均匀性及试验条件限制等，同一方法的误差也较大。

3.3.3　壁摩擦角和滑动摩擦角

壁摩擦角(wall friction angle，φ_w)是粉体与壁面之间的摩擦角。滑动摩擦角(slide friction angle，φ_s)是指将粉体置于某种材料制成的斜面上，当斜面倾斜至粉体开始滑动时，斜面与水平面之间所形成的夹角。壁摩擦角和滑动摩擦角属于粉体的外摩擦特性，其测定方法与剪切盒法基本相同，只是用壁面材料替代剪切盒内的粉体，仅用一个剪切盒即可。

3.3.4　动内摩擦角

粉体流动时，空隙率增大，这些空隙在颗粒静止后形成疏松填充状态，并对粉体的弹性率产生影响，目前尚难以分析这种状态下的摩擦机理。通常是通过测定动内摩擦角来描述粉体流动时的这一摩擦特性。在测定内摩擦角的剪切盒法中，随着剪切盒的移动，剪切力逐渐增大，当剪切力达到几乎不变时的状态即所谓动摩擦状态，这时所测得的摩擦角称为动内摩擦角(moving friction angle，φ_m)。

3.3.5　空隙率对粉体摩擦角的影响

粉体的堆积特性影响其内聚力和摩擦力，因此，空隙率影响粉体的摩擦角。内摩擦角、安息角、壁摩擦角、滑动摩擦角随空隙率的增大而增大。用注入角法研究安息角与空隙率的关系时，得出安息角 φ_r 与空隙率 ε 的关系式如下：

$$\varphi_r = 0.05(100\varepsilon + 15)^{1.57} \tag{3.24}$$

3.4　粉体的压力

3.4.1　粉体的侧压力系数

粉体受压的极限应力状态分为被动状态和主动状态两种。

(1) 被动状态。粉体层受水平方向压力时，将沿斜上方被推开，这时的极限应力状态称为被动状态。水平方向为最大主应力 $\sigma_1 = \sigma_{h,p}$(脚标“h”表示水平方向，horizontal；“p”表示被动态，passive)，铅垂方向为最小主应力 $\sigma_3 = \sigma_{v,p}$(脚标“v”表示铅垂方向，vertical)，根据式(3.23)有如下关系式：

$$\frac{\sigma_{h,p} - \sigma_a}{\sigma_{v,p} - \sigma_a} = \frac{1 + \sin\varphi_i}{1 - \sin\varphi_i} \tag{3.25}$$

(2) 主动状态。粉体层受重力作用，将要出现崩坏时的极限应力状态称为主动状态。铅垂方向为最大主应力 $\sigma_1 = \sigma_{v,a}$(脚标“a”表示主动态，active)，水平方向为最小主应力 $\sigma_3 = \sigma_{h,a}$，根据式(3.23)有如下关系式：

$$\frac{\sigma_{h,a} - \sigma_a}{\sigma_{v,a} - \sigma_a} = \frac{1 - \sin\varphi_i}{1 + \sin\varphi_i} \tag{3.26}$$

水平应力和铅垂应力的比值 $K = \sigma_h/\sigma_v$ 称为侧压力系数，按粉体所受最大主应力的不同，侧压力系数又分为被动侧压力系数 K_p 和主动侧压力系数 K_a。当 $\sigma_a = 0$ 时，则

$$\begin{aligned} K_p &= \frac{\sigma_{h,p}}{\sigma_{v,p}} = \frac{1 + \sin\varphi_i}{1 - \sin\varphi_i} = \mathrm{tg}^2\left(\frac{\pi}{4} + \frac{\varphi_i}{2}\right) \\ K_a &= \frac{\sigma_{h,a}}{\sigma_{v,a}} = \frac{1 - \sin\varphi_i}{1 + \sin\varphi_i} = \mathrm{tg}^2\left(\frac{\pi}{4} - \frac{\varphi_i}{2}\right) \end{aligned} \tag{3.27}$$

3.4.2　粉体内的静压力分布

1. 詹森公式

在盛有静态液体的容器内，压强与液体的深度成正比，同一水平面上的压强相等，且帕斯卡(Pascal)原理、连通器原理成立，但粉体并非如此。

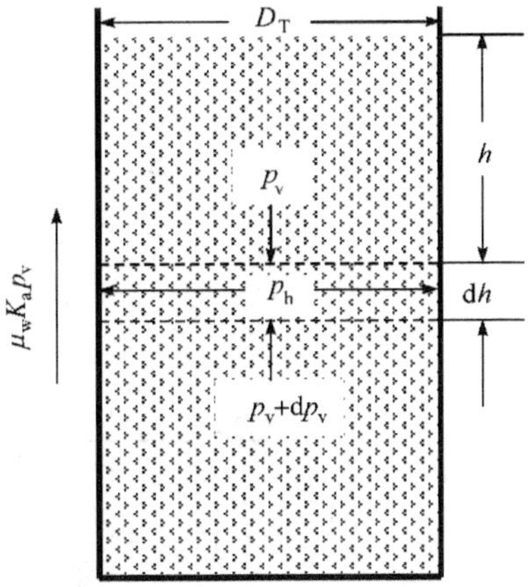

图 3-16　圆筒形容器内粉体受力分析

为便于研究粉体内纵深方向的压力分布，对体系进行简化，作如下假定：①容器内粉体层处于极限应力状态；②同一水平面的铅垂压力相等；③粉体的物性和填充状态均一，壁摩擦系数为常数。在一圆筒形容器内，粉体均匀填充，如图 3-16 所示，在铅垂方向深度 h 处的微元体(圆形薄片)的力平衡式为

上面压力＋微元体重力＝下面压力＋壁摩擦力

$$\frac{\pi D_T^2}{4}p_v+\left(\frac{\pi D_T^2}{4}dh\right)\rho_b g=\frac{\pi D_T^2}{4}(p_v+dp_v)+(\pi D_T dh)(K_a p_v)\mu_w \tag{3.28}$$

式中，D_T 为筒体内径；p_v 为铅垂方向压强；K_a 为主动侧压力系数；ρ_b 为粉体容积密度；μ_w 为容器壁和粉体间的摩擦系数。

当 $h=0$ 时，若 $p_v=0$，将式(3.28)整理积分，并利用主动侧压力系数 $K_a=p_h/p_v$，得到

$$\begin{aligned}p_v&=\frac{\rho_b g D_T}{4\mu_w K_a}\left[1-\exp\left(-\frac{4\mu_w K_a}{D_T}h\right)\right]\\p_h&=K_a p_v\end{aligned} \tag{3.29}$$

式(3.29)称为詹森(Janssen)公式。对于其他形状容器，可用水力半径(横截面积/周长)代替式(3.29)中的 $D_T/4$。

由詹森公式可知，随着深度 h 的增大，p_v 按指数曲线增大。当 $h\to\infty$ 时，$p_v\to p_\infty=\dfrac{\rho_b g D_T}{4\mu_w K_a}$，即当粉体填充深度达到一定值后，$p_v$ 趋于一常数，这一现象称为粉体的压力饱和现象。$4\mu_w K_a$ 一般为 0.35～0.90，如果取 $4\mu_w K_a=0.5$，$h/D_T=6$，则 $p_v/p_\infty=1-e^{-3}=0.95$，即当 $h=6D_T$ 时，粉体层的压力已达到最大压力 p_∞ 的 95%。

2. 料斗内的压力分布

锥形料斗内粉体均匀填充时，如图 3-17 所示，分析铅垂方向粉体的力平衡，

并令 $a=2\mu_w(K_a\cos^2\theta+\sin^2\theta)/\text{tg}\theta$，则

$a\neq1$ 时
$$p_v=\frac{\rho_b g y}{a-1}\left[1-\left(\frac{y}{H}\right)^{a-1}\right] \tag{3.30}$$

$a=1$ 时
$$p_v=\rho_b g y\ln\left(\frac{y}{H}\right)$$

图 3-18 为 $a=0.5$、1、2、5 时按上式计算所得到的料斗内粉体的压力分布图。

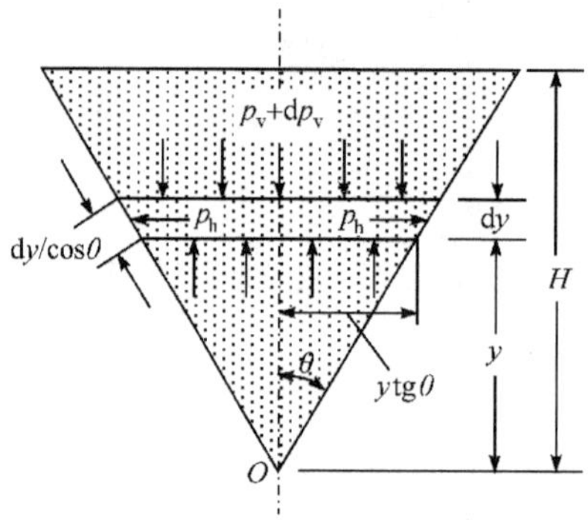

图 3-17　料斗内粉体受力分析

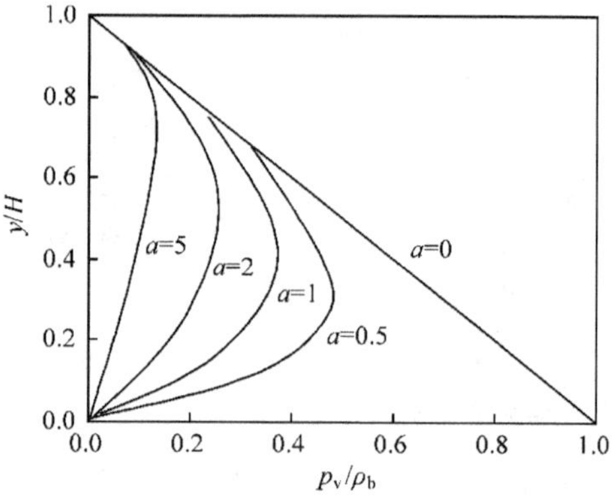

图 3-18　粉体料斗内沿铅垂方向的压力分布

3.4.3　粉体的动态压力

1. 质量流和漏斗流

粉体在重力作用下从料仓内流出的形式有质量流和漏斗流两种类型。

(1) 质量流。质量流是指料仓内整个粉体层能够大致均匀地下降流出，又称为整体流。其特点是“先进先出”，即先进仓的物料先流出。流动性好的粉体在带有陡峭而内壁光滑的料斗的筒仓内，可呈现质量流。质量流中，所有物料都处于运动状态，流动通道与料仓壁或料斗壁是一致的，贴着内壁滑移。在料斗处，中心物料的流动速度比壁面附近的大。形成质量流的条件是料斗锥顶角 $\theta<\theta_c$，临界角 θ_c 与内摩擦角 φ_i 和壁摩擦角 φ_w 的关系为

$$\theta_c=\frac{1}{2}\left[90°+\varphi_i-\varphi_w-\arcsin\left(\frac{\sin\varphi_w}{\sin\varphi_i}\right)\right] \tag{3.31}$$

(2) 漏斗流。漏斗流是指料仓内粉体层的流动区域呈漏斗形，如图 3-19 所示。其特点是存在“后进先出”现象，即先加入的物料后流出，料流顺序紊乱，甚至有部分粉体滞留不动。漏斗流有两种：漏斗流Ⅰ型，$\theta>90°-\varphi_w$，存在滞留区(死角)，粉体从料仓卸出后还残留一部分于料仓内的拐角处；漏斗流Ⅱ型，$\theta<90°-\varphi_w$，粉体流动初期产生滞留区，但由于料流传播，死角最终会消失。

2. 应力的主动状态和被动状态

塑性平衡状态粉体的应力状态有两个极端：一是最大主应力 σ_1 垂直方向(自身重力的方向)作用的状态，称为主动状态，如图 3-20(a)所示；二是最大主应力 σ_1 以水平方向作用的状态，称为被动状态，如图 3-20(b)所示。实际情况常常是粉体在圆柱形筒仓段近似为主动状态，而在圆锥形料斗段近似为被动状态，在主动状态和被动状态之间存在一个转换区域，如图 3-20(c)所示。

3. 质量流的动态压力

料仓内粉体接近质量流时，筒仓垂直部分的粉体自由流动，一般在 $r/R<0.8\sim0.9$(其中 R 为圆筒半径，r 为离开中心轴的距离)粉体以相同的速度下降，形成轴心流。接近筒壁部分的粉体呈现速度较慢且复杂的运动，称为变形区。轴心流的应力接近于主动状态，而变形区的应力接近于被动状态。

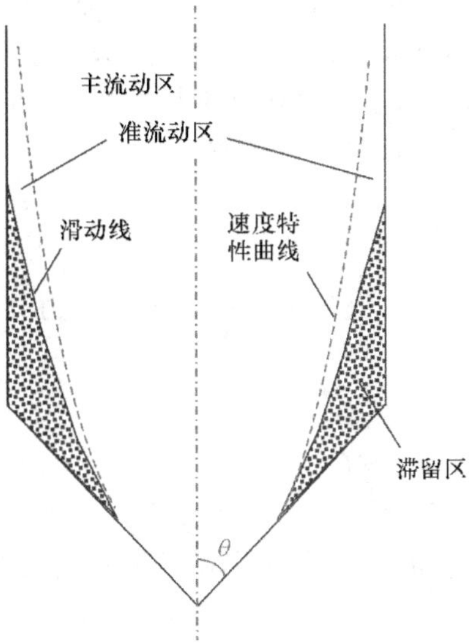

图 3-19　粉体的流动状态

在筒仓和料斗的接合部位，由于粉体的流道缩小，垂直下降的粉体通过该部位时，水平方向的压缩力急剧增大，产生壁压力集中现象，动态压力达到最大值。

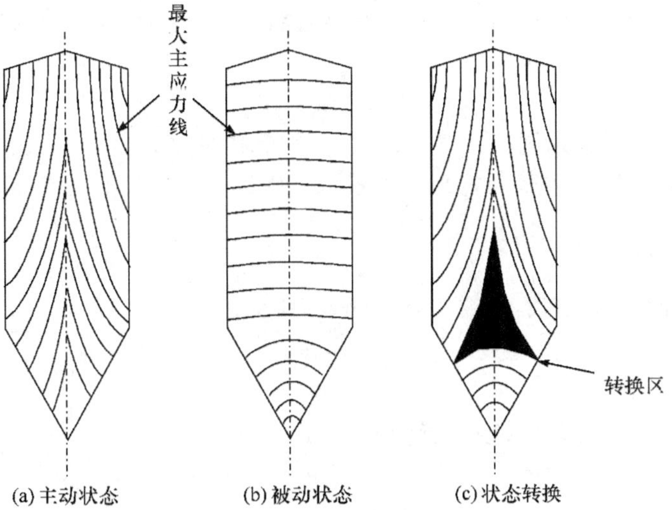

图 3-20　料仓内粉体的应力状态

4. 漏斗流的动态压力

漏斗流在筒仓部分的动态压力通过靠近筒壁的静止粉体传递给筒壁，在传递过程中被静止粉体缓冲，动态壁压力不大。但在料斗部位卸载时压力有显著的脉动，壁面受到冲击、反复荷载的作用，并因流道缩小致使水平方向压应力急剧增大，其最大压力可达到静压的 3～4 倍，这一动态超压现象将使壁面产生变形甚至破坏，设计时必须注意。

3.5 流体中粉体的运动阻力

3.5.1 流体中粉体颗粒的受力分析

1. 流体阻力

粉体在流体中运动时，受到流体阻力 F_r 的作用。设粉体颗粒与流体的相对运动速度为 u，颗粒的迎流面积（颗粒在与流动方向垂直的平面上的投影面积）为 A，流体的密度为 ρ，则颗粒所受的阻力 F_r 为

$$F_r = CA\frac{\rho u^2}{2} \tag{3.32}$$

式(3.32)称为牛顿阻力定律。式中，C 为阻力系数，是雷诺准数 Re(Reynold index)的函数。对于粒径为 d_p 的球形颗粒，式(3.32)变为

$$F_r = C\frac{\pi d_p^2 \rho u^2}{8} \tag{3.33}$$

当雷诺准数 Re 较小时，流体处于层流状态，则流体作用于球形颗粒的阻力 F_r 为

$$F_r = 3\pi\mu d_p u \tag{3.34}$$

式(3.34)称为斯托克斯阻力定律。式中，μ 为流体黏度，是牛顿阻力定律在迎流面积 $A=\pi d_p^2/4$（圆球最大截面积）、阻力系数 $C=24/Re$ 情况下的流体阻力。

2. 重力和浮力

对于粒径为 d_p、密度为 ρ_p 的球形颗粒，所受的重力 F_g 为

$$F_g = \frac{\pi d_p^3}{6}\rho_p g \tag{3.35}$$

在密度为 ρ 的流体中，颗粒所受的浮力 F_a 为

$$F_a = \frac{\pi d_p^3}{6}\rho g \tag{3.36}$$

3. 离心力

在离心力场中(如离心机内)颗粒做离心运动时,受到离心力的作用。当颗粒为直径 d_p、密度 ρ_p 的球形颗粒,圆周速度为 u_t,在离中心半径 r 处,颗粒所受的离心力 F_c 为

$$F_c=\frac{\pi d_p^3(\rho_p-\rho)}{6}\frac{u_t^2}{r} \tag{3.37}$$

4. 压力梯度力

颗粒在有压力梯度的流体中运动时,受到压力梯度产生的作用力,称为压力梯度力,此力的作用方向与流场压力梯度的方向相反。对于直径为 d_p 的球形颗粒,在压力梯度 $\partial P/\partial x$ 为常数的流场中,所受的压力梯度力 F_p 为

$$F_p=\frac{\pi d_p^3}{6}\frac{\partial P}{\partial x} \tag{3.38}$$

3.5.2 粉体颗粒的阻力系数和雷诺准数

模仿流体的雷诺准数,将颗粒的雷诺准数 Re 定义为

$$Re=\frac{d_p u\rho}{\mu} \tag{3.39}$$

式中,d_p 为粉体颗粒粒径;u 为流体流速;ρ 为流体密度;μ 为流体黏度。

球形颗粒的 Re 值与阻力系数 C 的关系见表 3-3 和图 3-21。球形颗粒的沉降可划分为层流区(斯托克斯区)、过渡区(艾仑区)和湍流区(牛顿区)三个区域,阻力系数可近似为层流区,$10^{-4}<Re<0.3$,$C_S=24/Re$;过渡区,$2<Re<500$,$C_A=10/\sqrt{Re}$;湍流区,$500<Re<10^5$,$C_N=0.44$。

表 3-3　球形颗粒的 Re-C 关系

Re	C	Re	C	Re	C	Re	C
0.01	2400	1	26.5	1×10	4.1	1×10^2	1.07
0.1	240	2	14.5	2×10	2.55	2×10^2	0.77
0.2	120	3	10.4	3×10	2.00	3×10^2	0.65
0.3	80	5	6.9	5×10	1.50	5×10^2	0.55
0.5	49.5	7	5.4	7×10	1.27	7×10^2	0.50
0.7	36.5						

续表

Re	C	Re	C	Re	C	Re	C
1×10^3	0.46	1×10^4	0.405	1×10^5	0.48	1×10^6	0.13
2×10^3	0.42	2×10^4	0.45	2×10^5	0.42	3×10^6	0.20
3×10^3	0.40	3×10^4	0.47	3×10^5	0.20		
5×10^3	0.385	4×10^4	0.49	4×10^5	0.084		
7×10^3	0.390	6×10^4	0.50	6×10^5	0.10		

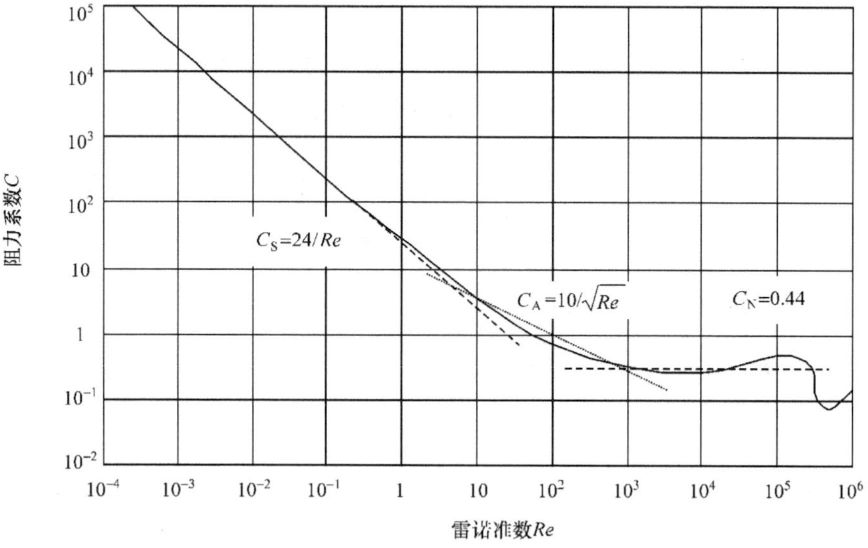

图 3-21 球形颗粒的阻力系数和雷诺准数的关系

3.6 粉体对流体的阻力

3.6.1 层流透过流动阻力

气态或液态流体穿过粉体层或其他填料层，称为透过流动现象。自然界中，雨水穿过土层、海水穿过沙层、石油穿过页岩等都是透过流动现象。在工业装置中进行废水处理时水穿过活性炭颗粒层、催化反应时液态反应物穿过催化剂颗粒层、过滤时水冲洗滤饼、吸收塔内液体穿过填料层等，以及气体穿过粉体或其他料层，都是透过流动现象。

1896 年，法国学者达西(H. G. Darcy)对地下水流过砂层及砂岩进行了实验研究。设单位时间流体的体积流量为 Q，流通面积为 A，流体黏度为 μ，颗粒层厚度为 L，阻力(压力损失、压强降)为 Δp，则平均流速 u 为

$$u=\frac{Q}{A}=k\frac{\Delta p}{\mu L} \tag{3.40}$$

式(3.40)称为达西公式。式中,k 称为透过率,是取决于颗粒层物性的一个常数。

J. Kozeny 和 P. C. Carman 假定粉体层空隙分布均匀,任意断面的空隙率都等于 ε,是均一形状通道的集合体,通道的内表面积等于粉体层内所有颗粒的外表面积 S_V,得到用于计算层流($Re<2$)状态的透过流动阻力公式如下:

$$\Delta p=5\mu u L S_V^2\frac{(1-\varepsilon)^2}{\varepsilon^3} \tag{3.41}$$

3.6.2 湍流透过流动阻力

1. 奇尔顿-科尔伯恩公式

关于圆形直管内不可压缩流体的压强降计算通式(对于层流和湍流均适用)为人们熟知的范宁(J. T. Fanning)公式:

$$\Delta p=4f\frac{\rho u_e^2}{2}\frac{L}{d} \tag{3.42}$$

式中,f 为管壁摩擦因子;ρ 为流体密度;u_e 为管内平均流速;d 为管直径;L 为管长度。

奇尔顿(T. H. Chilton)和科尔伯恩(A. P. Colburn)将范宁公式推广应用到填料塔、圆管中填装各种填充物的场合。若以 S 表示断面上的开孔率,以 u 表示空塔速度(单位时间流量与圆管断面积的比值),范宁公式中 $u_e=u/S$,将 d 替换为填充物粒径 d_p,f/S^2 用修正摩擦系数 f'代替,得到奇尔顿-科尔伯恩(Chilton-Colburn)公式:

$$\Delta p=4f'\frac{\rho u^2}{2}\frac{L}{d_p} \tag{3.43}$$

式中,f'可根据雷诺准数 Re 近似计算,对于层流 $f'=850Re^{-1}$,对于湍流 $f'=38Re^{-0.15}$。粒径与填充圆筒直径相比其值较大时,f'必须进行壁效应修正,填充物为环状或圆柱状时也需进行修正。

[例 3.4] 将直径 d_p 为 22.9 mm 的瓷球填充到内径为 72.6 mm 的圆管中,填充层高度为 1.137 m,通以 107 ℃空气,当质量流速 G 为 1.17 kg·(m^{-2}·s^{-1})时,奇尔顿实验测得压强降 Δp 为 747 Pa。试按奇尔顿-科尔伯恩公式计算压强降,并与实测值进行比较。已知 107 ℃空气黏度 $\mu=21.8$ μPa·s,壁效应修正系数为 0.51。

[解] 107 ℃空气密度 $\rho=1293\times273/(273+107)=0.929(\text{kg}\cdot\text{m}^{-3})$

$$Re=\frac{d_p u\rho}{\mu}=\frac{d_p G}{\mu}=1230 \qquad f'=38Re^{-0.15}=13.1$$

$$\Delta p = 4 \times 0.51 \times 13.1 \times \frac{1.17^2}{2 \times 0.929} \times \frac{1.137}{0.0229} = 979(\mathrm{Pa})$$

可见，奇尔顿-科尔伯恩公式计算值 979 Pa 接近于实验值 747 Pa。

2. 利瓦公式

利瓦(M. Leva)着重对催化反应塔设计、催化剂颗粒层的压力损失问题进行分析，并提出催化用粉体或填充物的计算公式。考虑空隙率、颗粒形状及颗粒表面粗糙度，得到计算压强降的利瓦公式：

$$\Delta p = \frac{2f\rho u^2 L(1-\varepsilon)^{3-n}}{d_{S_V}\Phi_C^{3-n}\varepsilon^3} \tag{3.44}$$

式中，d_{S_V} 为等体积比表面积球当量径；Φ_C 为卡门形状系数；层流区 $Re<10$ 时，$n=1.0$，$f=100/Re$；湍流区 $Re>100$ 时，$n=1.9$，f 值随填充物表面粗糙度不同而变化，可用下式表示：

$$\Delta p = 2a\frac{\mu^{0.1}u^{1.9}\rho^{0.9}L}{d_{S_V}^{1.1}\Phi_C^{1.1}}\frac{(1-\varepsilon)^{1.1}}{\varepsilon^3} \tag{3.45}$$

式中，对于玻璃、陶瓷等表面光滑的颗粒 $a=1.75$；黏土和刚玉等，$a=2.63$；硫砷钴矿、粒状 MgO 等表面粗糙的颗粒，$a=4.0$。

3. 欧根公式

欧根(S. Ergun)从雷诺准数一般式出发，将填充层流动阻力用层流阻力与湍流阻力之和来处理：

$$\frac{\Delta p}{L} = au + b\rho u^2 \tag{3.46}$$

式中，a 和 b 是取决于流动系统的系数。当速度 u 较小时，式(3.46)右边的第一项(层流项)起支配作用；对于高速流动状态，式中第二项(湍流项)起支配作用。欧根根据许多实验数据整理得到从层流到湍流均适用的欧根公式：

$$\frac{\Delta p}{L} = 150 \times \frac{(1-\varepsilon)^2}{\varepsilon^3}\frac{\mu u}{d_p^2} + 1.75 \times \frac{1-\varepsilon}{\varepsilon^3}\frac{\rho\mu^2}{d_p} \tag{3.47}$$

3.6.3 粉体的流化阻力

在粉体填充层内逐渐增大气流速度 u，观测 u 和流化阻力 Δp 之间的关系时，通常可得到图 3-22(a)所示的曲线，AB 为固定床状态，Δp 随着 u 增大，至足以支撑粉体层的全部重力时，粉体层的填充状态在一定程度上出现不稳定，一部分颗粒开始运动，颗粒重新进行排列，因此 BC 段 Δp 缓慢上升。

C 点是粉体保持相互接触的最疏填充状态，超过 C 点后，粉体不再保持固定床状态，粉体层开始悬浮运动，C 点称为流化开始点。一旦流化态开始，由于粉体层膨胀，空隙率增大，所以越过 CD 段后，即使 u 增大，Δp 也几乎不变。若 u 再增加，流化床就变得不稳定，产生沟流和腾涌现象。流化床有图 3-22(b)所示的几种情况，液态流体可形成均相流化床，但固体极难形成稳定的均相流化床，而是极易产生气泡和腾涌。

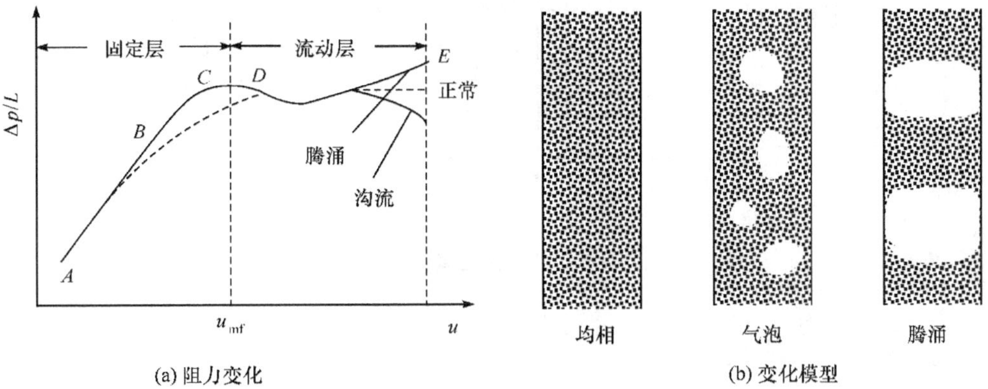

图 3-22　流化床的状态变化

气流速度 u 逐渐下降时，BCD 段过程消失，而是沿着虚线变化。在稳定流化床状态下，粉体浓密的悬浊相呈现像液体那样的状态。自石油催化裂解成功地采用流态催化技术以来，流化床在热分解、催化反应、矿石焙烧、干燥造粒、垃圾焚烧等固体-流体接触过程中得以广泛应用。

粉体的最小流化速度 u_{mf} 是上述 C 点的流体表观速度（空塔速度），其存在条件是粉体层（厚度为 L）的重力与流化阻力 Δp 平衡。如果以 ε_{mf} 表示该状态的空隙率，则可用式(3.48)确定 Δp

$$\Delta p = L(1-\varepsilon_{mf})(\rho_p-\rho) \tag{3.48}$$

利瓦引入最小流化系数 C_{mf}，用式(3.49)计算最小流化速度 u_{mf}

$$u_{mf} = C_{mf}\frac{d_p^2 g(\rho_p-\rho)}{\mu} \tag{3.49}$$

根据许多数据归纳，最小流化系数 C_{mf} 和 $Re = d_p u_{mf}\rho/\mu$ 之间的近似关系式为，当 $Re<1.0$ 时，$C_{mf}=6.05\times10^{-4}Re^{-0.0625}$；当 $20<Re<6000$ 时，$C_{mf}=2.20\times10^{-3}Re^{-0.555}$。当 $Re<1.0$ 时，最小流化速度 u_{mf} 变为式(3.50)

$$u_{mf} = 8.022\times10^{-3}\times\frac{(\rho_p-\rho)^{0.94}d_p^{1.82}}{\rho^{0.059}\mu^{0.88}} \tag{3.50}$$

计算时，先按式(3.50)计算 u_{mf}，然后以 u_{mf} 计算 Re。当 $Re>10$ 时，计算 u_{mf} 需再乘以图 3-23 所示的修正系数。

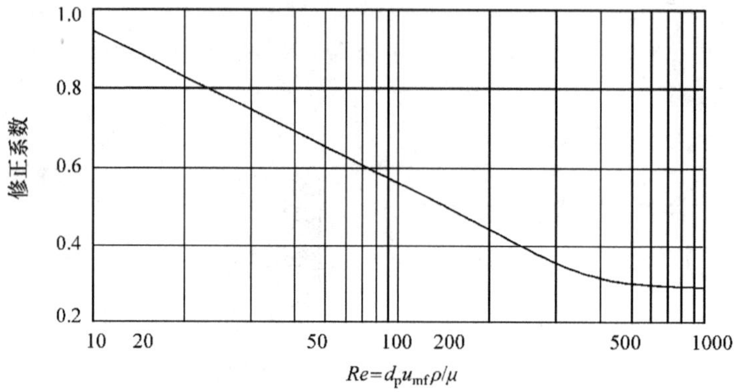

图 3-23　利瓦修正系数

第 4 章 粉体的粉碎制备

4.1 粉碎理论

4.1.1 粉碎的概念

用机械力进行粉碎，可将各种金属矿石、非金属矿物、煤炭等制成粉体，适于大规模工业生产。粉碎过程中，大块物料在机械力作用下发生破坏而裂开，经破碎成为许多小块、小颗粒，进一步经粉磨成为细粉体。

在出现破坏之前，固体受外力作用，先发生可回复原形的弹性变形（elastic distortion）；当应力达到弹性极限时，固体开始发生永久变形而进入塑性变形（plastic distortion）阶段；当塑性变形达到极限时，固体裂开，被破坏（destroy）。作用在固体上的应力按作用方向可分为压应力和剪应力两种。观察固体破坏时断面的形状可知，固体或是在压应力（作用方向垂直于固体表面）的作用下被压裂，或是在剪应力（作用方向平行于固体表面）的作用下产生滑移，或是在两者共同作用下开裂。

粉碎（comminution）是在外力作用下使大块物料克服内聚力，碎裂成若干小颗粒的加工过程。所使用的外力可以是各种能量产生的机械力。与单个颗粒的破坏不同，粉碎是对颗粒群而言，是对已发生破坏颗粒的进一步碎裂，是对粒度和形状不同的颗粒群的碎裂。粉碎是以单个颗粒的破坏为基础的，是大量颗粒破坏的总和。

根据粉碎所得产物的粒度不同，可将粉碎分为破碎（crush）和粉磨（mill, grind）两类。破碎是使大块物料碎裂成小块物料的加工过程，粉磨是使小块物料碎裂成细粉体的加工过程。通常可按以下方法将粉碎进一步分类：

- 粉碎
  - 破碎
    - 粗碎——破碎至约 100 mm
    - 中碎——破碎至约 30 mm
    - 细碎——破碎至约 3 mm
  - 粉磨
    - 粗磨——粉磨至约 0.1 mm
    - 细磨——粉磨至约 60 μm
    - 超细磨——粉磨至约 5 μm

物料的粉碎程度用粉碎比（comminution ratio）表示，也称为破碎比，即原料粒度与产品粒度之比。原料和产品的粒度可采用最大粒度、平均粒度或某一特征粒度表示。要求产品粒度较小时，需要采用多段粉碎，总粉碎比为各段粉碎比的乘积。

4.1.2　被粉碎物料的性质

物料与粉碎有关的主要性质有强度、硬度、脆性、韧性、易磨性等。

1. 强度

1）理想强度

物料完全均质、不含任何缺陷时的强度称为理想强度(theoretical strength)。它相当于原子、离子或分子之间的结合力，由离子间引力而形成的离子键和由原子间相互作用而形成的共价键的结合力最大，即键能最大，一般为 1000～4000 kJ·mol^{-1}；金属键次之，为 100～800 kJ·mol^{-1}；氢键为 20～30 kJ·mol^{-1}；范德华力仅为 0.4～4.2 kJ·mol^{-1}。结合力随原子、离子或分子之间的距离而变化，在一定距离处保持平衡，理想强度就是破坏这一平衡的强度，可通过能量计算求得。

2）实际强度

对完全均质的物料施以均匀的应力，当应力达到理想强度时，理论上应在所有原子或分子的界面之间同时产生破坏，物料应以原子或分子为单位分散，但是实际上是在应力远未达到理想强度时物料就分裂成数块，这说明物料存在一些结合力较薄弱的部位。物料实际发生破坏时的强度称为实际强度(practical strength)。实际强度一般为理想强度的 1/100～1/1000。格里菲思(A. A. Griffith)假定物料中存在的较弱结合部位，称为“格里菲思裂纹”。由于物料中存在大大小小不同的裂纹，致使同一物料不同部位的实际强度也不同，此即“格里菲思强度理论”。由表 4-1中的数据可看出实际抗压强度与理想强度的差异。

表 4-1　物料的理想强度和实际抗压强度

物料名称	理想强度/GPa	实际抗压强度/GPa	物料名称	理想强度/GPa	实际抗压强度/GPa
金刚石	200	1.8	氧化镁	37	0.1
石墨	1.4	0.015	石英玻璃	16	0.05(普通料)
钨	96	3(拉伸的硬丝)	氯化钠	4.3	0.01(多结晶料)
铁	40	2(高张力用钢丝)			

3）强度的尺寸效应

物料强度测定值随试验片的大小而变化。当试验片体积变大时，其强度测定值减小，这一现象称为强度的尺寸效应。这是由于物料中存在格里菲思裂纹的缘故，即物料缺陷对强度有影响，裂纹的大小、形状、方向、数量等是影响强度的主要因素。体积大的试验片比体积小的试验片含有更多的缺陷，含较大缺陷的概率大，致使试验片体积增大时，实测强度减小。

4）强度随加荷速度而变化

当外力达到某一极限时，物料产生裂纹，然后裂纹逐渐扩展，直至物料被破坏，这意味着破坏现象是随时间而扩大的过程。由于物料本身兼有弹性和延展性，在加荷速度低的场合，物料的延展性易于表现出来，而加荷速度大的场合，弹性易于表现出来。对物料的加荷速度增大时，物料的变形阻抗也增大，其破坏应力增大，即强度增大。

5）强度随所处介质而变化

物料在真空、空气、水、电解质、各种有机溶剂中的强度不同，能降低物料表面能的介质会使物料的强度降低。例如，硅石在水中的压坏强度比在空气中减小 12%，长石在同样情况下减小 28%。

2. 硬度

硬度（hardness）表示物料抵抗其他物体刻划或压入其表面的能力，是在固体表面产生局部变形所需的能量，这一能量与物料内部的化学键强度等有关。

离子或原子越小、离子电荷越大、晶体构造中质点堆积密度越大，其晶格能越大，刻入或磨蚀也就越难，刻划硬度和研磨硬度也越大。因硬度取决于物料内部质点的键合情况，所以，不仅构造不同的晶体硬度不同，而且同一晶体的不同晶面甚至同一晶面的不同方向硬度也有差异。金刚石之所以极硬，是由于其碳原子的价数高且体积小，因此，虽然其晶体构造质点的堆积密度小，但其硬度异常大。

硬度的测定方法有：①刻划法，测得的硬度称为莫氏硬度（Mohs hardness）；②压入法，根据测试条件不同又区分为布氏硬度（Brinell hardness，用淬火钢球测压痕的表面积）、洛氏硬度（Rockwell hardness，用金刚石圆锥体或淬火钢球测压痕的深度）、维氏硬度（Vickers hardness，用金刚石四方角锥体测压痕的表面积）；③弹子回跳法，测得的硬度称为肖氏硬度（Shore hardness）；④显微硬度计，在显微镜下可测边长仅为千分之几到百分之几毫米的压入量，并且可以观测弹性变形，这是宏观压入法难以做到的；此外还有磨蚀法等。莫氏硬度分为 10 个等级，数值越大表示其硬度越大，常见矿物的莫氏硬度数据见表 4－2。

表 4－2　一些矿物的莫氏硬度

莫氏硬度	矿物（软质）	莫氏硬度	矿物（硬质）
1	滑石、石墨、高岭土	3～3.5	重晶石、白铅矿、天青石、毒重石
1～1.5	辉钼矿、黏土、叶蜡石	3.5	硫砷铜矿、无烟煤
2	石膏、辉锑矿、硫磺、陶土、芒硝	3.5～4	孔雀石、闪锌矿、白云石、黄铜矿
2.5	褐煤、方铅矿、岩盐	4	萤石、黄铁矿
3	方解石、钒铅矿、云母、水泥熟料		

续表

莫氏硬度	矿物(软质)	莫氏硬度	矿物(硬质)
4.5	菱铁矿、菱土矿	7	石英、花岗岩、砂岩
5	磷灰石、磷矿石、铬铁矿	8	黄玉石、绿柱石、尖晶石、电气石
5.5	玻璃、硬质石灰石	9	刚玉、青玉、金刚砂
6	正长石	10	金刚石
6～6.5	金红石、斜长石、赤铁矿		

硬度可作为耐磨性的间接评价指标，即硬度越大，通常其耐磨性也越好。当然，耐磨性和硬度是物料的两种不同的性质，二者之间未必有确定的关系。硬度和强度的意义也不一样，但二者无本质差异，都与内部质点的键合情况有关，通常破碎越硬的物料也像破碎强度大的物料一样，需要越大的能量。

3. 脆性

脆性和塑性是一对相反的物性。碎裂前无变形或变形很小的物料称为脆性物料，而破碎时先变形后碎裂的物料称为塑性物料。脆性物料在受力破坏直接碎裂之前，只出现极小的弹性变形而不出现塑性变形，其极限强度一般不超过弹性极限。脆性物料抵抗动载荷或冲击的能力较差，采用冲击粉碎的方法可有效地使之产生粉碎，大多数硅酸盐如水泥混凝土、玻璃、陶瓷、铸石都是脆性物料。煤是脆而软的矿物，对煤这样的脆性软物料，粉碎时以劈裂和冲击较合适，若采用磨碎，将产生过多粉煤，给选煤工艺带来困难。

4. 韧性

物料的韧性是指物料在外力作用下塑性变形过程中吸收能量的能力。吸收的能量越大，韧性越好。韧性是介于柔性和脆性之间的一种物料性能。物料的断裂韧性是从开始受到载荷作用直到完全断裂时外力所做的总功。断裂韧性和抗冲击强度有密切关系，故物料的断裂韧性常用冲击试验测定。

韧性物料与脆性物料相反，其抗拉和抗冲击性能较好，但抗压性能较差。在复合材料工程中，韧性物料与脆性物料如果有机结合，可使二者互相弥补，相得益彰，得到其中任何一种物料单独存在时所不具有的良好的综合力学性能。例如，钢筋混凝土的抗拉强度远高于素混凝土；在橡胶和塑料中填充超细无机矿物粉体可明显改善其力学性能。

5. 易磨性

易磨性又称为易碎性，是指在一定粉碎条件下物料从某一粒度粉碎到指定粒度所需的比功耗，可用单位质量物料从一定粒度粉碎到指定粒度所需的能量表示，还可用一定能量使一定物料所达到的粉碎细度表示。易磨性受物料性质的影响，还受物料粒度、粉碎方式(粉碎设备和粉碎工艺)等因素的影响。常用的易磨性表示方法有哈氏可磨性指数和邦德(Bond)粉磨功指数。

1) 哈氏可磨性指数

哈氏(哈德格罗夫，Hardgrove)可磨性指数测定用环球磨如图 4－1 所示。环球磨内有 8 个直径 2.54 cm 的钢球在顶转圆环和底座固定环腔内滚动。顶转圆环受 284 N 负荷，磨机内加入 16～30 目(ASTM 筛)的物料 50 g，顶转圆环回转 60 转后，测定 200 目筛下物料质量 W，按式(4.1)计算哈氏可磨性指数 HGI (Hardgrove grindability index)：

$$HGI = 13 + 6.93W \tag{4.1}$$

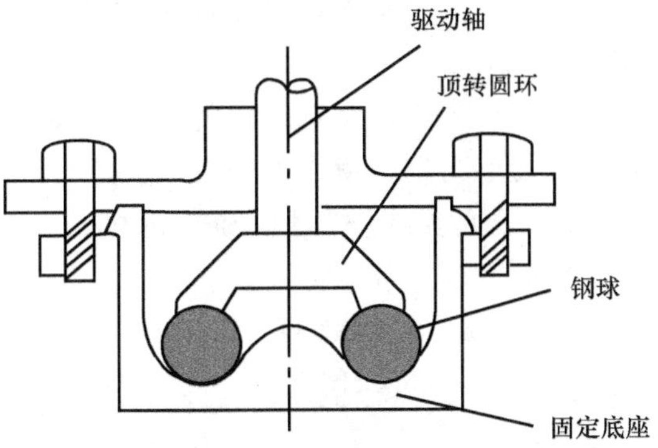

图 4－1　哈式可磨性指数测定用环球磨

物料的哈氏可磨性指数越大，则越易磨细。

2) 邦德粉磨功指数

邦德提出的邦德粉磨功指数 W_i(Bond grinding work index)是表示物料对粉碎阻力大小的一个参数，在数值上等于将单位质量的均质物料从理论上无限大的给料粒度减小到小于 100 μm 的占 80%(或小于 74 μm 的占 67%)时所消耗的功。根据研磨介质是球还是棒，邦德粉磨功指数又有邦德球磨功指数和邦德棒磨功指数两种，一般用邦德球磨功指数表示。

邦德球磨功指数的测定设备是规格为 Φ305 mm×305 mm(有效尺寸)的标准球磨机，转速为 70 r · min^{-1}，内装 285 个、总质量 20 kg 的钢球，钢球为 JIS B1501 规定的普通级滚珠轴承用钢珠，其级配见表 4－3。

表 4－3　邦德功指数球磨机钢球的级配

球径/mm	36.5	30.2	25.4	19.1	15.9	总计
个数	43	67	10	71	94	285

邦德球磨功指数的测定步骤如下：

(1) 将物料破碎处理至全部通过 3360 μm 方孔筛(小于 6 目)，制成待测物料。

(2) 缩分出约 200 g 待测物料，进行筛分，求出 80%物料通过量的方筛孔的孔径 D_{F80}(单位为 μm)。如果该粒径不在标准筛孔尺寸上，可取与之较接近的筛孔尺寸；如果该粒径与标准筛孔尺寸差距较大，则需选取与之最接近的较粗的筛孔尺寸。

(3) 向功指数球磨机内加入体积为 700 cm^3 的待测物料，运转一定转数(一般取 100 转)后将物料卸出，用筛孔尺寸为 D_{P1}(一般取 100 μm)的筛子筛出产品(筛下物)，计算每转新生成的产品量 G_{bP}(单位为 $g \cdot r^{-1}$)。

(4) 将筛上物料放回球磨机，并用原待测物料补足 700 cm^3，根据上一循环的 G_{bP}值和按 250%循环负荷率计算的预期产品量确定转数并运转，然后进行筛分，再计算每转新生成的产品量 G_{bP}。

(5) 重复进行上述步骤(4)，直至达到稳定的 G_{bP}，求最后 3 次 G_{bP} 的平均值 $\overline{G}_{bP}$，要求最后 3 次 G_{bP}的最大值与最小值之差小于 $\overline{G}_{bP}$的 3%。

(6) 对产品(最后 3 次筛分的筛下物)进行筛分析，求出 80%产品通过量的方筛孔的孔径 D_{P80}(单位为 μm)。

最后，按式(4.2)计算邦德粉磨功指数 W_i：

$$W_i=\frac{44.5\times1.10}{D_{P1}^{0.23}\overline{G}_{bP}^{0.82}\left(\frac{10}{\sqrt{D_{P80}}}-\frac{10}{\sqrt{D_{F80}}}\right)}(kW \cdot h \cdot t^{-1}) \tag{4.2}$$

表 4-4 列出了一些矿物和岩石的邦德粉磨功指数 W_i。邦德提出粉磨功指数 W_i 与哈氏可磨性指数 HGI 之间存在如下关系：

$$W_i=\frac{435}{(HGI)^{0.91}} \tag{4.3}$$

表 4-4　邦德粉磨功指数 W_i

物料	密度/$(g \cdot cm^{-3})$	邦德粉磨功指数 W_i/$(kW \cdot h \cdot t^{-1})$	物料	密度/$(g \cdot cm^{-3})$	邦德粉磨功指数 W_i/$(kW \cdot h \cdot t^{-1})$
煅烧黏土	2.32	1.43	钾碱矿	2.37	8.88
玻璃	2.58	3.08	黄铁矿	3.48	8.90
重晶石	4.28	6.24	铝矾土	2.38	9.45
黏土	2.23	7.10	磁黄铁矿	4.04	9.57
锰铁矿	5.91	7.77	铬矿	4.06	9.60
石膏岩	2.69	8.16	萤石	2.98	9.76
烧结矿	3.00	8.77	磷酸盐矿	2.66	10.13
铬铁矿	6.75	8.87	珊瑚	2.70	10.16

续表

物料	密度/(g·cm^{-3})	邦德粉磨功指数 W_i/(kW·h·t^{-1})	物料	密度/(g·cm^{-3})	邦德粉磨功指数 W_i/(kW·h·t^{-1})
方铅矿	5.39	10.19	硅石	2.71	13.53
磁铁矿	3.88	10.21	板石	2.48	13.83
水泥生料	2.67	10.57	花岗岩	2.68	14.39
锡岩	3.94	10.81	金矿	2.86	14.83
白云石	2.82	11.31	铁燧岩	3.52	14.87
铅锌矿	3.97	11.35	正长岩	2.73	14.90
煤	1.63	11.37	磷矿	3.20	16.16
铅矿	3.44	11.40	页岩	2.58	16.40
砂岩	2.68	11.53	石英砂	2.65	16.46
石灰石	2.69	11.61	银矿	2.72	17.30
长石	2.59	11.67	铀矿	2.70	17.63
镍矿	3.32	11.88	油页岩	1.76	18.10
钛矿	4.23	11.88	辉长岩	2.83	18.45
浮石	1.96	11.93	蓝晶石	3.23	18.87
金红石矿	2.84	12.12	闪长石	2.78	19.40
高炉渣	2.39	12.16	片麻岩	2.71	20.13
石英岩	2.71	12.18	玄武石	2.89	20.41
石榴石	3.30	12.37	焦炭	1.51	20.70
锌矿	3.68	12.42	暗色岩	2.86	21.10
锰矿	3.74	12.46	安山石	2.84	22.13
赤铁矿	3.76	12.68	砾石	2.70	25.17
石英	2.64	12.77	燧石	2.65	26.16
硅铁矿	4.91	12.83	碳化硅	2.73	26.17
钼矿	2.70	12.97	石墨	1.75	45.03
硅酸钠	2.10	13.00	刚玉	3.48	58.18
铁矿	4.27	13.11	金刚砂	3.98	59.70
铜矿	3.02	13.13	石油焦	1.78	73.80
水泥熟料	3.09	13.49	云母	2.89	134.50

英国的 Warren Spring 实验室对许多精选矿石的测试表明,式(4.3)能很好地关联 W_i 和 HGI。

物料的粉磨功指数 W_i 不是一个常数,而是随粉磨细度的改变而变化,即受所

取的产品筛孔径 D_{P1} 的影响，一个 W_i 只能反映该 D_{P1} 下的物料易磨性。一般所取 D_{P1} 值越大，则产品粒度越大，D_{P80} 越大，粉磨成品量越大，从而粉磨功指数 W_i 越小，由 W_i 表示的物料易磨性越好。试验表明 D_{P1} 在 63～154 μm 的 W_i 值最大，偏差可达 28%。我国"水泥原料易磨性试验方法"规定常规水泥生料和熟料的易磨性试验产品筛孔径 D_{P1} 用 80 μm。其他行业 D_{P1} 的取值应根据磨机生产控制的粒径来确定。例如，石油化工行业粉磨钾长石的 D_{P1} 以 400 μm 为宜，沸石的 D_{P1} 以 300 μm 为宜，建材业制砖用煤矸石的 D_{P1} 以 100 μm 为宜。

粉磨功指数 W_i 还受物料水分的影响，随着物料水分的增大而直线升高，上升幅度因原料不同而异，水泥生料水分由 0.5%增大至 2.5%的粉磨电耗增大 28%左右。

粉磨功指数 W_i 受物料硬度、化学组成、结晶程度、水分等诸多因素的影响，致使同类原料的易磨性差异也很大，粉磨功指数分布范围加大。例如，石灰石多为 8～15 kW·h·t^{-1}，水泥生料为 10～18 kW·h·t^{-1}，水泥熟料为 13～22 kW·h·t^{-1}。因此，准确的易磨性应根据生产控制粒度，对实际物料通过试验实测确定。

4.1.3　粉碎方式及粉碎模型

1. 粉碎方式

在机械力作用下，物料的基本粉碎方式有如下五种：

(1) 挤压粉碎。挤压粉碎指物料在两个工作面之间受到缓慢增大的压力作用而粉碎。这种方法大多用于脆性、坚硬物料的粗碎。

(2) 劈裂粉碎。用尖棱(或平面)和一个带有尖棱的工作面挤压物料时，物料将沿压力作用方向劈裂。由于物料的拉伸强度极限比抗压强度极限小很多，作用面上的拉应力达到或超过物料拉伸强度极限时会劈裂，因此，在其他条件相同的情况下，劈裂粉碎比挤压粉碎所需的压力小。

(3) 折断粉碎。折断粉碎指物料受弯曲作用力而粉碎。被粉碎的物料可视为承受集中载荷的两支点梁或多支点梁，当弯曲应力达到物料的弯曲强度时，物料即被折断。

(4) 研磨粉碎。物料与运动的工作面之间存在相对运动时，受到剪应力的作用，当剪应力达到物料的剪切强度时，物料发生破碎。研磨粉碎主要产生细粒，其效率低、能量消耗大，这种方法多用于小块物料的细磨。

(5) 冲击粉碎。冲击粉碎是指物料受到足够大的瞬时冲击力而粉碎，其粉碎效率高、粉碎比大、能量消耗少，这种方法主要用于脆性物料的粉碎。

2. 粉碎模型

罗辛和拉姆勒等学者认为，粉碎产物的粒度分布具有二成分性，严格地说是多成分性。二成分性是指粉碎产物的粒度分布包含粗粒和微粉两部分，其中粗粒部分称为过渡成分,微粉部分称为稳定成分。以颚式破碎机破碎产物的粒度分布为例,其粗粒部分取决于颚板出口间隙的大小,微粉部分受破碎机结构的影响较小,而主要取决于原始物料的性质,故称为稳定成分。

根据粉碎产物粒度分布的二成分性,可以推断物料的破碎过程不是由连续单一的一种破碎形式构成的,而是两种或两种以上不同的破碎形式的组合。K. J. Hütting 等提出了粉碎的三种基本模型,如图 4－2 所示。

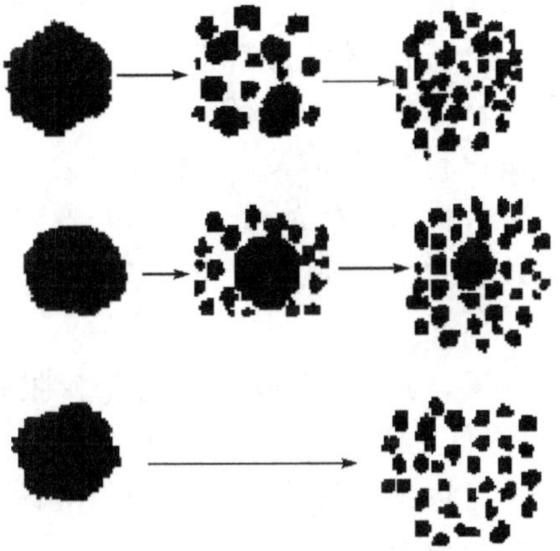

图 4－2　Hütting 粉碎模型

(1) 体积粉碎模型。整块物料产生一定程度的碎裂,成为多块较小粒度的物料,随着粉碎的进行,这些小块物料进一步被粉碎成小颗粒,最后逐渐粉碎成具有一定粒度分布的微粉,即稳定成分。

(2) 表面粉碎模型。仅在颗粒的表面产生破坏,从颗粒表面不断削下微粉成分,这一破坏不涉及颗粒的内部。

(3) 均一粉碎模型。施加在物料上的作用力足够大时,整块物料发生分散性的破坏,直接碎裂成微粉成分。

以上三种模型中,均一粉碎模型仅在结合极不紧密的物料体如药片等极特殊场合中出现,一般情况下不考虑这一模型。因此,实际的粉碎是体积粉碎和表面粉碎两种模型的叠加,表面粉碎产生稳定成分,体积粉碎产生过渡成分,从而形成二成分分布。

应用体积粉碎和表面粉碎模型可以解释影响粒度分布的各因素。例如,随着球磨机研磨介质质量的增加,或磨机转速的提高,粉碎模型将呈现由表面粉碎转向体积粉碎的倾向。又如,球磨机、振动磨、气流磨的粉碎模型介于由体积粉碎转向表面粉碎,形成的粒度分布较宽。

通常将体积粉碎看作冲击粉碎,表面粉碎看作摩擦粉碎。但是,冲击粉碎未必就是体积粉碎,因为冲击力小时冲击粉碎主要表现为表面粉碎,而摩擦粉碎中往往还伴随着压缩作用，压缩作用产生体积粉碎。一般粗碎时宜采用冲击力和压缩力，细碎时采用剪切力和摩擦力。

4.1.4 低温粉碎

对于软化点低、熔点低的热塑性物料，温度上升会失去结合水的物料，或温度上升会氧化变质的物料，以及常温时强韧、低温时脆性化的物料，适于采用低温粉碎。可以采用预冷物料、在磨机周围通制冷介质、在磨机内混入干冰或通冷却空气等方法进行低温粉碎。冷却温度至少需控制在物料的脆化温度以下，如聚乙烯(PE)在－100 ℃以下、橡胶轮胎在－70 ℃以下。一般认为，塑料、橡胶类物质被冷却到极低温度时，就会像玻璃一样脆化而易于粉碎。但实验结果并非完全如此，脆化后的粉碎与常温下的粉碎相比，虽然粉碎产物的粒度和形状有明显的差异，但粒度未必更细，也未必易于粉碎。其效果取决于低温引起的脆性化程度与强度增大程度之比值。

此外，有的物料与上述热性质相反，内部各组成部分的热膨胀系数不同，利用这一性质，可在粉碎前加热物料，以降低物料的强度，利于粉碎。

对于树脂和药品等低熔点物料，可将其加热至高温熔融的液体状态，然后经喷嘴喷出并冷却而得到细颗粒，称为熔融喷冷粉碎法。

有结晶水化合物与无结晶水化合物相比，由于结晶水使体积膨胀，利用这一性质进行粉碎的方法称为化学粉碎法。例如，将难以粉碎的超硬合金加热，并与氯气作用生成氯化物，然后将生成物投入水中，结晶水可引起体积膨胀，发生自然崩坏而破碎。

4.1.5 混合粉碎

几种粉碎性质不同的物料装入同一粉碎设备进行粉碎时，由于各物料相互影响，粉碎情形比单一物料复杂。粉碎过程中，粉碎介质之间的物料往往是多颗粒层的。粉碎介质除与物料颗粒直接作用外，还可通过颗粒与颗粒之间的作用力发生粉碎。其结果是混合粉碎与单独粉碎相比，易碎物料更细，难碎物料更粗。在以挤压粉碎和研磨粉碎为主的粉碎设备(如辊压磨、振动磨、球磨机)内，这种现象更为明显。多种物料混合粉碎时某种物料比其他物料优先粉碎的现象称为选择性粉碎。例如，将莫氏硬度分别为 7 和 2.5 的石英和石灰石在球磨机中混合粉碎一定时间后，其细度与各自单独粉碎时细度的比较见图 4－3，由图可见，混合粉碎时，易碎的石灰石变得更细，难碎的石英变得更粗，即“细的更细，粗的更粗”。

出现选择性粉碎的原因是：①粉碎介质的作用力施加到颗粒层上时，直接承受作用力的低强度颗粒优先发生粉碎，而高强度颗粒不足以碎裂，但作用于高强度颗粒的部分能量(其中一部分能量消耗于直接受力颗粒的裂纹扩展)会传递到与之相

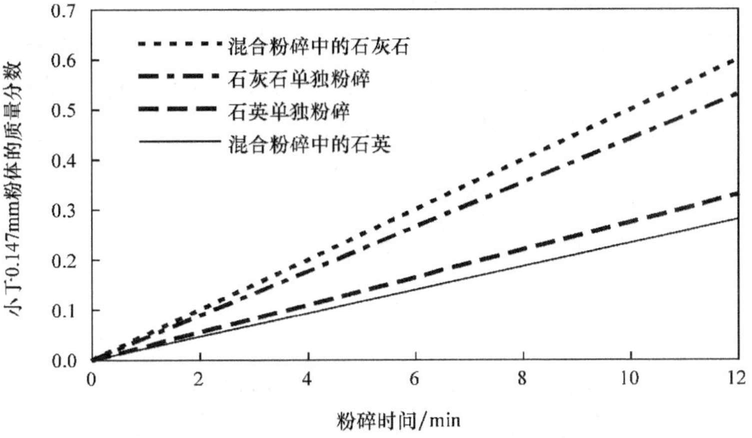

图 4-3　混合粉碎与单独粉碎的比较

邻的低强度颗粒上，使易碎颗粒发生粉碎，即易碎颗粒发生粉碎的概率较大；②当两种硬度不同的颗粒相互接触并做相对运动时，硬度大者会对硬度小者产生表面剪切或磨削作用，软质颗粒被磨削而产生细颗粒，此时，硬质颗粒对软质颗粒起研磨介质的作用。上述两种作用使易碎物料在混合粉碎时细颗粒产率比其单独粉碎时高。

4.1.6　粉碎功耗学说

粉碎功耗学说阐述粉碎过程的输入功与粉碎前后物料潜能的变化之间的关系。虽然人类使用粉碎工具已有上千年的历史，但是，直到 19 世纪才提出粉碎理论。在选矿厂中，40%～60%的动力消耗在粉碎和粉磨作业中，因此粉碎功耗必然引起人们的关注。

物料粉碎是沿最脆弱的断面裂开的。这些脆弱断面在物料被粉碎后就不存在了，因此在物料粉碎过程中，脆弱点和脆弱面逐渐消失，随着粒度的减小，物料变得越来越坚硬。因而，粉碎较小的物料时，消耗的能量较多。粉碎物料所消耗的功，一部分用于被粉碎物料的变形，并以热的形式散失于周围空间；另一部分则用以形成新表面，变成固体的自由表面能。

粉碎过程的能量消耗与很多因素有关，诸如物料的机械性质、形状、尺寸、湿度及所采用的粉碎方法等。现有的粉碎理论都没有完整地解释物料被粉碎的实质，都有一定的局限性。目前，公认的粉碎理论有雷廷格学说、基克学说、邦德学说三种。

1. 雷廷格学说

雷廷格(Rittinger)学说又称为面积假说，是由德国学者雷廷格于 1867 年提出的，这是最早的系统的粉碎理论。物料表面上的质点与其内部的质点不同，物料表面相邻的质点不平衡，存在不饱和能。粉碎过程使物料增加新的表面。雷廷格认为，物料粉碎时外力做的功用于产生新表面，即粉碎功耗与粉碎过程中物料新生成表面的面积成正比，用式(4.4)表达粉碎功为

$$W_1 = K_1 \frac{I-1}{D_p} \tag{4.4}$$

$$I = \frac{D_p}{d_p} \qquad D_p = \frac{\sum m_i}{\sum \frac{m_i}{D_{pi}}} \qquad d_p = \frac{\sum m_i}{\sum \frac{m_i}{d_{pi}}}$$

式中，W_1 为总粉碎功；I 为粉碎比；K_1 为比例系数；D_p 为粉碎前物料的平均粒径；d_p 为粉碎后物料的平均粒径；m_i 为窄粒级的质量产率；D_{pi}为粉碎前窄粒级的平均粒径(由筛分法测得的窄粒级中最大粒径与最小粒径的算术平均值)；d_{pi}为粉碎后窄粒级的平均粒径。

由式(4.4)可知，当原料的平均粒径 D_p 一定时，粉碎功与粉碎比成正比；如果粉碎比一定，则粉碎功与原料的平均粒径成反比。实践也证明，当粉碎比一定时，原料粒径越小，粉碎所需的能量越大。雷廷格学说只能近似地计算粉碎比很大时的粉碎总功耗，可用于磨矿机的磨矿中，因为它只考虑了新生成表面所需的功。

2. 基克学说

基克(Kick)学说又称为体积假说，是由德国学者基克于 1885 年提出来的，认为粉碎物料时外力所做的功完全用于使物料发生形变，当形变能积累至极限时，物料即被破坏。将几何形状相似的同类物料粉碎成几何形状也相似的产品时，其粉碎功耗与被粉碎物料块的体积或质量成正比，粉碎功为

$$W_2 = K_2 \ln \frac{D_p}{d_p} \tag{4.5}$$

式中，W_2 为总粉碎功；K_2 为比例系数。物料平均粒径的计算式为

$$\ln D_p = \frac{\sum (m_i \ln D_{pi})}{\sum m_i} \qquad \ln d_p = \frac{\sum (m_i \ln d_{pi})}{\sum m_i}$$

由上式可见，根据基克学说，粉碎功只与粉碎比有关。基克学说只考虑形变能，只能近似地计算粗碎和中碎时的粉碎总功耗。

3. 邦德学说

邦德学说又称为裂缝假说，是由美国 Allis Chalmers 公司的邦德和我国的王仁东在整理破碎与粉磨的经验资料后，于 1952 年提出的介于面积假说和体积假说

之间的一种粉碎理论。邦德学说认为,粉碎物料时外力先使物料块产生变形,外力超过强度极限以后,物料块就产生裂缝而碎裂成许多小块。

粉碎物料时外力所做的功先使物料变形,当变形超过一定限度后即生成裂缝,储存在物料内的形变能促使裂缝扩展并生成断面。输入功的有用部分转化为新生表面上的表面能,其他部分功则成为热损失。因此,粉碎所需的功应考虑变形能和表面能两项,变形能与体积成正比,而表面能与表面积成正比。假定等量地考虑这两项,粉碎所需的功应当与体积和表面积的乘积成正比,即与$(VS)^{0.5}$成正比,也就是与 $D_p^{0.5}$ 成正比。根据邦德所作的解释,将物料从粒径 D_p 粉碎到 d_p 所需的功耗为

$$W_3 = K_3\left(\frac{1}{\sqrt{d_p}} - \frac{1}{\sqrt{D_p}}\right) \tag{4.6}$$

式中,W_3 为总粉碎功;K_3 为比例系数。

以上三种粉碎理论都有局限性和误差,导出的公式还不能完全用于定量计算。因为在计算粉碎功时,比例系数是未知数。这些公式只能用于破碎和粉磨过程的定性研究。三种假说都从某一个角度解释了粉碎的某个阶段。

雷廷格学说只注意新生表面积所需要的能量,而忽视了物料粉碎前先出现形变和实际物料是非均质的。基克学说只考虑粉碎时的形变能,没有考虑新生表面积的增加,同样具有片面性。邦德学说介于雷廷格学说与基克学说之间,提出粉碎功耗与 $D_p^{0.5}$ 成正比,但没有充足的理论根据,而且因为它是根据实际资料整理出的经验公式,所以具有一定的局限性。

试验研究证实:粗碎时新生表面积不多,体积假说较为准确,面积假说结果不可靠;细碎时(粉碎到 10 μm 以下)体积假说求得的数据过小,此时新生表面积较大,表面能是主要的,面积假说较为准确;在粗碎与细碎之间的广泛范围内,裂缝假说比较适用,因为邦德的经验公式是根据一般粉碎设备得出的结论,所以在中等破碎比情况下与它大致相符。各假说在适合各自的粒度范围内与实际情况的误差不大,因而在应用时应加以正确选择。

4.1.7　粒子聚集理论与粉碎方式选择

1. 粒子聚集理论

矿石在微观上可看作由许多粒子聚集而成。粒子这一结构单元是可分的,是一个相对概念,可以说大块的矿石是由大粒子组成的,大粒子又是由小粒子组成的,小粒子是由更微小的粒子组成的,最小的粒子可认为是构成矿石的基本单元(分子、原子、离子)。具体的粒子尺寸级别可视原料结构、观测尺度、粉碎方式、产物粒度等确定。

外力均匀地作用于不均质的矿石上时,矿石中结构缺陷处易于应力集中而先

发生破坏。矿石均质而外力作用不均匀时,矿石受力大的部位先发生破坏。在外力作用下,结构缺陷会扩展,无结构缺陷处也会产生缺陷。

粒子之间的结合部位存在裂纹、气孔、界面等结构缺陷,在外力作用下,粒子结合部位容易形成应力集中而发生破坏。块度越大的矿石,往往含有较大的裂纹、气孔、界面,其不均匀性越大,越易于粉碎。粒子之间的结合处呈镶嵌结构和形成固溶体时,其界面结合强度较大;相互嵌入或融合的程度越大,其结合强度越大。一般情况下,多相矿石内质地不均匀,如图 4-4 所示,不同矿物粒子之间的结合力较弱,受力时易产生应力集中而破坏。

没有裂纹和气孔的粒子内部往往也是不均质的,存在晶体缺陷(面缺陷、线缺陷、点缺陷)时,在外力作用下晶格缺陷处容易发生应力集中而破坏;呈层片结构时,如图 4-5 所示,晶面之间为范德华力、氢键或弱化学键,结合力较弱,在剪切力作用下易发生滑动或解理而破坏;呈微晶结构时,结构单元之间的桥键处较弱,易破裂。

图 4-4　多相矿石

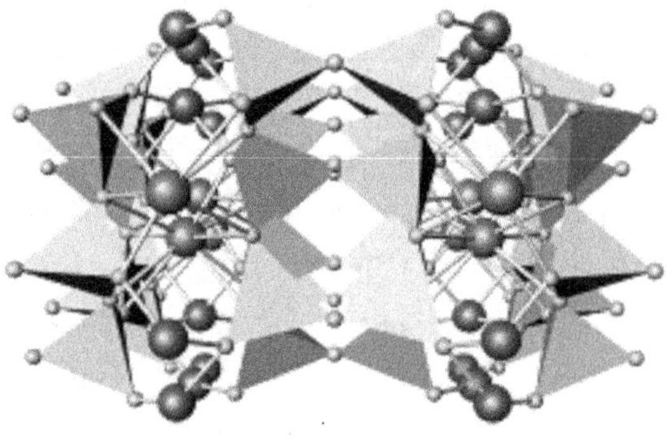

图 4-5　层片结构晶体

2. 选择粉碎方式的原则

以较强的化学键力结合在一起的粒子,采用较强的机械力才能将其碎裂开。机械力的大小、作用点、作用方式、作用时间等对粉碎效果有决定性的影响。

对于拟粉碎至厘米级的矿石,其原料一般为数十厘米的大块,强度较弱的部位是毫米级以上的大裂纹、大气孔、大解理面。挤压和劈裂作用力易于将矿石粉碎,故可采用挤压粉碎、劈裂粉碎等方法粉碎。

对于拟磨细至微米级、纳米级的矿石,原料一般为没有裂纹和气孔的毫米级颗粒。多晶结构矿物强度较弱的部位是不同微晶粒子之间的界面结合处,单晶结构矿物强度较弱的部位是晶格缺陷处,层片结构矿物强度较弱的部位是层片之间。剪应力和层片折断作用力易将矿物颗粒磨细,故可采用研磨粉碎和折断粉碎等方法粉碎。例如，研磨石墨时，随着研磨的进行，在剪应力作用下层片发生解离，大层片在压应力作用下破碎成小层片，小层片内为完整的六角碳网结构，这时再靠简单的剪应力和压应力难以将其破坏，此时除采用 2～4 mm 小球作研磨介质外，可掺入强度高、棱角多的硬质金属微粒，使之对石墨小层片产生折断粉碎和劈裂粉碎。再如，粉磨镁粉制备储氢纳米材料时，可添加形状不规则、有棱角的碳粉助磨，短时间球磨即可制得纳米粉体。

随着粉碎的进行，颗粒变小，大裂纹、大气孔、大界面减少。继续粉碎时，需破坏粒子结合较强的部位，所需的粉碎能量增大，而且由于颗粒惯性、空隙、流动性等的改变，原本最佳的粉碎方式也变得不再有利。例如，粉碎大块时，可用挤压粉碎方式破坏颗粒内的大裂纹、大气孔、大解理面，颗粒快速变小，但成为毫米级颗粒后，挤压粉碎的效果已很差，而对于微米级颗粒，挤压粉碎方式已无能为力，这时需改用研磨粉碎方式。对于以压应力为主的挤压粉碎，中间产物是大小颗粒的混合体。由于小颗粒与大颗粒的最佳粉碎方式不同，为提高粉碎效率，一般可将中间产物进行筛分，将大颗粒返回仍采用原来的粉碎方式，对小颗粒改用研磨粉碎方式。

3. 防止粒子焊接的方法

粉碎金属矿物时，外力可将大块矿石粉碎成小颗粒，但是小颗粒之间在压应力作用下会发生焊接现象，再次变成大颗粒，可称之为“二次颗粒”。这种二次颗粒的结构较疏松，颗粒之间的焊接点较少。但当研磨强度过大时，压应力大，作用时间长，颗粒之间空隙减少，焊接程度增大，二次颗粒变得致密，强度甚至比原矿还大，在超细粉体制备时应极力避免。所以，在粉磨易焊接的粉体时，应添加防止颗粒焊接的分散剂。

固体分散剂可将粉体颗粒进行物理隔离而分散开来。例如，在粉磨易焊接的镁粉时，可添加微晶碳（碳化煤、沥青焦、热解沉积碳、活性炭、炭黑、石墨）作分散剂，可有效地防止镁粉焊接，但碳粉的添加量必须足够，否则效果不佳。碳化无烟煤添加量对镁粉球磨分散效果的影响见表 4－5。

表 4－5　碳对镁粉球磨分散效果的影响

碳添加量/%	物料分散情况
10	很差：物料全部焊接于球磨罐底，磨球被包覆于物料内
20	较差：大部分物料压实于球磨罐底，磨球表面有物料黏附
30	中等：少量物料压实于球磨罐底，磨球表面无物料黏附
40	良好：物料无团聚现象，球磨罐内壁和磨球表面无物料黏附

液体分散剂（水、表面活性剂、有机溶剂等）也可降低颗粒的表面能，将粉体颗

粒分散开来，防止粉体焊接，降低粉碎功耗。常用的有机溶剂为乙醇、环己烷、苯、四氢呋喃、四氢萘等。选择分散剂时，要求分散剂对粉体性能无不良影响，并易于从粉碎产物中分离。

粉磨过程中加入能在颗粒表面发生吸附的气体，也可降低颗粒的表面能，从而减轻粉体团聚的倾向性。例如，粉磨镁粉时充入氢气，在机械力化学作用下氢气分子于镁颗粒表面发生化学吸附，降低镁颗粒表面能，可在一定程度上阻止镁粉团聚。

4.2 粉碎机械

4.2.1 粉碎机械的分类

粉碎机械是利用机械力对固体物料进行粉碎作业，使之变为小块、细粒或粉末的机械。粉碎机械的分类方法有多种，可按结构形式、粉碎方法、运动速度、受力种类、细化程度进行划分。

按照主要作用力的类型(压应力、剪应力)和排料粒度，可将粉碎机械大致分为破碎机械、粉磨机械、超细粉碎机械。粉碎作用力以压应力为主、排料中以粒径大于 3 mm 颗粒为主的称为破碎机械；粉碎作用力以剪应力为主、排料中以粒径小于 3 mm 颗粒为主的称为粉磨机械；排料中以粒径小于 10 μm 颗粒为主的称为超细粉碎机械。

常用的破碎机械有颚式破碎机、辊式破碎机、圆锥破碎机、锤式破碎机、反击式破碎机等。粉磨机械有筒磨机、振动磨、笼型碾、轮碾机、雷蒙磨、莱歇磨、高压辊式磨等。超细粉碎机械有行星球磨机、搅拌磨、气流粉碎机、高速机械冲击式粉碎机等。下面主要讨论超细粉碎机械。

4.2.2 行星球磨机

行星球磨机常简称为行星磨，如图 4-6 所示，本节主要介绍其构造、工作原理及影响粉磨效率的因素。

1. 行星磨的结构

行星磨是在普通球磨机的基础上发展变化而来的一种新型粉磨机，按球磨罐轴线的方向可分为立式行星磨和卧式行星磨两种形式。行星磨主要有电机、传动三角带、公共转盘、球磨罐和齿轮系(或三角带传动系)组成。

行星磨的结构与普通球磨机有很大差别，行星磨要复杂得多，主要表现在以下几个方面：

(1) 球磨罐的个数不同。普通球磨机通常有一个球磨罐，而行星磨则有多个

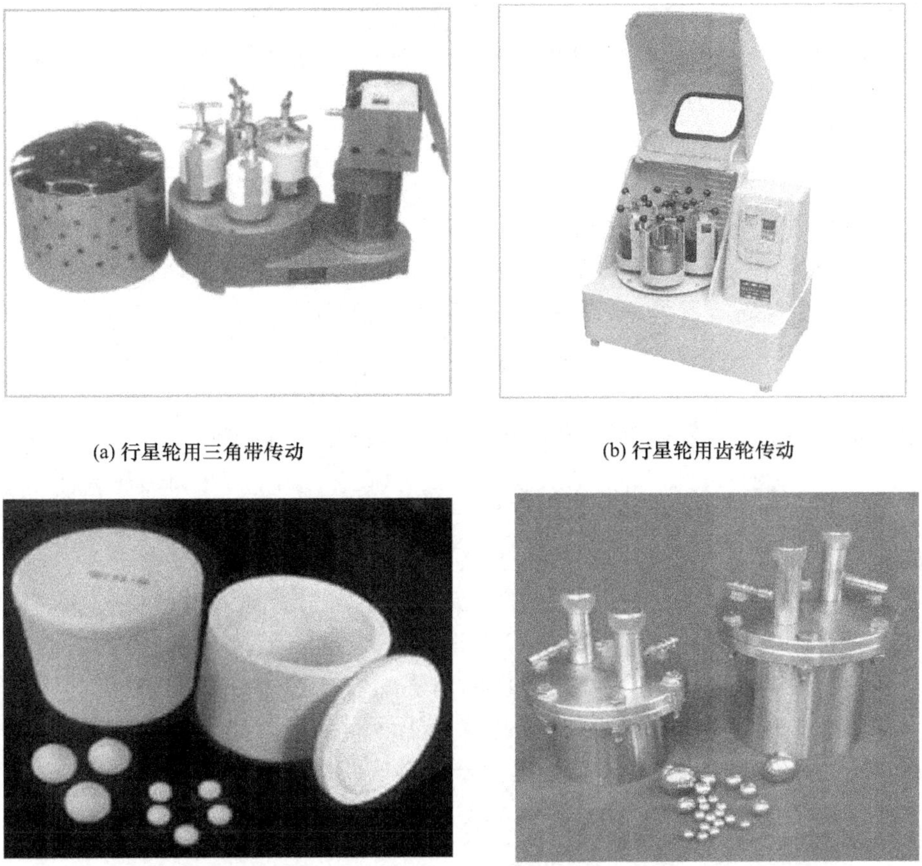

(a) 行星轮用三角带传动　(b) 行星轮用齿轮传动

(c) 陶瓷球磨罐　(d) 不锈钢真空球磨罐

图 4-6　行星球磨机

球磨罐，一般为 2 个或 4 个球磨罐均匀对称地分布在公共转盘上。

(2) 球磨罐的安装方式不同。普通球磨机的球磨罐水平安装在固定的轴座内，而行星磨的球磨罐既可以水平安装也可以垂直安装在转动的公共转盘上。

(3) 二者的主要区别在于球磨罐的运动方式不同。普通球磨机的球磨罐仅绕固定的中心轴旋转，而行星磨的球磨罐为复杂的平面运动。一方面，电动机带动公共转盘转动，安装在其上的球磨罐随之转动，此为“公转”(牵连运动)；另一方面，由于齿轮系或三角带传动系的作用，球磨罐还绕自身的中心轴“自转”(相对运动)。球磨罐的这种既有公转又有自转的平面运动，犹如天空中行星绕恒星的运动，故称之为行星运动，并把该磨机称为行星球磨机，球磨罐的行星运动是行星磨区别于普通球磨机的基本标志。

球磨罐根据材质的不同，有陶瓷球磨罐、钢质球磨罐、玛瑙球磨罐、尼龙球磨罐、聚氨酯球磨罐、聚四氟乙烯球磨罐、氧化锆球磨罐、硬质合金球磨罐等，并配以相同材质的磨球。此外，不锈钢真空球磨罐可进行抽真空，进气口改进后可连接通入高压 H_2 等用于反应球磨。

2. 行星磨的工作原理

行星磨的每个球磨罐均绕各自的轴转动，设球磨罐的半径为 r，自转角速度为 ω_r；各球磨罐的中心轴绕着与其平行的主中心轴沿半径为 R 的圆周运动，公转角速度为 ω_R，物料的质量为 m，则在一般情况下，物料所受的合力 F 为

$$F=G_R+G_r+G_C+mR\frac{d\omega_R}{dt} \tag{4.7}$$

式中，$G_R=mR\omega_R^2$，为公转引起的离心力；$G_r=mr\omega_r^2$，为自转引起的离心力；$G_C=2m\omega_R\omega_r$，为自转和公转共同作用的柯氏力(Coriolis force)；$mR\frac{d\omega_R}{dt}$是由公转的速度变化引起的离心力，当 ω_R 恒定时，此项为零。

由于球磨罐自转和公转产生的离心力及球磨罐与磨球间的摩擦力等的作用，磨球与物料在球磨罐内产生相互撞击、摩擦、上下翻滚等，起到磨碎物料的作用。在自转和公转合力的作用下可使磨球的离心加速度达 100～200 $m\cdot s^{-2}$ 甚至更高；同时，由于球磨罐转速较高，磨球与球磨罐之间的最大压力为磨球所受重力的5～6倍，这使行星磨的粉磨强度远远大于普通球磨机。

3. 影响球磨效率的因素

影响球磨效率的主要因素有原料性质、球磨强度、球磨环境、球磨气氛、研磨介质、球料比、球磨时间等。

1) 原料性质的影响

原料的易磨性、分散性等性质对球磨产品的粒度组成有决定性的影响，不同性质的原料在相同的球磨条件下，所得产品粒度可能迥然不同。

2) 球磨强度的影响

球磨过程中用以粉碎物料的作用力是研磨介质的高速高频冲击碰撞、剪切摩擦及物料颗粒之间的相互作用力。球磨机转速增大，加荷速度增加时，一般有利于粉碎。加荷周期接近碎料粒子固有周期时，可显著提高粉碎效率，但粒子固有周期因粒度大小而异，故难以有效控制。

3) 球磨环境的影响

球磨有干法和湿法两种。干法球磨操作简单，湿法球磨往往可以得到更小粒度的产物。干法球磨时，超细粉体极易糊在研磨介质的表面，俗称为“黏球”或“糊球”现象，使研磨介质失去应有的研磨作用。为了避免“黏球”现象的发生，通常采

用减小物料水分、加强磨内通风及加入助磨剂等措施。加入助磨剂球磨后，物料与磨球的分离需采取一定的措施。

研究表明，物料黏附在磨球表面呈一薄层而非糊一厚层时，有利于物料磨细，特别是在制备超细粉体时，可采用较大的球料比，并通过添加适当的助磨剂，使物料呈薄层黏附在磨球表面上，以利于球磨。

4）球磨气氛的影响

在金属物料球磨过程中，金属颗粒在冲击碰撞作用下反复地被挤压变形、断裂、焊接。因为新生表面的原子极易被氧化，所以球磨时必须在真空或保护气氛中进行。常用的保护气有氩气、氮气、二氧化碳等。氩气为惰性气体，不会与物料发生化学反应，而氮气、二氧化碳与某些金属会发生反应。

镁粉在氮气中的球磨试验表明，Mg 与 N_2 发生反应生成 Mg_3N_2，且随磨机转速的增大、球磨时间的延长、氮气压强的增大，越易于生成 Mg_3N_2。

球磨气氛也会影响一些非金属材料的球磨过程。利恩(Leen)在氨气中球磨硅粉时发现，硅晶体极易无定形化，球磨过程中 Si 能“捕获”气氛中 NH_3，反应生成 Si_3N_4。

5）研磨介质形状、尺寸及球料比的影响

研磨介质多为球形，也有椭球状、柱状、棒状等，球形以外的其他形状的研磨介质常称为异形研磨体。与球形研磨介质相比，异形研磨体的比表面积大，且与物料以线接触或面接触，因此摩擦研磨效率更高。

高能球磨中多采用尺寸较小的硬质合金球、氧化锆球、氧化铝球等，球径一般在 10 mm 以下，这是因为小尺寸球有利于增加研磨介质与物料之间的接触面积。

为了获得较大的球磨能量，可采用较大的球料比(磨球与物料的质量比)。但当装料量和球径大小一定时，多加磨球使球料比过大时，会因磨球运动的平均自由程减小而使磨球不能充分发挥机械力，从而降低粉碎效果。

6）球磨时间的影响

球磨时间的长短直接影响球磨产物的粒度，延长球磨时间，有利于提高产品细度，但是球磨时间过长会导致球磨效率降低、研磨介质对产品污染加重、物料温度升高等。

在球磨过程中，由于研磨介质对物料的摩擦和撞击，体系的温度升高，温度的升高会加剧颗粒之间的团聚及物料在研磨介质和筒壁表面的黏附。球磨某些有机物时，温度过高还会导致其热分解等问题。一般认为，球磨时物料温度升高不宜超过 80 ℃。

4.2.3　搅拌磨

搅拌磨是 20 世纪 60 年代开始应用的粉磨设备，早期称为砂磨机，主要用于染料和涂料行业的料浆分散与混合，后来逐渐发展成为一种新型高效超细粉碎设备。

搅拌磨的粉磨原理是用高速回转的搅拌器推动研磨介质和物料做无规则的高速运动、相互撞击和摩擦，来达到磨细物料的目的。在各种超细粉碎设备中，搅拌磨的能量利用率是最高的。

搅拌磨的种类很多，按照搅拌器的结构形式可分为盘式、棒式、环式和螺旋式；按工作方式可分为间歇式、连续式和循环式；按工作环境可分为干式和湿式；按安放形式可分为立式和卧式；按密闭形式可分为敞开式和密闭式。

最初的搅拌磨是立式敞开型容器，容器内装有一个缓慢运转的搅拌器。后来由立式敞开型发展成为卧式密闭型，如图 4－7 所示。搅拌磨主要由搅拌器、研磨筒和冷却套构成。搅拌器的结构主要有叶片式、偏心环式、销棒式。冷却套内可通入冷却介质（一般用水）以控制研磨时的温度。为减轻研磨筒内壁及搅拌器外壁的磨损，可根据用途镶衬各种耐磨材料。

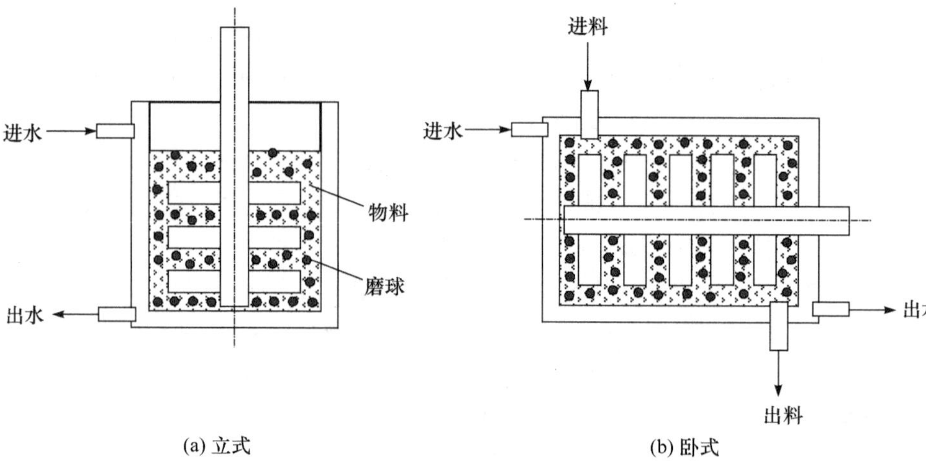

图 4－7　搅拌磨结构示意图

由电动机通过变速装置带动搅拌磨内的搅拌器回转，搅拌器回转时叶片端部的线速度为 3～5 $m \cdot s^{-1}$，高速搅拌时还要大 4～5 倍。在搅拌器搅动下，研磨介质与物料做多维循环运功和自转运动，在磨筒内不断地相互换位并发生剧烈运动，由研磨介质的重力及螺旋回转产生的挤压力对物料进行摩擦、冲击、剪切而粉碎。它综合了动量和冲量的作用，因而能有效地进行超细粉磨，使产品细度达到亚微米级。此外，能耗绝大部分直接用于搅动研磨介质而非消耗于转动或振动笨重的筒体，因此能耗比球磨机和振动磨都低。

研磨介质一般为球形。不使用异形研磨介质的原因是，搅拌磨中研磨介质是靠搅拌器的搅动而运动的，异形研磨介质易发生紊乱，且与搅拌器的摩擦大，不利于减少能耗。球形研磨介质的平均直径一般小于 6 mm，用于超细粉碎时小于

1 mm。研磨介质大小直接影响粉磨效率和产品细度，研磨介质越大，则产品粒度也越大，产量越高；反之，研磨介质越小，则产品粒度越小，产量越低。一般视给料粒度和产品所要求细度而定。为提高粉磨效率，研磨介质的直径应大于给料粒度的10 倍。研磨介质的密度对粉磨效率也有重要影响，研磨介质密度越大，则粉磨效率越高。研磨介质的硬度必须大于被磨物料的硬度，以减少研磨介质的磨损，减轻产品被研磨介质污染的程度。根据经验，研磨介质的莫氏硬度最好比被磨物料的硬度大 3 级以上。常用的研磨介质有天然砂、玻璃珠、Al_2O_3 球、ZrO_2 球、钢球等。表 4－6 为搅拌磨常用研磨介质的密度和直径。研磨介质的装填量对研磨效率有直接影响，装填量视研磨介质粒度而定，但必须保证在磨筒内运动时研磨介质的空隙率不小于 40%。研磨介质的填充系数，对于敞开立式搅拌磨为磨筒有效容积的 50%～60%，对于密闭搅拌磨为磨筒有效容积的 70%～90%（常取 80%～85%）。

表 4－6　搅拌磨常用研磨介质的密度和直径

研磨介质	玻璃(含铅)	玻璃(不含铅)	氧化铝球	氧化锆砂	氧化锆球	钢球
密度/($g \cdot m^{-3}$)	2.5	2.9	3.4	3.8	5.4	7.8
直径/mm	0.3～3.5	0.3～3.5	0.3～3.5	0.3～1.5	0.5～3.5	0.2～1.5

4.2.4　气流粉碎机

气流粉碎机也称气流磨(jet mill)、喷射磨(jet pulverizer)、流能磨(fluid energy mill)，是最常用的超细粉碎设备之一。它是利用高速气流(300～1200 $m \cdot s^{-1}$)的能量使颗粒发生相互撞击和摩擦而实现超细粉碎的设备，广泛应用于非金属矿物的超细粉碎，产品粒度一般可达 1～5 μm。其产品粒度上限取决于混合气流中的固体含量，固体含量较低时，产品的 d_{95} 可达 5～10 μm；经预先粉碎降低入料粒度后，可获得平均粒径约 1 μm 的产品。气流磨产品除粒度小以外，还具有粒度较集中、颗粒表面光滑、形状规整、纯度高、活性高、分散性好等特点。由于粉碎过程中压缩气体绝热膨胀会产生焦耳-汤姆孙(Joule-Thomson)降温效应，因而还适于熔点低、热敏性物料的超细粉碎。

气流磨的工作原理是，将高压空气(或惰性气体，0.3～0.9 MPa)或高压水蒸气(0.7～2.0 MPa，300～400 ℃)通过拉瓦尔(Laval)喷管(喇叭形喷管，瑞典人拉瓦尔发明)加速为亚音速或超音速气流，喷出的射流带动物料做高速运动，使物料因撞击和摩擦而粉碎。由于喷嘴附近的速度梯度很大，因此，绝大多数粉碎作用发生在喷嘴附近。在粉碎室中，颗粒与颗粒之间的碰撞频率远远高于颗粒与器壁之间的碰撞，即气流磨中的主要粉碎作用是颗粒之间的碰撞和摩擦。被粉碎的物料随气流到分级区进行分级，达到粒度要求的物料由收集器捕集下来，未达到粒度要求的物料返回粉碎室继续粉碎，直至达到所要求的粒度并被捕集。

第一个利用气流动能进行粉碎的专利是 1882 年美国人 Goessling 提出的。至今气流磨已有多种形式，目前工业应用的气流磨主要有扁平式气流磨、靶式气流磨、循环管式气流磨、对喷式气流磨、流化床对喷式气流磨。

1. 扁平式气流磨

扁平式气流磨(micronizer, micro jet mill)又称为圆盘式气流磨，是由美国 Fluid Energy 公司于 1934 年研制成功的，由粉碎室、喷嘴、压缩空气入口、分级区、出料口、气流出口等组成，如图 4－8 所示。高压气体通过加料喷射器时，高速射流所产生的负压将物料吸入混合室。通过与粉碎室径向成一定角度并分布在同一平面上的喷嘴后，高压气体变为高速气流，喷入粉碎室，气流夹带着物料以极高的速度旋转，物料颗粒之间以巨大的动量相互撞击和摩擦，并与粉碎室内壁碰撞，使物料粉碎成超细产品。这种气流磨还有一个特点，喷嘴角度所产生的旋涡流，不仅达到粉碎的要求，而且由于离心力的作用还能达到分级的目的，可以使超细产品分离出来。粉碎产品的粒度由喷嘴的安置角决定，并可通过调节投料量简便地控制。日本风动工业株式会社 P. J. M-200 型气流磨粉碎实例见表 4－7。

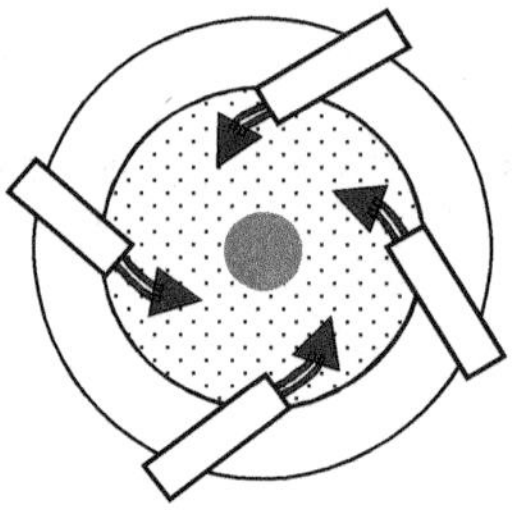
(a) 喷射气流示意图

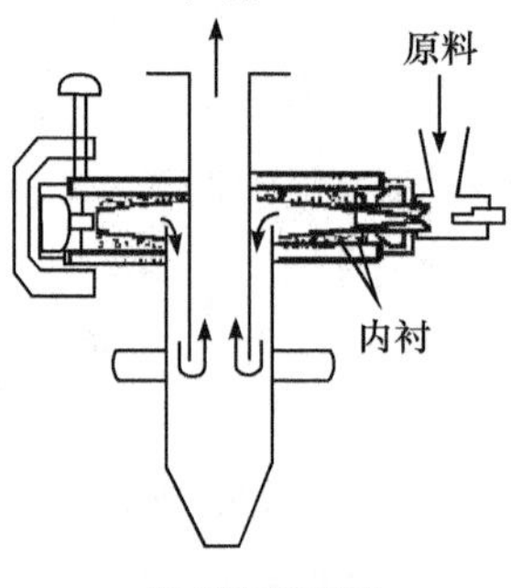

(b) 结构示意图

图 4－8　扁平式气流磨

表 4－7　P. J. M-200 型气流磨粉碎

物料名称	喷嘴气压/MPa	空气耗量/($m^3 \cdot min^{-1}$)	处理量/($kg \cdot h^{-1}$)	给料粒径/目	产品粒径 $d_{50}/\mu m$
石灰石	0.45	2.4	24	<16	12
硬滑石	0.40	2.2	10	20～50	2.1
锆砂	0.50	2.8	15.0	<200	5
硅砂	0.45	2.4	22.2	<16	7
长石 A	0.55	3.0	10	<20	3.7
长石 B	0.55	3.0	7	<50	2.8

续表

物料名称	喷嘴气压/MPa	空气耗量/($m^3 \cdot min^{-1}$)	处理量/($kg \cdot h^{-1}$)	给料粒径/目	产品粒径 $d_{50}/\mu m$
珍珠岩	0.45	2.4	43.0	<80	2.6
水泥熟料	0.40	2.2	16	20～50	9.2
轻质碳酸钙	0.55	3.0	15	—	0.6
重质碳酸钙	0.55	3.0	10	<50	3.7
碳化硅	0.40	2.7	16	32～48	13
氢氧化铝	0.55	3.0	8.5	<50	2.7
二氧化锰	0.50	2.8	60.0	8～65	7

扁平式气流磨的主要特点如下：

(1) 适于脆性、干爽物料(含水量一般小于3%)的超细粉碎，冲击速度大，很容易制取微米级粉体。

(2) 由于粉碎机理主要是依靠颗粒间相互作用的自磨粉碎，无需研磨介质，因此产品不会被研磨介质污染，可以获得高纯度的超细粉体。

(3) 可以根据物料性质的不同，选配相应的内衬材料(主要是粉碎室四周、进料管、出料管)，从而可以解决硬物料(莫氏硬度不大于9)和黏性物料在粉碎中所带来的问题。

(4) 结构简单，没有运转部件，除内衬正常磨损外，其他零部件一般不会损坏。

(5) 整个粉碎过程密闭、无粉尘飞扬。

(6) 噪声低，无振动。

(7) 拆洗方便。

(8) 能实现大处理量连续生产，自动化程度高。

扁平式气流磨的缺点是，当被粉碎物料的硬度较高时(如石英、碳化硅等)，物料随气流高速运动，与磨腔内壁产生剧烈的撞击、摩擦，导致磨腔内壁磨损，对产品造成一定的污染。因此，扁平式气流磨一般用于较软、较脆的物料，如无机颜料二氧化钛的气流粉碎。

2. 靶式气流磨

靶式气流磨(target type jet mill)是利用高速气流夹带物料并冲击在靶板(冲击板)上进行粉碎的设备。除物料与靶板发生强烈冲击、碰撞外，还发生物料与粉碎室内壁的多次反弹粉碎，因此粉碎力特别大，尤其适于粉碎高分子聚合物、低熔点热敏性物料、纤维状物料。可根据原料性质和产品粒度要求选择不同形状的靶板。靶板为易磨损件，必须采用耐磨材料制作，如碳化物、刚玉等。靶板结构有固定的和活动的两种形式。

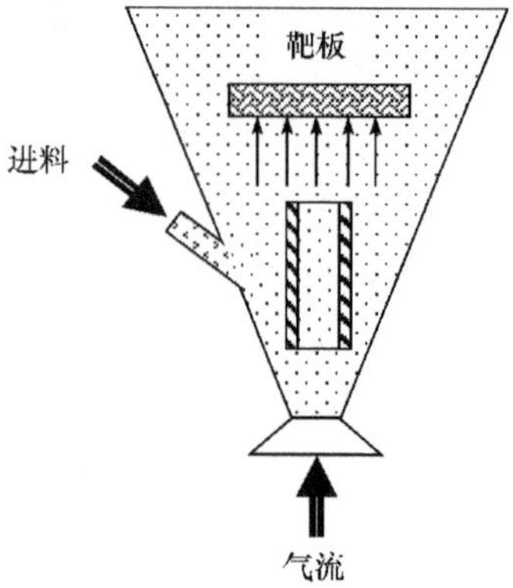

图 4－9　靶式气流磨

靶式气流磨的结构如图 4－9 所示。物料由加料管进入粉碎室，被喷嘴喷出的气流吸入并加速，再经混合管进一步均化和加速后，与靶板发生强烈碰撞。为使物料更好地均化和加速，混合管做成喇叭形喷管。粉碎后的细颗粒被气流带出粉碎区，进入靶板上方的分级区进行分级，分出的细颗粒被气流带出磨机后捕集为成品。粗颗粒返回粉碎区再行粉碎。该磨机产品较粗，动力消耗大。改进的靶式气流磨采用气流分级器取代转子型离心通风式风力分级器。

3．循环管式气流磨

应用较广的循环管式气流磨(cyclone pipe jet mill)是 JOM 型气流磨。其工作原理是，一股压缩气体通过加料喷嘴时产生高速射流，在加料混合室内形成负压，使原料自动吸入混合室，并被射流送入粉碎区，气流将物料颗粒加速，使颗粒相互撞击和摩擦而粉碎；底部另一股高压气体经喷嘴加速后高速射入，挟带粉碎后的颗粒沿上行管向上运动进入分级区。

在分级区离心力场的作用下，密集的物料分流，细颗粒在内层经百叶窗式惯性分级器分级后排出即为产品，粗颗粒在外层沿下行管返回，继续循环粉碎。该磨机的优点是，跑道形循环管的特殊结构既能加速颗粒运动，又能增强离心力场的作用，从而提高粉碎和分级效率，分级区的弯曲管壁设计使磨损大大减轻。但是，与其他气流粉碎机相比，气流及物料对管道内壁的冲刷磨损太严重，不适用于硬度较高的物料超细化。循环管式气流磨常用于热敏性化学品、纤维、金属、药物、食品、颜料、填料等的粉碎，其粉碎粒度可达 0.2～3 μm。

4．对喷式气流磨

对喷式气流磨(opposed jet mill)是利用一对或若干对喷嘴相对喷射时产生的超音速气流使物料彼此从两个或多个方向相互撞击而粉碎的设备。由于物料高速直接对撞，冲击强度大，能量利用率高，可用于粉碎莫氏硬度 9.5 级以下的各种脆性和韧性物料，产品粒度可达亚微米级。同时克服了靶式气流磨靶板易损坏的缺点，减少了对产品的污染，延长了使用寿命，是一种较理想和先进的气流磨。不同形式的对喷式气流磨采用的喷嘴数目不同。其中，Blaw-Knox 型气流磨采用 4 个相对的喷嘴，Trost 型气流磨和 Majac 型气流磨都采用 2 个相对的喷嘴。

5. 流化床对喷式气流磨

流化床对喷式气流磨(fluidized-bed opposed jet mill)的气体喷嘴为 3～7 个,喷嘴作二维设置或三维设置。在喷嘴喷出气流的冲击及气流膨胀呈流化床悬浮翻腾而产生的碰撞和摩擦下,加入气流磨内的物料得以粉碎,并在负压气流的带动下进入顶部的涡轮式分级装置,分出的细粉由旋风分离器及袋式除尘器捕集,粗粉受重力沉降返回粉碎区继续粉碎。该磨机是在靶式气流磨和对喷式气流磨的基础上研究开发的,是一种新型的超细粉碎设备。生产此种气流磨的厂家主要有德国 Alpine 公司、美国 Majac 公司等。

流化床对喷式气流磨的特点如下:

(1) 产品细度高($d_{50}=3～10\ \mu m$),粒度分布窄,无过大颗粒。

(2) 粉磨效率高,能耗低,比其他类型的气流磨节能 50%。

(3) 采用刚玉、碳化硅等制作易磨件,磨耗低,产品受污染少,可加工无铁质污染的粉体,也可粉碎硬度高的物料。

(4) 结构紧凑,噪声小,可实现操作自动化。

4.2.5　高速机械冲击式粉碎机

高速机械冲击式粉碎机利用围绕水平或垂直轴高速旋转的转子上的冲击元件(棒、板、锤等)对物料施以剧烈的冲击,并使其与定子间及物料颗粒之间产生高频强力冲击、剪切等作用而粉碎。冲击元件给物料施以 $60～125\ m \cdot s^{-1}$ 甚至更高速度的冲击。其粉碎机理除了冲击作用之外,还有摩擦、剪切、气流颤振等多种粉碎机制。处于定子和转子间隙处的物料被撞击和反弹到粉碎室内与后续的高速颗粒相撞,使粉碎过程反复进行;同时,定子衬圈和转子端部的打击元件之间形成强有力的高速湍流场,产生强烈的压力变化,可使物料受到交变应力作用而粉碎和分散。粉碎产品的粒度和颗粒形态取决于转子的冲击速度、定子和转子之间的间隙及被粉碎物料的性质。产品平均粒度一般为 $3～20\ \mu m$。

高速机械冲击式粉碎机有多种型式。按照转子的布置方式,分为立式和卧式两大类;按照转子上冲击元件的结构形式,有销棒式、锤式等多种类型。较成熟的机型有分级研磨机、超细粉碎机、喷射粉磨机。

高速机械冲击式粉碎机的特点:

(1) 构造简单,操作容易。

(2) 单位能耗的粉碎能力强,设备运转费用低。

(3) 容易调节粉碎产品粒度。

(4) 粉碎对象范围广,矿石、化学品、纤维状物质、塑料聚合物等均可。

(5) 可连续自动运转。

(6) 机械安装占地面积小。

基于以上特点,高速机械冲击式粉碎机广泛应用在矿业、化工、建材、药物等行业,但由于机械高速运行会产生磨损问题,因而不适于粉碎硬度大的物料,此外有发热问题,对热敏性物质的粉碎需采取适当措施。高速机械冲击式粉碎机一般用于粉碎中等硬度、非黏性物料,如滑石、方解石、高岭土、云母、石墨、硅灰石、膨润土、硅藻土、氧化铝、颜料等。

4.3 助磨剂

助磨剂(grinding aid)通常是一些表面活性剂。在粉磨过程中将少量助磨剂添加到物料中,助磨剂吸附在物料颗粒表面,通过物理化学或化学作用产生力学效应,加速物料的粉碎,得到粒度更小的产品。

4.3.1 助磨剂的作用机理

助磨剂的助磨作用机理包括如下两个方面:

(1) 助磨剂吸附在物料颗粒表面,改变颗粒的结构性质,降低颗粒的强度或硬度。

早在20世纪30年代,列宾杰尔(P. A. Rebinder)等人发现,在钻削花岗岩、石英岩和石灰岩一类的硬质岩石时,若在冲洗液中加入某种电解质或表面活性剂,可使钻通速度提高20%～60%。由此推断,电解质或表面活性剂吸附在岩石晶体表面,使岩石的刻削硬度降低。列宾杰尔还用摆式硬度计对此进行实验验证,从而归纳出两点:①当存在界面吸附时,界面处的晶格内聚力降低了,即界面吸附降低了界面张力;②颗粒上原有的裂缝吸附表面活性剂分子并形成吸附层后更容易扩展,防止裂缝的愈合,即物料的断裂性能发生改变。这就是有名的列宾杰尔效应,又称为“强度削弱理论”。

此后,不少学者对吸附引起界面自由能降低的现象进行了实验验证。例如,有人用玻璃做拉裂试验,将一块玻璃用金刚石刻痕,然后在各种环境中测定使裂缝扩展所需的拉力,得到在真空、凡士林、酒精、水中的断裂能分别为1.21 $N \cdot m^{-1}$、1.00 $N \cdot m^{-1}$、0.52 $N \cdot m^{-1}$、0.29 $N \cdot m^{-1}$,这是吸附使固体材料强度降低的例证。

意大利学者G. Gighi用乙酸钠作助磨剂进行研磨水泥熟料的研究后指出,在快速断裂时,助磨剂分子来不及扩散到裂缝顶端,无法发挥削弱固体物料强度的作用。在不同球径、不同磨机转速的试验中发现,较小球径和适宜转速时,助磨效果较好;较大球径及较高转速时,助磨效果不明显。由此得出结论,助磨剂的使用效果取决于磨机操作的力学条件,即是否有利于颗粒内形成广泛的裂缝网络及裂缝扩展。

(2) 助磨剂吸附在固体颗粒表面，减小颗粒的表面能。

细物料中添加助磨剂后，其流动性增大，说明助磨剂有减小颗粒间黏附力和抑制团聚的作用。E. Krupp 通过试验测定了颗粒吸附表面活性剂分子后黏附力的变化。他将待测试样按一定方法分布到台式离心机的磨光表面上，对应离心机的某些特定转速，测定磨光表面上残留颗粒的质量与回转半径，从而计算黏附力。实验结果表明，除个别例外，所测试验物料在添加表面活性剂后，黏附力都显著降低。降低的幅度随相互黏附的物料种类而异，从 15%到 60%不等，易黏附的物料，降低幅度较大。

Beke 将粉磨过程中物料团聚的形成和发展分为两个阶段。开始时小颗粒由于表面张力而具有较强的黏附力，黏附在大颗粒上或相互间黏附，这样形成的是松散的团聚体，表面活性剂可将其解散。在机械应力的进一步作用下，松散团聚体发生类似于金属焊接那样的过程，即锤焊过程。此时，颗粒发生结构变化，晶格发生扭曲与畸变。这样形成的聚集体不能再用添加表面活性剂解开，只能等它生长到一定尺寸后，再度被粉碎。物料粉磨进入这一阶段后，机械能将周期性地引起聚集和粉碎，机械能本身交替地转换成表面能与结合能。

F. J. Mardulier 对黏附力的物理本质及助磨剂消除或减小黏附力的机理做过详细研究，实验观测了“静电”及“瞬生微晶”两种现象在粉碎过程中引起颗粒团聚的可能。他指出，团聚的根源是粉碎所截断的颗粒内部的电价键，是这种出现断裂时所产生的新表面上的游离电价键驱使邻近颗粒的相互黏附和聚集。以水泥熟料为例，所涉及的化学键为 Si—O 共价键和 Ca^{2+}—O^{2-} 离子键，Si—O 共价键的单键键能为 443 kJ · mol^{-1}，Ca^{2+}—O^{2-} 离子键为 133 kJ · mol^{-1}，所以，颗粒的断裂先大量地发生在 Ca^{2+}—O^{2-} 离子键上。由于离子键的断裂，产生了电子密度的差异，断面两侧出现一系列交错的 Ca^{2+} 和 O^{2-} 的活性点。在没有外来离子或分子将这些活性点屏蔽时，它们彼此吸引，使断裂面趋于复合。研磨介质对这些刚断裂颗粒的撞击作用，既可能产生新的断裂，也可能使颗粒压紧，促使已分离部分的复合。助磨剂的作用就是迅速地提供外来离子或分子，满足断开面上未饱和的电价键，消除或减弱其聚集趋势，阻止断裂面的复合。

总之，添加助磨剂使物料颗粒内裂纹易于扩展，强度或硬度降低，颗粒软化；助磨剂吸附在颗粒表面能平衡因粉碎而产生的不饱和价键，防止颗粒团聚，从而抑制粉碎逆过程。以上两者均可加速粉碎，产生助磨作用。

4.3.2　助磨剂的分类及应用

自 1930 年戈达德(Goddard)以树脂作助磨剂在英国首先取得专利以来，先后被用作助磨剂的物质达 50 多种。助磨剂可分为液体、固体、气体三大类，实验室及

工业中常用的助磨剂见表 4-8。对于用作助磨剂的表面活性剂(surfactant),根据其化学结构,可分为如下三类:

(1) 碱性聚合无机盐。除用于硅酸盐粉磨外,一般多聚磷酸盐优于多聚硅酸盐。

(2) 碱性聚合有机盐。一般采用聚丙烯酸酯。

(3) 偶极-偶极有机化合物,如烷烃醇胺等。

表 4-8　助磨剂的种类及其用途

类型	助磨剂名称	粉磨物料	类型	助磨剂名称	粉磨物料
液体助磨剂	甲醇	石英、铁粉	液体助磨剂	硅酸钠	黏土
	异戊醇	石英		氢氧化钠	石灰石
	辛醇醛	石英		碳酸钠	石灰石
	乙二醇、丙二醇	水泥		氯化钠	石英岩
	甘油	铁粉		六偏磷酸钠	铅锌矿
	丙酮	水泥		六聚磷酸钠	硅灰石
	有机硅	氧化铝、水泥		氧化铝	赤铁矿、石英
	12～14 叔胺	赤铁矿、石英、石英岩		三聚磷酸钠	赤铁矿、石英
	油酸(钠)	石灰石		水玻璃	钼矿石
	丁酸	石英		三乙醇胺	方解石、水泥、锆英石
	硬脂酸(钠)	浮石、白云石		聚羧酸盐	滑石
	葵酸	水泥、菱镁矿		焦磷酸钠	黏土
	羊毛脂	石灰石	固体助磨剂	炭黑	水泥、煤、石灰石
	环烷酸(钠)	水泥、石英岩			
	环烷基磺酸钠	石英岩	气体助磨剂	二氧化碳	石灰石、水泥
	n-链烷系	苏打、石灰		丙酮蒸气	石灰石、水泥
	碳氢化合物	玻璃		氢气	石英
	乙酸戊酯	石英		氮气、甲醇	石英、石墨

助磨剂除了在水泥及部分矿物如云母、滑石、硅灰石、方解石、高岭土、石墨、颜料、金属等粉磨中应用之外,尚未广泛推广应用。

当前助磨剂开发应用的发展趋势如下:

(1) 应用工业废料开发助磨剂新品种,尤其注重亚硫酸纸浆废液的开发,其有效助磨成分是木质素磺酸盐。

(2) 将多种有效助磨成分配合在一起,组成复合助磨剂,以满足各种物料在不同条件下的粉磨要求,发挥最佳助磨效果。

(3) 助磨剂的多功能化。例如,对球磨制备水泥,不仅起到助磨作用,还能起减水剂和活化水泥的作用，制备出高强度的塑化水泥。

4.4　机械力化学原理

4.4.1　机械力化学的概念

在粉碎过程中，不仅颗粒的尺寸逐渐变小、比表面积不断增大，而且其内部结构、物理化学性质及化学反应性也相应地发生一系列的变化。机械力化学(mechanochemistry)泛指机械运动能量与化学能量的相互转换。彼得斯(Peters)指出，机械力化学反应是由机械力诱发的化学反应。机械力的范围很广，既可以是粉碎过程中施加的作用力，也可以是一般的压力或摩擦力，还可以是液体中空穴作用或气体中冲击波作用所产生的压力，这种空穴作用和冲击波也能够在液体和气体中诱发化学反应。因此，在各种凝聚状态下的物质因受机械力影响而发生化学或物理化学变化的现象都是机械力化学现象，机械力化学是研究这种变化的基本原理、规律及应用的科学。其主要内容是研究在机械力作用下产生颗粒微细化时，微细颗粒尺寸大小、晶粒大小、表面性质改变、晶格畸变与晶格缺陷、活性点分布、活性点浓度等显示出来的与原来粗颗粒不同的物理化学性质，要获得这些新的物理化学性质所需的措施，以及机械力化学在工业生产中的应用。

W. Ostwald 是研究机械力化学的先驱，早在 19 世纪初他就提出了这一术语。近 30 年来，机械力化学的研究取得了很大进展。1990 年，A. Z. Juhasz 提出，机械力化学是指固体颗粒在机械力作用下，因形变、缺陷、解离等而引起物质在结构、物理化学性质及化学反应性等方面的变化。1991 年，K. Tacova 更加系统地论述了机械力化学的原理、工艺及其应用。机械力化学涉及固体化学、结晶学、矿物学、材料科学、机械工程等多个学科，并已发展到一个更新、更高的水平，成为一门边缘、交叉、新兴的学科。

4.4.2　机械力化学的作用机理

在机械粉碎过程中，由于机械力化学作用导致粉体表面活性增强的机理可概括为以下四个方面：

(1) 在机械力作用下，物料粉碎产生新表面，因粒度减小、比表面积增大，故表面自由能增大，活性增强。

在颗粒尖角、棱边及固体表面的台阶、弯折、空位等处质点的表面能大于平面上质点的表面能，称为活化位或活性中心。随着物料粒度的减小，规整晶面在颗粒体系总表面积中所占的比例减小，键力不饱和的质点(原子、离子、分子)在总质点数中占的比例增大，从而大大提高了颗粒的表面活性。

假设相邻原子的结合力为 F，配位数为 K，整个晶体的原子数为 N，只要晶体

相对质点数足够大，则总结合能 H 和上述参数的关系为

$$H=FK\frac{N}{2}$$

若原子间的化学键被断开，形成两个新表面，相邻原子的间距为 a，则颗粒的单位表面能为

$$\sigma=F/(2a^2)=H/(KNa^2)$$

可见，颗粒表面能的数值不仅取决于比表面积的大小，还取决于断裂面的几何形状和质点所处的位置，而后两种情况在表面能的理论估算乃至部分实验测定中也是难以分析和确定的。但是，它们在增强表面活性方面有重要的作用，且粒度越小越突出。对于 NaCl 晶体(密度为 2.2 $g\cdot cm^{-3}$)，假设晶体的表面能为 1.5×10^3 $J\cdot cm^{-2}$，棱边能为 3×10^{-11} $J\cdot cm^{-1}$，可计算 1 gNaCl 晶体在不同细分状态下的表面能和棱边能，结果见表 4-9。由表 4-9 中数据可见，体系的表面能和棱边能随粒度的减小而显著增大，即减小粒度对增强物料表面活性具有重要作用。

表 4-9　不同粒度 NaCl 晶体的表面能和棱边能

立方体个数/(个·g^{-1})	每个立方体棱长/cm	总棱长/($cm\cdot g^{-1}$)	总表面积/($cm^2\cdot g^{-1}$)	表面能/($J\cdot g^{-1}$)	棱边能/($J\cdot g^{-1}$)
1	0.77	9.3	3.6	5.4×10^{-5}	2.8×10^{-10}
4.6×10^2	0.1	5.5×10^2	28	4.2×10^{-4}	1.7×10^{-8}
4.6×10^5	10^{-2}	5.5×10^4	2.8×10^2	4.2×10^{-3}	1.7×10^{-6}
4.6×10^8	10^{-3}	5.5×10^6	2.8×10^3	4.2×10^{-2}	1.7×10^{-4}
4.6×10^{11}	10^{-4}	5.5×10^8	2.8×10^4	0.42	1.7×10^{-2}
4.6×10^{17}	10^{-6}	5.5×10^{12}	2.8×10^6	42	1.7×10^2

(2) 物料颗粒在机械力作用下，表层发生晶格畸变，其中储存了部分能量，使表层能位升高，活化能降低，活性增强。

机械冲击力、摩擦力、剪切力、压应力等机械力都会造成晶体颗粒形变。用 X 射线衍射(XRD)分析时，图谱上出现的不再是理想晶体的衍射峰，而变为漫散峰。按衍射峰强度和衍射峰的半高宽，可以定量分析晶格畸变和无定形化的程度。图 4-10 是XRD 分析得出的 CaO 晶体粉磨时晶格的变化情况，由图可见，粉磨初期晶格尺寸快速减小，然后趋于某定值；而晶格变形程度则随粉磨时间的延长而不断增大。

在粉碎过程中，物料颗粒受机械力作用，颗粒不断细化，并从脆性破坏变成塑性变形。塑性变形的实质是位错的增殖和移动。颗粒发生塑性变形需消耗机械能，同时在位错中又储存能量，形成机械力化学的活性点，增强并改变物料的化学反应活性。另一方面，粉碎过程中机械力化学的主要特征是体系自由能增大。对

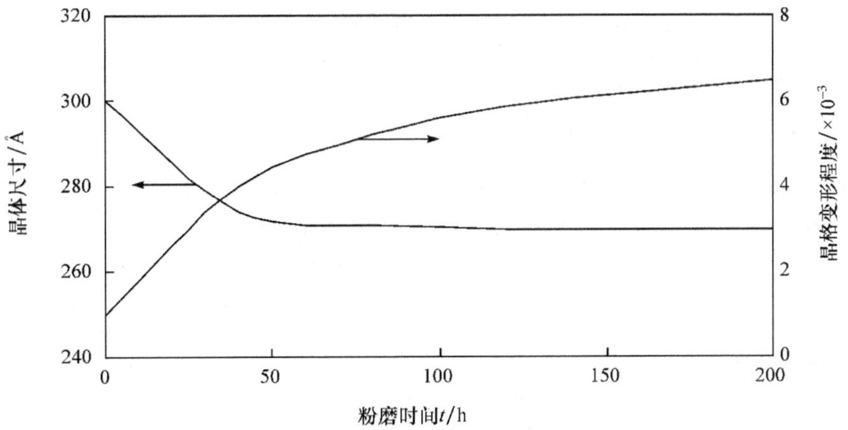

图 4-10　CaO 晶体粉磨时晶格的变化情况

真实晶体，自由能与晶格缺陷数的关系为

$$f=U-TS=nE_{\mathrm{U}}-kT\ln\frac{N!}{(N-n)!\ n!} \tag{4.8}$$

式中，f 为自由能；U 为热力学能；S 为体系的熵；T 为温度；n 为晶格缺陷数；N 为晶格的总原子数；E_{U} 为晶格能；k 为玻耳兹曼（Boltzmann）常量。随着粉碎的进行，晶格缺陷数增加，体系自由能增大，这将增进自发过程，促进反应物之间的相互作用。

（3）在机械力作用下，物料颗粒的晶体结构发生破坏，并趋于无定形化，内部储存大量的能量，使表层能位更高，因而活化能降低，表面活性增强。

物料颗粒在机械力作用下，通过反复粉碎，不断形成新表面，表层的极化变形与重排使表面晶格畸变，有序度降低。随着颗粒的不断微细化，表面结构的有序程度受到越来越强烈的扰乱，并不断向颗粒内部扩展，最终使整个结构趋于无定形化。晶体在粉磨至无定形化的过程中，内部储存的能量远远大于表面位错能，因而使其活性更高。这种现象在硅酸盐矿物的粉碎过程中最为明显。

（4）粉磨系统输入的大部分能量转化为热能，使物料颗粒表面的温度升高，这也在很大程度上提高了颗粒的表面活性。

综上所述，物料颗粒经机械粉碎后，形成的微细颗粒表面性质与原来的粗颗粒大不相同，机械力的持续作用使颗粒表面活性点不断增多，颗粒表面处于亚稳高能活性状态，易发生化学或物理化学变化。表面能增大和活性提高，将导致下述一种或几种现象：①表面结构自发重组，在表面形成易溶于水的非晶态结构并降低表面张力；②颗粒相互黏附，引起团聚，甚至重结晶；③外来分子，如气体、蒸气等，在新生成的表面发生物理或化学吸附，由于这些分子的吸附会降低表面能，从而阻止颗粒的团聚和重结晶。

在粉碎尤其是超细粉碎过程中，机械力化学作用主要表现为三个方面：①晶体结构的变化；②物理化学性质的变化；③诱发机械力化学反应。

4.4.3　机械力化学引起的晶体结构变化

粉碎过程中，在微细化使粒度减小的同时，还发生颗粒表面晶格的不规则化及结晶度的下降。晶格的不规则化是指晶格的晶面间距发生变化、变动及形成非晶结构等，即在机械力作用下，有序的晶体结构被破坏，形成非晶态层，最终导致整个晶体颗粒无定形化。关于这一现象，科学家对石英做过很多研究。石英粉磨时，随着微细化的进行，颗粒表面生成的晶格扰乱向颗粒内部扩展，从而在颗粒表面形成一定厚度的非结晶层，该厚度将随物质种类、粉碎方式、粒度、氛围等不同而变化。

晶体结构的变化可通过 X 射线衍射、差热分析、红外光谱、溶解速度、密度变化等进行研究。在空气中粉碎石英时，随着粒度的微细化，密度下降，结晶性石英的密度为 2.650 $g \cdot cm^{-3}$，非结晶石英密度为 2.203 $g \cdot cm^{-3}$，由此可求得非结晶层的厚度、体积分数。石英粉磨过程中产生的无定形 SiO_2 的量，可通过 X 射线衍射法测定，也可用傅里叶变换红外吸收光谱法(FTIR)测定，无定形 SiO_2 量与粉磨时间的关系如图 4-11 所示。随着粉碎的进行，X 射线衍射峰强度减小而宽度增大，这是由于晶体中晶格不规则化，以及变为非常小的微晶(小于 0.1 μm)所造成的。

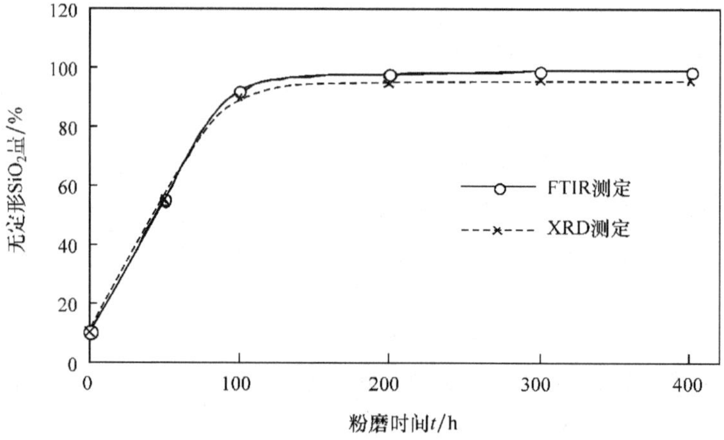

图 4-11　石英粉磨过程中产生的无定形 SiO_2 量与粉磨时间的关系

由差热分析曲线的积分面积也可求得石英中非结晶层石英的量 Q。如果其比表面积为 S，密度为 ρ，则非结晶层的平均厚度为 $Q/(\rho S)$。石英在空气和水中粉磨时，其 Q 与 S 的关系如图 4-12 所示。石英在干燥空气中粉磨时，生成的非结晶层厚度在粗颗粒时为 2 nm 左右，长时间粉磨成为微细颗粒时为 20～30 nm。在 80%水中粉磨时，非结晶层厚度无明显增大。颗粒表面上 5 个分子层中有半数含水时(水质量约为 1.2%),非结晶层的厚度将随粉磨时间而异。一般情况下,与空气中粉磨相比,水中粉磨的效率高,产物粒度小,非结晶层厚度小。

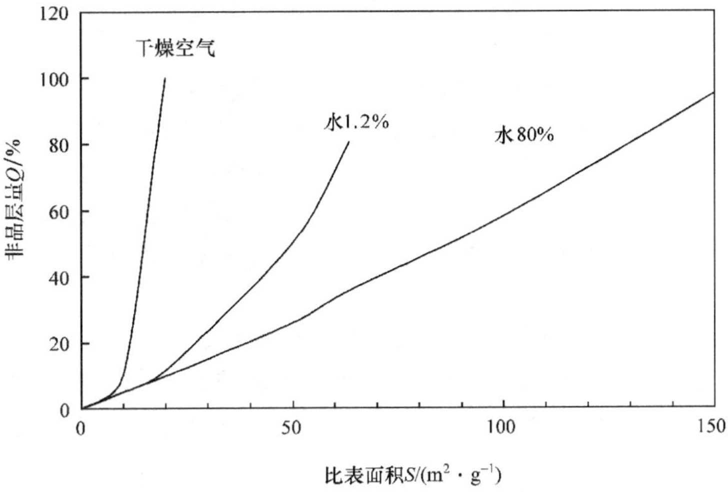

图 4-12　石英粉磨时的比表面积与非结晶层量的关系

E. F. Aglietti 等人对平均粒径 1 μm 结晶完好的高岭土进行粉磨,然后进行 X 射线衍射分析。结果表明,粉磨初期衍射峰减弱,其表面形成无定形层;随着粉磨时间的增长,衍射峰逐渐宽化弥散;磨至 750 s 后,衍射峰几乎消失,成为无定形结构。

当原料受粉碎而微细化时,晶体结构发生不规则化、非结晶化,并形成焓增大的不稳定中间结晶相。如果不断地施加压缩、剪切、弯曲、延伸等作用力,使其能量超过不稳定相转移和结晶的活化能时,就发生晶型转变。例如,方解石粉磨时会转变为文石(aragonite),而文石经 450 ℃加热又可回复为方解石的晶体结构。聚乙烯、聚丙烯(PP)在真空中低温粉碎时,与无机矿物一样也产生晶型转变,如果再在 70 ℃下加热 24 h,则又可回复原来的晶体结构。但其 X 射线衍射峰的宽度扩大,本底强度增加,这是由于微晶粒度减小(聚丙烯晶粒从 12 nm 减小至 7.6 nm,聚乙烯从 20 nm 减小至 9 nm)、结晶化程度降低和晶格缺陷增加所致。

4.4.4　机械力化学引起的物理化学性质变化

物料在粉碎过程中,不仅颗粒大小、晶体结构发生变化,而且机械力还诱发颗粒发生一系列物理化学性质的变化。例如,分散度、溶解度、溶解速率、吸附、离子交换和置换能力、密度、电性等的变化。

1) 分散度

粉碎过程中,随着物料的细化,其比表面积增大,体系分散度(dispersivity)增大。经过一定时间的粉碎之后，颗粒表面出现不饱和力场及带电的结构单元，使颗粒处于不稳定的高能状态，因此在比较弱的引力作用下，颗粒间发生团聚，使颗粒变粗。也就是说，颗粒的细化过程与微细颗粒的团聚过程是可逆的，当达到一定粉碎程度后，颗粒的细化与团聚速度相等，称为达到"粉碎平衡"状态。出现粉碎平衡后，粉体的细度和比表面积达到极限值，即使继续进行粉碎，颗粒也不再变小。但是，施加在颗粒上的机械能可继续使颗粒的晶体结构、物理化学性质、化学反应性等发生深刻的变化，诱发机械力化学现象。团聚也造成一定的副作用，如恶化分选的选择性、影响离子交换能力等。为避免上述副作用的发生，粉磨过程中应尽量把粒度合格的产物从磨机中及时排出，或添加助磨剂以增加其分散度。

2）溶解度

许多矿物，如方解石、刚玉、矾土、铬铁矿、磁铁矿、方铅矿及各种硅酸盐矿物，经机械力活化都能显著地提高其溶解度(solubility)和溶解速率。增大比表面积对于提高矿物溶解度有促进作用。

3）吸附能力

颗粒粉碎后，断裂面出现不饱和键和带电的结构单元，使颗粒处于不稳定的高能状态，从而活性增加，表面的吸附能力(adsorbability)提高。

机械活化作用对蛇纹石棉吸附能力影响的研究表明，用振动磨和碾轮磨粉磨后，不但提高了石棉的比表面积，还促进了颗粒表面对 Ca^{2+} 的吸附。

作为填料的无机矿物粉体与高聚物的相容性很差。为改善它们的相容性，可在粉碎过程中加入某种表面活性剂或其他有机物，利用机械力化学作用，对粉体进行表面改性，使亲水的极性表面变为较强非极性的亲油表面。例如，粉磨叶蜡石时，加入适量聚甲基硅烷，不仅可防止团聚现象，起助磨作用，还可使叶蜡石的亲水表面变为疏水表面，成为性能优良的填料，用于聚氯乙烯(PVC)塑料。

4）离子交换和置换能力

细磨及超细粉磨使颗粒表面产生大量含不饱和键及残余电荷的活性点，从而可提高其离子交换能力(ion exchange capacity)。高岭土粉磨时间与置换量关系的研究表明，粉磨 6 min 后的置换量比未磨时提高一倍以上。

4.4.5　机械力诱导的化学反应

机械力与光、电、磁、热、辐射等形式的能量一样，也可引起物质化学性质的变化，即发生机械力化学反应。这些反应包括气-固相间、液-固相间、固-固相间的机械力化学反应，以及机械力化学分解反应等。例如，黄丹(PbO)经 20 h 以上的粉磨后，与矿物中硫磺发生化学反应生成方铅矿(PbS)；碳酸盐矿物(如 $CaCO_3$)粉磨时释放出 CO_2 气体；高岭土经长时间粉磨后，外来 Al^{3+} 或其他离子进入高岭土的晶体结构中，或置换高岭土中的可交换的阳离子。

G. Tamman 报道了固体硅酸盐间机械力化学反应的实例，石英与方解石混合粉磨时，产生 $CaSiO_3$ 和 CO_2。石英和 Na、Ca、Mg 的碳酸盐混合粉磨时，也可形成相应的硅酸盐。石英与方解石混合粉磨时的化学反应方程式如下：

$$SiO_2 + CaCO_3 = CaSiO_3 + CO_2$$

对于类似形式的机械力化学反应，P. K. Mehta 通过对非热力水泥生产的考察，也发现了这种有意义的现象。因此，人们试图通过机械力化学和热力学相结合的方法，为硅酸盐工业开辟新途径。

4.4.6 影响机械力化学的因素

影响粉磨效率及机械力化学作用的主要因素有原料性质、粉磨强度、粉磨环境、粉磨气氛、粉磨时间、粉磨温度等。

1）原料性质的影响

原料性质和各组分配比是决定最终产品组成的物质基础。Bing 等用金属氧化物 MO(M 为二价金属，O 为氧)与 Si 粉混合粉磨生成 $MOSi_2$ 时发现，当 MO 和 Si 粉按化学式计量比配合时，粉磨 14 h 后，反应可在随后的 15 min 内迅速完成，生成大量的 α-$MOSi_2$。但在富 Si 或富 MO 条件下，反应不能迅速完成，而且产物中除了 α-$MOSi_2$ 之外，还有 β-$MOSi_2$。

2）粉磨强度的影响

研磨介质对物料的高速、高频冲击碰撞有利于能量的转换和分子、离子及原子的输运和扩散。实验表明，粉磨强度对机械合金化非晶的形成具有重要的影响。粉磨强度低时，粉体形成非晶的时间较长，甚至无法形成非晶；粉磨强度较高时，形成非晶的时间大大缩短，且有助于非晶成分范围的扩大，但继续粉磨时会使已非晶化的粉体重新晶化形成新相。当粉磨能量高到一定程度时，更适宜形成稳定的化合物而不是非晶。对于硬度和强度较高的多组分氧化物体系，因其价键较牢固，键能较高，粉磨强度较低时根本无法使之发生晶格畸变，也就谈不上机械力化学反应。

3）粉磨环境的影响

湿法粉磨往往可以得到更小的产物粒度，但不利于晶型的转变。廖捷凡通过对方解石的干法和湿法粉磨考察粉磨环境对相变的影响，发现湿法粉磨时，即使粉磨时间延长至 100 h 仍无相变现象。他认为湿法粉磨时摩擦系数小，而摩擦是产生机械力化学效应的有效方式之一，颗粒在水中的界面能小于在空气中的表面能，因而使粉体颗粒难以积聚足够的能量克服相变所需要的激活势垒。

湿法粉磨白云石、石灰石、石英时，也未观察到多晶转变现象。而干法粉磨至一定程度时，相变的发生几乎是必然的。一般认为，机械力诱发的物料内部结构的变化通常要求颗粒(粒晶)尺寸及自由能达到某一极限值，而湿法粉磨环境下，碎裂表面的溶解和“重建”及良好的润滑和冷却环境都阻碍了颗粒尺寸减小及自由能达到极限值，从而阻碍了多晶转变的发生。

4）粉磨气氛的影响

粉磨过程中，利用固态物料与气体之间的化学反应可制备新材料，故可称之为反应球磨法（reactive milling）。例如，在制备镁基储氢材料时，将镁粉与助磨剂在球磨罐内于氢气中进行反应球磨，使 Mg 在球磨过程中即与 H_2 发生化学反应生成 MgH_2，而不需要将镁粉先磨细再转移到高压釜内进行活化储氢，2～4 h 即可把镁粉磨至纳米级并储氢，此即高效反应球磨一步法制备储氢材料，差示扫描量热分析表明其放氢温度可比纯镁低 150 ℃。此外，还可利用 H_2 与 Mg 的反应使镁晶格膨胀，发生氢脆现象，提高粉磨效率，制备工业用微细镁粉。

5）粉磨时间和温度的影响

粉磨时间的长短直接影响机械力化学反应。某些金属或合金的机械合金非晶化和晶型转变只在一定的粉磨时间范围内发生。若粉磨时间过短，物料内部能量聚集太少，不足以破坏其结合价键；时间过长又可能发生其他的变化。对于无机非金属材料的机械力化学合成，通常需要较长时间的粉磨。

在粉磨过程中，研磨介质对粉体的摩擦和撞击会使粉体温度升高，局部温升有利于固相反应，特别是撞击点的瞬间温度可达几百摄氏度，有利于械力化学反应。

4.5 机械力化学的应用

对机械力化学的研究，不仅是纯科学理论的研究，而且以工业应用为目的的研究也颇多，并在粉体改性、冶金工业、新材料制备等方面得到广泛的应用。

4.5.1 粉体的机械力化学改性

粉体的表面改性是指利用物理、化学、机械等方法对粉体进行表面处理，有目的地改变其表面的物理化学性质，以满足不同的工艺要求。

粉体改性尤其是表面改性后，可显著改善某些性能。例如，作为塑料、橡胶等填料的粉体，经表面改性后可提高其在有机聚合物中的分散性，改善填料与基体的界面相容性，从而提高材料的力学性能；在造纸过程中，改变颗粒的表面荷电性质可增加其与带相反电荷纤维的结合强度，从而提高纸张强度和填料的存留率；通过表面改性可使涂料、化妆品等具有良好的光学效应，增强其装饰效果；对有害健康和环境的物质进行表面覆盖，封闭其表面活性点，可消除其污染性；将某些苯类衍生物经粉磨分解成无毒物质再行排放，分解率近 100％，可消除其环境危害。

利用机械力化学进行粉体改性的方法有许多种，根据改性的性质、手段、目的大致可分为表面改性法、包覆法、接枝法。机械力化学法改性是通过粉碎、磨碎、摩擦等机械方法使物料晶体结构及晶型发生变化，体系热力学能增大，温度升高，使粒子熔融、热分解、产生游离基或离子，增强表面活性，促使粒子与其他物质发生化学反应或相互附着，达到表面改性的目的，被认为是一种具有重要应用价值的高效改性方法。

关于机械力化学改性的机理，有人解释为两种含义：①利用物料超细粉碎过程中机械应力的作用激活颗粒表面，使表面晶体结构与物理化学性质发生变化，从而实现改性；②利用机械应力对表面的激活作用和由此产生的离子或游离基，引发单体烯烃类有机物聚合或使偶联剂等表面改性剂高效附着，从而实现改性。

1. 机械力化学表面改性

池川昭子研究了在球磨机内粉磨滑石时添加苯基丙氨酸(Phe)对滑石的改性与粉碎效果。结果表明，经 5 h 以上粉磨，滑石表面形成了明显的 Phe 包膜。红外光谱显示 Phe 的氨基和羧基与滑石表面发生了化学作用，而且这种作用随粉磨时间增长而加强，说明与粉碎机械力化学密切相关。

石英和氧化铝粉体的机械力改性研究表明，粉碎机械力化学效应对粉体改性具有重要作用。在十六醇和十八烷基硅氧烷的正癸烷溶液中进行较长时间粉磨后，石英和氧化铝颗粒的表面呈现较强的疏水性。红外光谱和热重分析表明，疏水性的产生源于改性剂与颗粒表面断裂的化学键发生反应，形成了反应产物膜。

粉碎机械力化学还可用于有机聚合物粉体的亲水处理。例如，在聚丙烯粉体的冲击粉碎条件下，添加非离子表面活性剂 NP7.5 和钛酸酯偶联剂(KRPS)即可实现聚丙烯表面的亲水性。

孔德玉等研究了叶蜡石在机械力化学作用下用偶联剂改性的效果及其作用机理。结果表明，经改性的叶蜡石粉体表面完全疏水化；偶联剂不仅对叶蜡石具有良好的改性效果，还能发挥分散与助磨的作用，改善粉体的分散性，提高粉磨细度和效率；叶蜡石晶体在机械力化学作用下，新生解理面与断面呈高活性并有强吸水性，使表面羟基化，偶联剂分子则通过其亲水基团与羟基化的表面发生偶联反应，牢固地吸附在颗粒表面上。

2. 机械力化学包覆改性

粒-粒包覆改性是指固体细颗粒改性物质(又称膜粒或壁材料)在粗颗粒(又称核粒)表面上的覆盖并改变粗颗粒性质的加工过程。

本田宏隆等研究了 NHS-O 型高速气流冲击中不同膜粒对核粒的表面包覆改性。结果表明，0.4 μm 膜粒聚甲丙烯(PMMA)在 5.0 μm 核粒尼龙-12 和聚乙烯上，0.6 μm 膜粒 SiO_2 在 2～12 μm 核粒聚乙烯上，都获得了均匀包覆的表面改性。

M. Alonso 等认为粒-粒包覆改性的机理是：①膜粒子聚集体黏附在核粒上；

②黏附有膜粒的核粒与未黏附膜粒的核粒发生碰撞;③部分膜粒由前者向后者转移;④颗粒之间分裂、破碎,膜粒逐渐覆盖核粒表面;⑤膜粒向核粒内部嵌入、渗透并牢固结合。

粒-粒包覆改性通常是在高速旋转搅拌器和粉碎设备中进行,故又称为双颗粒搅拌法改性,核粒与膜粒之间的作用力主要有异向凝聚力、静电吸引力及范德华力等。由于搅拌时相对较弱的机械力不能产生颗粒细化和团聚颗粒的再分散,因此改性效果较差,核粒上不可能形成规则包覆。而在粉碎过程中进行这种改性时,较强的机械力作用使粒子之间相互碰撞,附着的机会大大增加,特别是增强了细颗粒向粗颗粒间的渗透,因而改性效果显著提高。理想的改性应是通过高速搅拌器和粉碎设备的结合完成的。

3. 机械力化学接枝改性

接枝改性是在一定的外部激发条件下,将单体烯烃或聚烯烃等引入粉体颗粒表面的改性方法。由于烯烃、聚烯烃与树脂等有机高分子基体性质相似,因此接枝改性增强了填料与基体间的结合而起到补强作用。

由于机械力化学效应能导致无机矿物颗粒表面产生可与聚合物间呈良好结合的新鲜表面和瞬时活化中心,因而成为接枝改性的激发手段之一。高桥浩等在苯乙烯单体中研磨方解石,使方解石颗粒表面上生成苯乙烯接枝产物,从而使其表面由亲水性变为亲油性,用作塑料填料时,可较好地与有机物相容、结合。

机械力化学改性具有其他表面改性方法所不具备的特点:

(1) 高效性。粉磨改性工艺集粉碎与表面改性于一体,大大简化了加工工艺,并且可通过调整粉体改性条件,选用适当的工艺流程,使非金属矿物的超细粉碎和表面改性相互促进。粉磨改性充分利用了超细粉碎时的自热,不需外加热,可节省能源。

(2) 非均相反应的区域性。在固体的热传导系数较小时,冲击碰撞的摩擦过程中产生的能量引起局部温度急剧上升,甚至出现等离子体。在振动粉磨过程中,碰撞区是发生粉磨改性的主要区域,这是因为①碰撞区域温度高,表面改性剂易熔化,增强了表面改性剂的渗透和扩散能力,起到强制扩散的作用;②粒子在碰撞区进一步细化,粉体比表面积提高,增大了表面改性剂与粉体的接触面积;③冲击压缩作用缩短了表面改性剂在粉体中的扩散距离;④由于碰撞区域冲击作用强烈,因而在粒子表面产生更多的活化中心。

(3) 超细粉碎与表面改性的同步性。在粉碎过程中,一方面,改性物质与粉体粒子在活化点处发生键合或吸附;另一方面,键合或吸附后的粒子表面能降低,减弱了表面电荷或官能团相同粒子间的团聚倾向,有利于超细粉碎的继续。因而,超细粉碎与表面改性具有同步性。

4.5.2　机械力化学用于冶金工业

机械合金化(mechanical alloying,MA)技术利用机械力化学制备具有可控制微观结构的各种金属材料和金属基复合材料。机械合金化技术是20世纪60年代美国国际镍公司(INCO)的本杰明(J. S. Benjiamin)为制备氧化物弥散强化镍基合金而开发的一种材料制备新技术。它主要是用高能球磨方法,通过磨球与磨球之间、磨球与料罐之间的高速、高频冲击碰撞使物料颗粒产生塑性变形、破碎。那些被破碎了的粉料在随后的球磨过程中又发生冷焊,继而再次被破碎,如此反复地破碎、混合,使不同组元的原子相互渗入,从而达到合金化的目的。

直至20世纪80年代初,机械合金化法主要用于制备弥散强化合金。1981年,A. Y. Yermakov等发现YCO_3、Y_2CO_3、YCO_5等金属间化合物经球磨后可部分转变为非晶相。随后,C. C. Koch等利用机械合金化法获得了$Ni_{60}Nb_{40}$非晶相合金粉体,该研究标志着机械合金化进入新的发展阶段。目前,机械合金化技术已远远超越其传统的应用范围,不仅用于制备高性能结构材料,而且广泛用于合成新型功能材料,既涉及平衡态材料,也包括亚稳态材料。

与传统的熔炼合金化相比,机械合金化法具有如下优点:①工艺条件简单;②操作成分连续可调;③能涵盖熔炼合金化所形成的范围,且能实现常规熔炼方法很难实现或根本不可能实现的体系的合金化;④生产能力强。

1. 机械合金化法合成弥散强化合金

利用机械合金化法,通过镍粉与各种金属、非金属及金属氧化物粉末的混合及其后的热处理,得到集弥散强化和时效硬化于一体的镍基高温合金。机械合金化法制备的Al-Mg合金的极限抗拉强度可达450 MPa,延伸率为13%,弹性模量为76 GPa,海水介质下的年腐蚀率仅为9×10^{-6} m。机械合金化法制备的Al/SiC(p)合金材料的阻尼分别是Al-Mg合金及6061 Al合金的2.43倍和2.82倍。用通常的冶金方法很难将氧化物弥散于铜基体中,通过机械合金化处理,可将金属元素或氧化物颗粒弥散分布于铜基体中,并已成功制出了具有高热导、高电导性能的高强度铜基合金,如Cu-Mo、Cu/Al_2O_3、Cu/ZrO_2等。其中,Cu/ZrO_2复合材料中氧化锆颗粒尺寸可小至20～50 nm,颗粒间距小于100 nm,这些微小颗粒可有效阻止合金加热过程中的晶粒长大,从而可稳定诸如晶界和位错等缺陷,因而具有很高的高温强度。

2. 机械合金化法制备亚稳态材料

可利用机械合金化法制备非晶亚稳态材料。非晶态材料一般用快速凝固法(rapid solidification,RS)制备。快速凝固法工艺要求高,且需将材料熔化,这对于各组分熔点相差很大的合金是非常困难的,有时甚至不可能。另外,快速凝固法制备的非晶材料形状仅限于薄条带状,合金成分一般在合金系的共晶成分附近,范围较窄。机械合金化法则不存在上述问题,其非晶成分范围宽,通过一定的成型工艺,可将非晶合金粉体制成各种形状的块体非晶材料。利用机械合金化,可通过多种途径实现合金的非晶化:①纯金属粉体混合粉磨;②两种或两种以上金属间化合物混合粉磨;③纯金属粉体与金属间化合物混合粉磨;④纯金属粉体与非晶化合物粉体混合粉磨;⑤纯金属粉体混合粉磨成金属间化合物,后者在继续粉磨过程中转变为非晶相;⑥单一金属间化合物机械粉磨而实现合金化。

可利用机械合金化法制备超饱和固溶体。许多固态下溶解度很小甚至液态下也不互溶的体系,借助于机械合金化可扩展其固溶范围,形成过饱和固溶体,为新材料的制备开辟广阔的前景。例如,Fe-Cu、Ag-Cu 等体系形成固溶体时,系统自由能会升高。但用机械合金化法则可以形成过饱和固溶体。这可能有以下两方面原因:①粉磨使溶质的原子进入溶剂的晶格,此为传统的固溶;②粉磨使组织细化,产生大量界面,这些界面处可以融入大量溶质原子,而溶质原子进入界面后失去其衍射特征,从而在 X 射线及电子衍射上呈现单相结构特征。这种固溶与传统的固溶不同,是一种亚互溶,即溶质原子和溶剂原子不是处于最邻近状态。

3. 机械合金化法制备纳米晶材料

1988 年,P. H. Shingu 等人首先报道了用高能球磨法制备 Al-Fe 纳米晶材料,为纳米晶材料的制备提供了一条新思路和新途径。近年来,人们已经用机械合金化法制备各种纳米晶材料,如纳米晶金属粉体、纳米晶金属间化合物、不互溶体系纳米结构及金属氧化物纳米复合材料。

4. 机械合金化法制备金属间化合物

Ni-Al、Ti-Al、Fe-Al、Nb-Al 等金属间化合物熔点高,高温力学性能及抗氧化性能好,作为高温结构材料具有诱人的前景,但其致命弱点是室温脆性,不易加工成型,致使其应用受到很大限制。用机械合金化法制备金属间化合物,使之具有超细组织,能克服其室温脆性,改善室温加工性能。另一方面,机械合金化法可使强化相均匀地弥散分布,达到更好的强化效果。S. Dymek 用机械合金化及热挤压制备 Ni-Al 合金,该合金的室温屈服强度达 1380 MPa,压缩延展性大于 11.5%。而铸造 Ni-Al 合金的室温屈服强度仅为 400 MPa,延展性只有 2.3%。

5. 机械力化学用于控制粉体烧结性

大多数材料需经粉体烧结工艺,因此,烧结性能直接影响材料的物性。粉体的烧结速度与物质的移动机制(扩散、蒸发、凝缩、流动等)有密切关系。利用机械力化学手段,可以促进烧结机制,改善烧结性能。例如,利用机械力活化进行前处理,使氧化锆从低温相的立方晶转化为活性的单斜晶,从而易于烧结。氧化镁经振动磨粉碎可获得最佳的机械力活化效果,在高温下烧结,产物密度可由 2.3 g · cm^{-3}增大到 3.2 g · cm^{-3},而对于相同密度下烧结温度可由 1500 ℃降低到 1350 ℃。这种效果是由于氧化镁经机械粉碎结晶构造变形所致,即使加热到烧结温度,晶格的无序状态仍能保持。烧结钛酸钡($BaTiO_3$)时,若将原料粉体在适当的条件下粉磨,不仅可以得到致密的烧结体,而且可使其介电常数在温室下提高 2～3 倍,在居里温度(Curie temperature,铁磁体和顺磁体之间转变的温度)下可增加 1.5 倍。

6. 机械力化学用于矿物分选

在选矿工程中为了将各种成分进行单体分离,作为前处理,通常将矿物最低限度地粉碎。在粉碎操作中,为了驱动粉碎机需要投入大量的能量。在下一道冶炼工序中,熔制精矿也需要能量。在这一系列的选冶过程中,若利用机械力化学效应,可使生产成本大幅降低。但以往的研究都是将矿物单纯地进行粉碎,只是从形态上利用机械力化学活化。近来为分离出特定成分而添加第二种成分,诱发机械力化学反应,使矿物中特定成分转化为易分离的形态,然后采用溶剂溶解析出法等简便的化学分离手段,将有用成分回收。例如,在常压较低温度下,可从铜精矿中回收铜,回收率达 90%以上;也可从白钨矿、天青石、铝矾土、钽铁矿、绿泥石等矿物中分离稀有金属。

天然白云石($CaCO_3$ 与 $MgCO_3$ 以物质的量之比为 1 ∶ 1 组成的固溶体)经粉碎,随着结晶微细化(无定形化),白云石的结构被破坏。粉碎了的白云石的红外吸收光谱和差热分析曲线与菱镁矿($MgCO_3$)的极为相似。由此可以推定白云石分解成为碳酸盐混合物,处于机械力化学平衡状态。镁在碳酸溶液中的溶解性显著提高,可进行分离。

7. 机械力化学用于促进铁矿石还原反应

将机械力化学法用于快速冶炼(fastmet)工艺中。赤铁矿与石墨或煤混合粉碎时,控制还原反应速率的气化反应得到促进,表观反应活化能大幅下降,铁还原反应速率加快。由于混合粉碎使组成均匀化,只用这一点不能完全解释还原反应的加快,因此,可认为所发生的现象是属于机械力活化的作用。

4.5.3　机械力化学用于制备新材料

随着机械力化学理论研究的不断深入,该技术已广泛应用于各种新材料的制备。前面已经介绍利用机械合金化技术制备各种金属及合金材料。除此之外，在纳米陶瓷、功能材料和纳米复合材料的制备中，机械力化学法也显示了其广阔的应用前景。

1. 制备纳米陶瓷

锂铁氧体($Li_{0.5}Fe_{2.5}O_4$)具有居里温度高、磁致伸缩系数低和磁晶各向异性大等特点，是微波器件的重要原料，是一种重要的磁性材料。利用传统的陶瓷烧结方法制备锂铁氧体时，由于需要 1000 ℃以上的高温条件而导致 Li 和 O 的挥发，严重影响锂铁氧体的磁性能，而且工艺复杂，能耗大。以 Li_2CO_3 和 α-Fe_2O_3 为原料，高能球磨 130 h，可获得粒径约为 30 nm 的锂铁氧体的前驱体，将该前驱体在 600 ℃下进行热处理即可全部反应生成锂铁氧体。

铁酸锌($ZnFe_2O_4$)陶瓷可用于制备微波介质陶瓷器件滤波器、谐振器、介质天线等。以 α-Fe_2O_3 和 ZnO 为原料，高能球磨 70 h 后，二者反应生成具有尖晶石结构的 $ZnFe_2O_4$

$$\alpha\text{-}Fe_2O_3 + ZnO \longrightarrow ZnFe_2O_4$$

透射电镜观测表明，球磨后形成的 $ZnFe_2O_4$ 晶粒近似为球形，晶粒尺寸大多为 10 nm 左右，该纳米粉体在 800 ℃下即可完成烧结。

钛酸钡陶瓷的介电常数高、铁电性能优良、正电阻温度系数大，因而得以广泛应用。通常的合成方法是将 TiO_2 和 $BaCO_3$ 在高温下通过固相反应制备。这种方法制备的粉体粒度大、成分不均匀，因而近年来发展了多种化学法制备 $BaTiO_3$ 超细粉的方法，如共沉淀法、溶胶凝胶法、醇盐水法及柠檬酸法，但这些方法需要价格较昂贵的高纯有机或无机金属化合物为原料，因而成本较高。O. Abe 和Y. Suzuki 将 $Ba(OH)_2 \cdot 8H_2O$ 和非晶质 TiO_2 按 Ba ∶ Ti＝1 ∶ 1 混合，在行星磨内湿法粉磨 3 h 合成 $BaTiO_3$ 的前驱体，该前驱体经 700 ℃保温 3 h 烧结得到超细 $BaTiO_3$ 粉体，此粉体再经 1200 ℃保温 9 h 得到烧结体，其密度为理论密度的 94%。薛军民将 BaO 和 TiO_2 按化学式计量配比装入特殊设计的振动磨内，于氩气中用机械力化学法成功合成了 $BaTiO_3$ 纳米粉体。X 射线衍射表明，粉磨 5 h 开始生成 $BaTiO_3$，15 h 反应完全；扫描电镜和透射电镜图像分析表明，$BaTiO_3$ 颗粒尺寸为 20～30 nm。

$CaTiO_3$ 粉体是制备铁电陶瓷的重要基础原料，利用其具有负温度系数的性质可制备热敏电阻。米国民等将 TiO_2 和 CaO 在行星磨内进行机械力化学反应，研究发现，在机械力的作用下，TiO_2 发生锐钛矿(anatase，A 型)、板钛矿(brookite，B 型)、金红石(rutile，R 型)晶型转变。与 CaO 混合粉磨 0.2～0.5 h 时，形成大量无定形物质；粉磨 2～5 h 时，TiO_2 和 CaO 发生机械力化学反应生成 $CaTiO_3$，透射电镜测试表明，$CaTiO_3$ 的平均粒径为 20 nm。

王军等采用机械力化学法合成了 PZN 铁电陶瓷材料[$Pb(Zn_{1/3}Nb_{2/3})O_3$]。先以乙醇为介质将氧化物 PbO、ZnO 和 Nb_2O_5 或 $ZnNb_2O_6$ 按化学式计量配比在球磨机内粉磨 48 h，减小混合物的粒度并充分均化，再将样品烘干后置于高能球磨机内，经 20 h 粉磨，完全形成钙钛矿型结构的 PZN 纳米粉体。由 X 射线宽化峰计算和高分辨率透射电镜分析表明，其晶粒尺寸为 10～15 nm。

2. 制备纳米复合材料

陈春霞等以纯铁粉（＜74 μm）和微米级聚四氟乙烯（PTFE）粉体为原料，二者按质量比 10∶1 混合，在氩气保护下用高能球磨法制备 Fe/PTFE 纳米复合材料。高分辨透射电镜照片显示，铁颗粒周围有非晶状边界存在，铁颗粒的平均粒径为 8 nm。

利用普通 Fe_3O_4 粉与微米级聚氯乙烯（PVC）在高能球磨机中球磨，借助于机械力化学作用能够形成 α-Fe_3O_4 粒径为 10 nm、具有超顺磁性的 α-Fe_3O_4/PVC 复合材料。

肖旋等将含 Ni、Al、Ti、C 的粉体按 $Ni_{50}Al_{50}+10\%Ti_{50}C_{50}$ 质量比混合后，在氩气中高能球磨获得了 NiAl-TiC 复合材料，其中，NiAl 晶粒尺寸小于 10 nm。

李建林等用 Ti 和 B_4C 为原料，二者按物质的量比 3∶1 混合，高能球磨30 h，获得粒径为 8 nm 的 TiC 纳米粒子在粒径为 100～200 nm 的 TiB_2 中均匀分布的纳米 TiB_2/TiC 复合粉体。

通过机械力化学法制备的超细颗粒增强铝基原位复合粉体，热力学能高，有利于降低其成型温度，并且高温下超细增强相颗粒能有效抑制基体相的再结晶与晶粒长大。

3. 制备储氢材料

将镁、微晶碳（碳化煤、沥青焦、热解沉积碳、活性炭、炭黑、石墨）及金属催化剂（钴、钼、镍、铜、铁、铝等）在真空球磨罐中充氢气 1～2 MPa、反应球磨 2～4 h，即可制得性能良好的储氢纳米粉体材料。球磨过程中，粉体快速细化成为纳米级粉体，其透射电镜（TEM）照片及选区电子衍射（SAED）图案如图 4－13 所示。此外，镁颗粒变小后，表面活性增强，并且在磨球撞击而产生局部高温的作用下，Mg 与 H_2 发生化学反应生成 MgH_2，如图 4－14 的 X 射线衍射谱图所示，加热后 MgH_2 全部转化为 Mg，粉体释放出氢气。储氢粉体 50Mg40C10Co 与纯 MgH_2 相比，初始放氢温度低 150 ℃，放氢峰温低 120 ℃，如图 4－15 储氢粉体的差示扫描量热分析（DSC）曲线所示。金属和碳的纳米粉体具有很高的活性，极易与氧气、氮气、水蒸气或液态水发生反应，故应避免与空气及水接触，需在氩气手套箱（图 4－16）内进行取料操作。

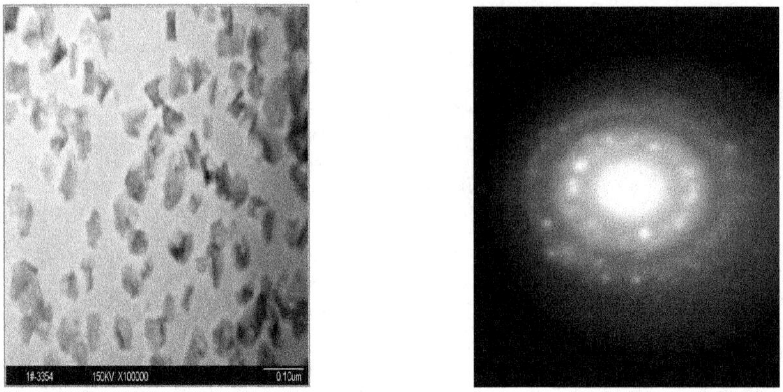

(a) 透射电镜照片(10万倍)　　(b) 选区电子衍射图案

图 4－13　50Mg40C10Al 储氢粉体的透射电镜测试

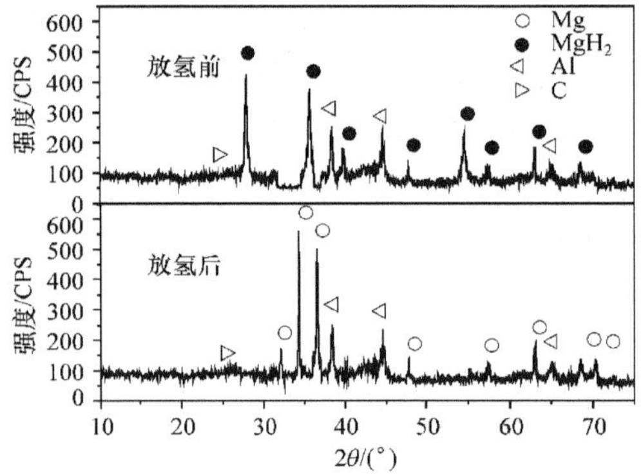

图 4－14　50Mg40C10Al 的 X 射线衍射图谱

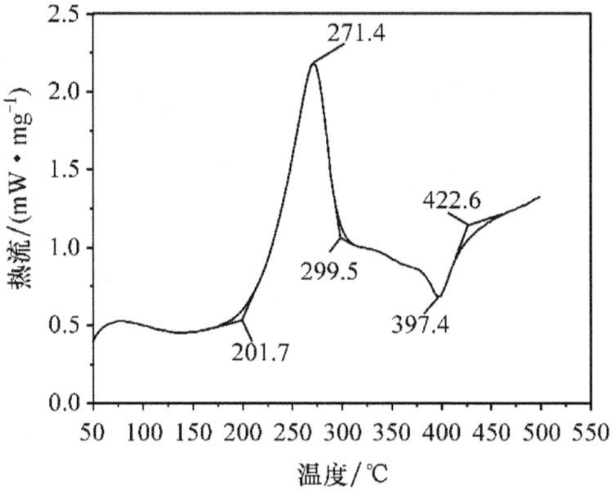

图 4－15　50Mg40C10Co 的差示扫描量热分析曲线

图 4－16　氩气手套箱

B. Gao 等研究了球磨处理对单壁碳纳米管(single-walled carbon nanotubes, SWNTs,图 4-17)结构和形态及电化学夹杂 Li 的影响。球磨 10 min 后,Li 成分的可逆饱和度由纯碳管的 $Li_{1.7}C_6$ 增大到 $Li_{2.7}C_6$,不可逆组成由 $Li_{3.2}C_6$ 减小至 $Li_{1.3}C_6$。电镜、拉曼光谱和 X 射线衍射测定表明,球磨引起了碳管束的断裂和无序化。

A. D. Lueking 等将多壁碳纳米管(multi-walled carbon nanotubes, MWNTs)加入 Mg-Ni 合金中球磨储氢,其储氢密度为 3.7%,放氢量为 3.6%。他们认为多壁碳纳米管起催化剂的作用,激活 Mg-Ni 与 H_2 的反应,加快反应速度。

Z. C. Wu 等在镁粉中添加 5%的富勒烯(fullerene, buckyball, C_{60},图 4-18)制备储氢材料,300 ℃下储氢密度高达 6.7%,吸氢动力学性能也得到极大的改善,吸氢时间仅需 2 min,相对纯镁提高了 13 倍。

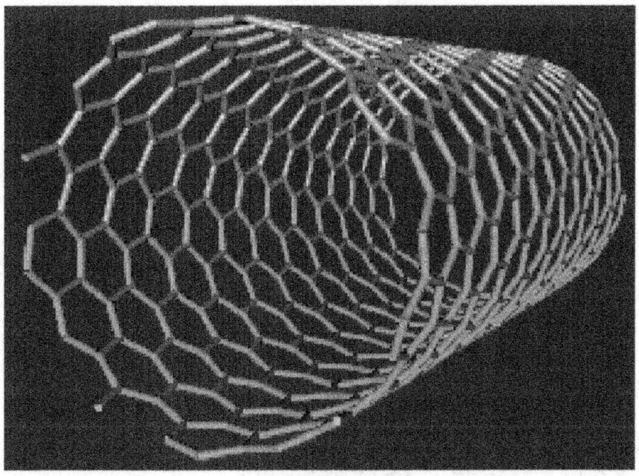

图 4-17　单壁碳纳米管模型

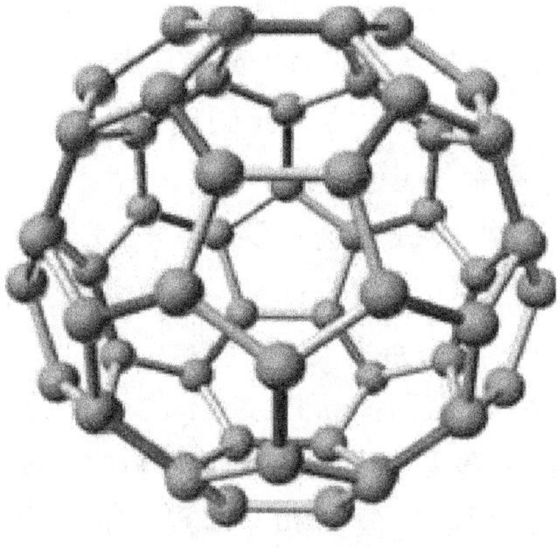

图 4-18　富勒烯模型

C. H. Chiang 等研究在 H_2 气氛下高能球磨 TiFe 的储氢性能。借助于高能球磨,TiFe 可不经活化处理而吸氢,球磨过程中与 H_2 反应生成 $TiFeH_x$ 和 $TiH_{1.924}$。

G. X. Wang 等用高能球磨法制得纳米晶金属间化合物 Ni-Si 合金粉体,其电化学储氢能力强,用作电极材料时储氢容量达 1180 $mA \cdot h \cdot g^{-1}$。

H. Imamura 等在镁粉中添加石墨和环己烷进行球磨,制得镁基储氢材料,然后进行活化储氢。在 180 ℃、0.067 MPa H_2 条件下,镁即可发生吸氢反应生成 MgH_2,15 h 后的储氢密度达 5.8%。

4. 制备新型功能材料

1) 制备生物陶瓷

β-TCP[β-磷酸三钙,$Ca_3(PO_4)_2 \cdot 2H_2O$]陶瓷的生物降解性显著,生物相容性好,因而广泛应用于骨缺损的修复和作为骨置换材料,其制备通常采用干法合成或湿法合成。干法合成以焦磷酸钙($Ca_2P_2O_7$)和 $CaCO_3$ 为原料，在高温下通过固相反应生成 β-TCP，合成时间长(1000 ℃，24 h)、粒度大；湿法合成是通过$Ca(NO_3)_2$与磷酸氢钙($CaHPO_4 \cdot 2H_2O$)反应，所得 β-TCP 的化学组成均匀性较差。

采用机械力化学法可合成 β-TCP。该方法是将合成原料混合，在空气中进行长时间粉磨，形成无定形中间产物，在机械力的持续作用下，无定形中间产物发生再结晶，形成 β-TCP。此方法简便，具有无需调节 pH、热处理温度低等优点。杨华明等用磷酸二氢钙 [$Ca(H_2PO_4)_2 \cdot 2H_2O$]和 CaO 为原料，在搅拌磨内球磨 1 h 后，经 700 ℃下处理 1 h，制得平均粒径为 0.38 μm、比表面积为 24.9 $m^2 \cdot g^{-1}$的 β-TCP粉体。

2) 制备梯度功能材料

日本学者以 FSZ(fully stablized ZrO_2)和 Ti-Al 合金为原料，用机械合金化/等离子体烧结法(MA/PS)制得功能梯度材料(functionally gradient materials, FGM)。结果表明，由于在非晶 Ti-Al 基体中良好的黏性流动，烧结体十分致密，25% FSZ-TiAl 的维氏硬度高达 10.6。

3) 制备超导材料

利用机械合金化法，将 Yi、Ba、Cu 的粉体按一定比例混合球磨，再把所得粉体在氧化性气氛中烧结，可制得高临界温度的钇钡铜氧超导材料。

4) 制备形状记忆合金

将镍粉和钛粉按 1∶1 的原子比进行机械合金化法处理，处理后的粉体热压成型烧结，发现烧结体密实，晶粒呈等轴状，室温下压缩变形 5%后，在 100 ℃下加热产生的形状回复力超过 300 MPa，除去载荷后能完全回复形状。

5) 制备磁性材料

若将镍铁氧体或锌铁氧体经超细粉磨后，尖晶石结构中充填在四面体和八面体空隙中的金属原子分布发生变化，结晶格子受到扭曲，使材料的磁性随之变化，这一效应可通过穆斯堡尔(Mössbauer)谱得到证实。用机械合金化法制备的NdFeB磁各向同性，微晶颗粒的矫顽力高达 1600 $kA \cdot m^{-1}$，既可用于黏性磁体，也可单轴热压制成高矫顽力各向同性磁体。用机械合金化法制备的 SmFe 永磁材料中，具有 $ThMn_{12}V$ 晶体结构的 SmFeV 的矫顽力为 944 $kA \cdot m^{-1}$，具有 $PuNi_2$ 结构的 SeFeZr 的矫顽力为 1184 $kA \cdot m^{-1}$，而 SeFeTi 的矫顽力则高达 5120 $kA \cdot m^{-1}$。

6) 制备电极材料

用高能球磨法可制备 $CoFe_3Sb_{12}$ 合金粉体，进一步制成电极，在 20 $mA \cdot g^{-1}$ 电流密度下第一次可逆容量达 396 $mA \cdot h \cdot g^{-1}$。在电极材料中加入原子分数为 50%的石墨后，以 100 $mA \cdot g^{-1}$进行充放电时，第一次可逆容量为 380 $mA \cdot h \cdot g^{-1}$，电极的循环寿命性能优良。

7）制备高活性催化剂

在有机化学工业中，人们所共知的苯加氢反应是用镍粉作催化剂。在氩气中将镍粉振动粉碎，其比表面积从 0.3 $m^2 \cdot g^{-1}$增加到 0.48 $m^2 \cdot g^{-1}$，虽然出现粉碎平衡，但因其晶格发生强烈变形，增大了活性，使催化能力大为提高，反应速度加快。另外，机械力化学活化法对于催化剂的再生也非常有效。

8）制备特定晶型颜料

在颜料工业上，为获得优质颜料，采用机械力化学法使之发生晶型转变。例如，酞菁类颜料中应用最为广泛的是铜酞菁，它具有同质多晶的特点，最有代表性的是 α 型（亚稳型）和 β 型（稳定型）。α 型优于 β 型，但 α 型不能直接合成，因此通常利用机械力化学法将能够直接合成的 β 型转变为 α 型的优质颜料。其工艺过程是将 β 型铜酞化菁在 0.98 GPa 压强下压缩 45 min，有 30％的 β 型转变为 α 型，再用球磨，并加入助磨剂粉磨，则逐渐完成向 α 型的转变。

9）合成有机金属化合物

金属由于施加机械力而产生新表面，和无机物一样，在新生表面金属原子的价键不饱和，晶格缺陷和位错成为活性点，同时在高温高压下产生外激电子，并和有机化合物发生相互作用。将 Mg、Al 在液态有机化合物中进行切削等机械操作，分别形成格利雅（Grignard）药剂、$AlCl_3$，且产率高，反应式如下：

$$Mg + RX \longrightarrow RMgX \quad \text{其中 X 为卤素，R 为烷基}$$

$$2Al + 3CHCl_3 \longrightarrow 2AlCl_3 + 3HCl + 3C$$

在脂肪酸有机溶剂中，对 Cu、Pb、Ni、Mg、Al 等金属进行切削和延伸，则金属和脂肪酸反应，生成金属皂，以 Cu 为例

$$Cu + 2RCOOH \longrightarrow Cu(OCOR)_2 + H_2$$

产生外激电子的反应机理如下：

$$Cu \longrightarrow Cu^{2+} + 2e^- \text{（外激电子）}$$

$$2RCOOH + 2e^- \longrightarrow 2RCOO^- + H_2$$

$$2RCOO^- + Cu^{2+} \longrightarrow Cu(OCOR)_2$$

10）制备摩擦聚合体

若将金属在有机化合物中反复摩擦，摩擦部分的周围将生成树脂状的聚合物，即金属聚合物复合体，将其称为摩擦聚合体（frictional polymer）。易于形成摩擦聚合物的有丙烯醛、丙烯腈、苯乙烯、苯甲醛等，较易形成摩擦聚合物的有乙炔、苯、甲苯、萘、环己烷、丁烯醛、丁醛、环己酮、柠檬烯等。其中 Fe、Mg、Al 对丙烯腈作用大，Fe、Ni 对苯乙烯作用大，Fe、Ni、Mg 对甲基丙烯酸酯作用大。聚合的机理尚不清楚，有游离基反应说、分解吸附说、外激电子说等。

4.5.4　机械力化学用于生产水泥和混凝土

机械力化学在水泥和混凝土生产中的应用研究目前尚处于起步阶段，但已报

道的研究成果预示了其巨大潜力和发展前景。

1. 掺加助磨剂提高水泥的细度

随着我国水泥质量标准与ISO（International Organization for Standardization，国际标准化组织）标准的接轨，对水泥的细度和比表面积及早期强度提出了更高的要求。水泥细度的提高势必影响磨机的产量，致使原来与烧成设备配套的水泥粉磨设备的粉磨能力相对不足，出现窑-磨能力不平衡的现象。因此，如何提高水泥粉磨系统的能力成为急需解决的现实问题。利用机械力化学原理，添加助磨剂是一条有效的途径。

在水泥粉磨过程中，加入少量的助磨剂，可消除细粉黏附和团聚现象，加速物料粉磨过程，提高粉磨效率，降低粉磨电耗，提高水泥产量。添加助磨剂后，可改变粉磨过程中的粉碎平衡，达到粉碎平衡后，物料的细度或比表面积将比不添加时增大。

2. 合成硅酸盐矿物

G. M. Mi等在室温下将Ca/Si原子比为1.5的$Ca(OH)_2$和硅胶（$SiO_2 \cdot nH_2O$）的混合物在行星磨内粉磨2 h（水固比为0.2～0.3）合成硅钙石（$Ca_3Si_2O_7$）；当Ca/Si物质的量之比为0.5～3、水固比为0.8时，粉磨3 h后合成雪硅钙石（$CaO \cdot SiO_2 \cdot H_2O$）。此外，还研究了CaO和硅胶的混合物在行星磨内进行机械力化学合成硅酸二钙（$2CaO \cdot SiO_2$）。X射线衍射图谱表明，粉磨5 h后在600 ℃下煅烧即可生成硅酸二钙，并具有明显的水化活性。

J. M. Filio等在室温下将原料混合后用机械力化学法合成水化铝酸三钙（$3CaO \cdot Al_2O_3 \cdot 6H_2O$），之后在527 ℃下脱水生成铝酸三钙（$3CaO \cdot Al_2O_3$），这比工业生产铝酸三钙的温度低得多。

G. Misaka在对膨胀水泥的研究中发现，其中的膨胀组分硫铝酸钙（$3CaO \cdot Al_2O_3 \cdot CaSO_4$）可采用机械力化学法合成。将$Ca(OH)_2$、石膏矿（$CaSO_4 \cdot 2H_2O$）、$Al(OH)_3$混合后，在行星磨中干法粉磨2 h，出现水化硫铝酸钙，之后在500 ℃下煅烧获得硫铝酸钙，其水化的试块强度大大高于工业生产的硫铝酸钙。

3. 熟料矿物及水泥混合料的活化

吕辉等将1350 ℃下合成的贝利特（Belite，硅酸二钙，$2CaO \cdot SiO_2$）置于振动磨中粉磨1～70 h后，研究贝利特在粉磨过程中发生的机械力化学变化。结果表明，粉磨作用可降低贝利特粉体粒度，并使其晶胞参数发生变化；同时使贝利特晶体结晶度下降，晶格应变，早期水化活性增加，显著提高了贝利特浆体强度，粉磨30 h试样7 d抗压强度为粉磨1 h的14倍。

作为水泥混合料的高炉渣、粉煤灰等具有潜在的水化水硬活性，但一般来说其早期强度较低。提高其粉磨细度，增大其与激发组分的接触面积，并通过表面结构的改变增强其水化活性，这是增加其掺入量且提高混合水泥早期性能的有效措施之一。研究结果表明，将水泥熟料粉磨至比表面积 400 $m^2 \cdot kg^{-1}$，矿渣比表面积为 300 $m^2 \cdot kg^{-1}$，则矿渣掺入量为 60%～65%时仍能得到 32.5# 矿渣水泥。若矿渣的比表面积提高至 4000 $m^2 \cdot kg^{-1}$，熟料比表面积为 3500 $m^2 \cdot kg^{-1}$，则矿渣掺入量为 60%时还能生产出 42.5# R 矿渣水泥。邢伟宏等将粉煤灰在高能球磨机内粉磨 5 h，使其平均粒径达 1 μm 左右，并使颗粒表面粗糙化和不规则化，用其配制的水泥净浆 3 d 和 7 d 强度提高近 4 倍。

万永敏等利用机械力化学原理将传统水泥粉磨工艺改为两级粉磨，充分激发熟料及混合料在水化过程中的潜在活性，并据此用 42.5# 立窑水泥熟料研制出了矿渣掺入量为 70%的 32.5# 矿渣水泥和粉煤灰掺入量为 45%的 32.5# R 粉煤灰水泥，使废弃物资源化。

施惠生等研究了机械力化学改性对高钙粉煤灰混合水泥基材料的影响。通过对混合水泥硬化浆体的雷氏夹膨胀值、自由线膨胀率和强度等物理性能的试验测定，揭示了机械力化学对高钙粉煤灰水泥基材料改性的重要作用。

4. *废弃混凝土的机械力化学活化再利用*

混凝土中的胶凝组分(水泥)中含有粒度较大的粗颗粒。根据水泥水化理论，粒径大于 50 μm 的粗颗粒即使经过长时间的水化过程也难以完全发生水化，即在混凝土结构中仅起微集料作用，它们具有较大的胶凝作用潜能。假定水泥中这些粗颗粒的含量为 20%，那么，将它们重新粉磨至一定细度后，其强度将达到砌筑砂浆的强度要求。再者，硬化水泥浆体中的水化产物在一定温度下会发生脱水作用，脱水后水泥石的化学组成与原始水泥的化学组成非常接近，这为利用它们作原料重新煅烧制水泥熟料提供了物质基础。粉磨过程中外力施加于物料颗粒的能量产生强烈的机械力化学作用，可使水化产物的脱水、晶格结构变形和无定形化乃至相变过程在常温下即可进行，因而使粉磨合成熟料成为可能。所以，将废弃混凝土中已硬化的水泥石与钢筋、石子、砂等分离后再进行高能球磨，通过机械力化学作用，可使之达到以下效果：①作为水泥生产的原料；②作为水泥的混合料；③作为新拌混凝土的微集料；④生产低标号砌筑水泥或抹灰水泥。

上述经机械力化学活化的水泥石的再利用，既可减少用于水泥生产的矿石开采，又可减少水泥熟料煅烧所需的燃料消耗，并大大减少有害气体的排放，因而有利于环境保护，符合我国材料工业可持续发展的长期战略，具有重要的经济和社会意义。

4.5.5 机械力化学用于制备矿物肥料

将磷矿石经机械力活化制得磷肥是工业应用的实例。机械力活化的结果使磷钙土和磷灰石的溶解性增大,特别是在土壤腐殖酸中的溶解度显著增大。为了分析磷矿石的机械力活化效果,可以观测其在柠檬酸或柠檬酸铵中的溶解性。由于粉碎过程中的微细化和高能活化的复合作用,使磷矿石的溶解度增大,不使用酸就可以制造磷酸肥料,这种肥料的高活性已被农场试验证实。活化消耗的能量与农作物收获量的增加相比,可显示出其经济价值。

钾长石($K_2O \cdot Al_2O_3 \cdot 6SiO_2$)经机械力活化后,钾溶于腐殖酸的量大大增加,因此活化后的混合物可以用作玉米和燕麦等的肥料,农场实验已证明这一点。

4.5.6 机械力化学在应用中的特点

1)机械力化学在应用中的优点

(1)经高能粉磨处理的物料,不仅使粒度减小,比表面积增大,而且由于反应活性的提高,可使后续热处理过程的烧成温度大幅降低。

(2)由于机械粉碎的同时兼有混合作用,使多组分原料在颗粒细化的同时得到均匀化,特别是均匀化程度的提高,使制备的产品性能更好。

(3)便于制备宏观、纳米乃至分子尺度的复合材料。

(4)便于制备某些常规方法难以制备的材料。

2)机械力化学在应用中的缺点

(1)通常需要长时间的机械处理,能量消耗大,且反应难以进行完全,所以,在实际应用中,通常是对物料进行适当时间的粉磨来制备前驱体而不是最终产物。

(2)研磨介质的磨损会造成物料的污染,这将影响粉磨产物的纯度。

(3)处理金属材料时,需要用氮气、氩气等惰性气体保护,否则可能发生氧化、燃烧等不希望发生的反应。

机械力化学作为一门新兴学科,其理论和应用研究都还很不系统,诸如机械力化学反应机理、能量转换机理、反应热力学,尤其是经典热力学理论尚不能解释的机械力化学反应热力学、反应动力学及影响机械力化学反应的因素等都需要进行更深入的研究。但是,目前所取得的成就足以表明该技术具有广阔的工业应用前景。对远离平衡态的固态相变的研究大大丰富了人们对自然界的认识,利用机械力化学法进行固结成型,制备弥散强化合金、超硬强化合金、储氢材料、硬磁材料及催化剂等工业应用必将带来巨大的经济效益。因此,机械力化学是一个具有广阔研究空间的新兴交叉学科领域。

第 5 章　粉体的分级与分离

利用粉体颗粒的粒度、密度、表面性状、磁性、静电性、形状、颜色等分离特性的不同，将成分不同的混合物或相态不同的混合物（如气-固相、液-固相）分为两个以上部分的过程称为分离（separation），包括粒度分级、固气分离、固液分离、分选（与杂质脉石分离）。

5.1　粉体分离效果的评价

5.1.1　分离效率

1. 牛顿分离效率

分离粒度、密度、形状或电性等性质不同的 a 颗粒和 b 颗粒组成粉体混合物，其分离模型如图 5-1 所示。

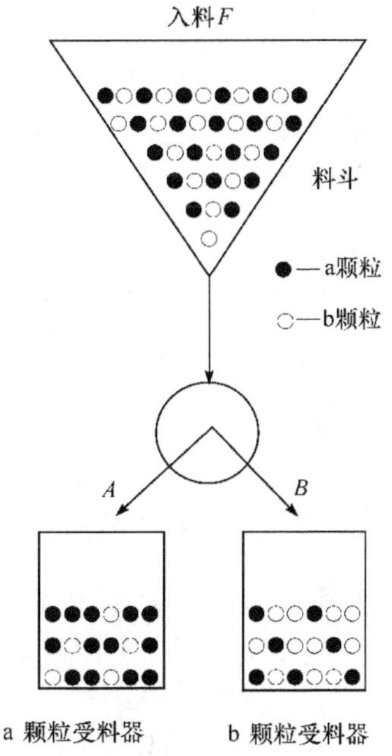

图 5-1　粉体分离模型

理想的分离效果应该是 a 受料器中只有 a 颗粒，b 受料器中只有 b 颗粒，但实际上是相互混杂的。入料中的 a 颗粒被实际收入 a 受料器的质量分数称为 a 颗粒的回收率 γ_a

$$\gamma_a=\frac{Ax_{a,A}}{Fx_{a,F}} \tag{5.1}$$

式中，F 为入料总质量；A 为 a 受料器中的物料质量；$x_{a,F}$ 为入料中 a 颗粒的质量分数；$x_{a,A}$ 为 a 受料器中 a 颗粒的质量分数。

入料中的 b 颗粒实际被收入 b 受料器的质量分数称为 b 颗粒的回收率 γ_b

$$\gamma_b=\frac{B(1-x_{a,B})}{F(1-x_{a,F})} \tag{5.2}$$

式中，B 为 b 受料器中的物料质量；$x_{a,B}$ 为 b 受料器中 a 颗粒的质量分数。

倘若 $\gamma_a=1$、$\gamma_b=0$ 表示 a 受料器中 a 颗粒全部回收，但 b 受料器中 b 颗粒一点也未被回收，即 b 颗粒全部混入 a 受料器中，因此，分离效率为零。由此可见，仅用 γ_a 表达分离效率是不够的，必须同时采用 γ_a 和 γ_b 评价。牛顿分离效率 η_N 定义为有用成分的回收率减去无用成分的残留率，即

$$\eta_N = \gamma_a - (1-\gamma_b) = \gamma_a + \gamma_b - 1 \tag{5.3}$$

牛顿分离效率又称综合分离效率，其有用成分的分离效率等于无用成分的分离效率。对于粒度分级，如果以分离后粗粉和细粉频率分布错位量相等的粒径(图 5-2中的 d_e，又称平衡粒径)为分级界限，则牛顿分离效率可表示为

$$\eta_N = \frac{a_1}{a_1 + a_2} + \frac{b_1}{b_1 + b_2} - 1 \tag{5.4}$$

式中，a_1 为粗粉中的大颗粒含量；a_2 为细粉中的大颗粒含量；b_1 为细粉中的小颗粒含量；b_2 为粗粉中的小颗粒含量。

其中，粗粉和细粉是指分离后的产品。一般而言，细粉包含大部分细颗粒和一部分粗颗粒，而粗粉则包含大部分粗颗粒和一部分细颗粒。

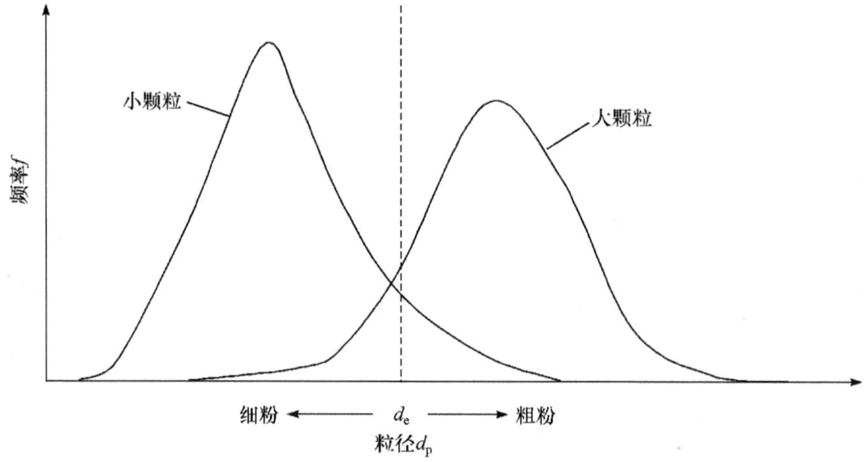

图 5-2　用频率分布表示分离效果

2. 牛顿分离效率的物理意义

分离结果可表示为“理想分离”与“旁路”的组合，前者可将混合物完全分离为 a 和 b，而后者却完全不能分离，各组分的质量分配关系如图 5-3 所示。分离结果如式(5.5)～式(5.7)：

$$\gamma_a = \frac{\alpha W_a + \beta(1-\alpha) W_a}{W_a} = \alpha + \beta(1-\alpha) \tag{5.5}$$

$$\gamma_b = \frac{\alpha W_b + (1-\beta)(1-\alpha) W_b}{W_b} = \alpha + (1-\beta)(1-\alpha) \tag{5.6}$$

$$\eta_N = \gamma_a + \gamma_b - 1 = [\alpha + \beta(1-\alpha)] + [\alpha + (1-\beta)(1-\alpha)] = \alpha \tag{5.7}$$

式中，W_a 为入料中 a 颗粒的质量；W_b 为入料中 b 颗粒的质量；α 为进入理想分离的质量分数；β 为旁路中进入 a 受料器的质量分数。

也就是说，牛顿分离效率 η_N 与图 5 - 3 所示的模型装置中进入理想分离的质量分数 α 相等。换言之，它表示进料中能实现理想分离的质量比。

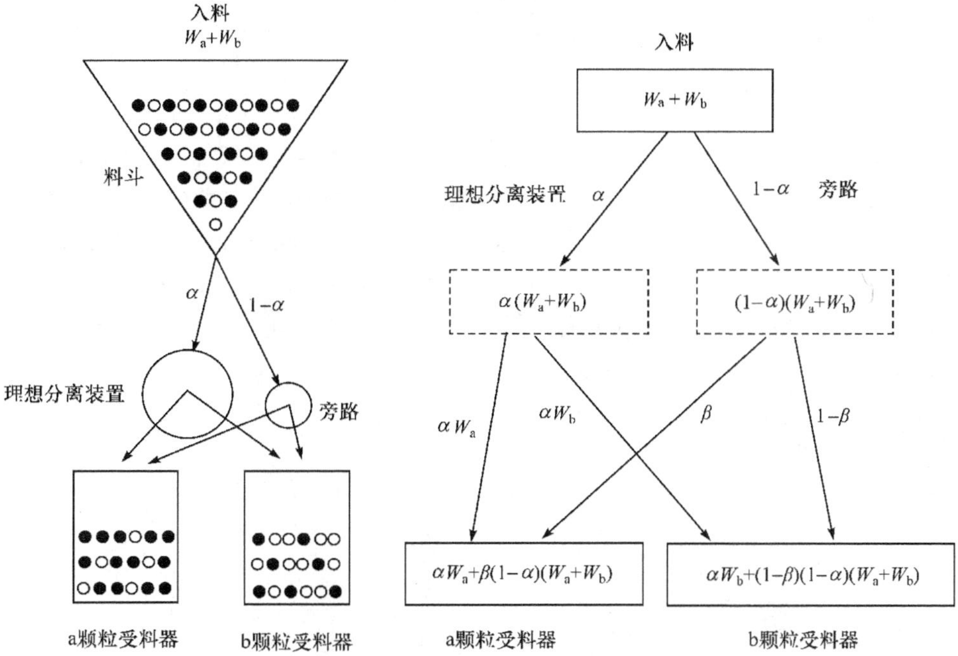

图 5 - 3　牛顿分离效率的模型

3. 牛顿分离效率的实用计算式

根据物料平衡有

$$F=A+B$$

$$Fx_{a,F}=Ax_{a,A}+Bx_{a,B}$$

分别消去 A 或 B，经变换得

$$\frac{B}{F}=\frac{x_{a,A}-x_{a,F}}{x_{a,A}-x_{a,B}}$$

$$\frac{A}{F}=\frac{x_{a,F}-x_{a,B}}{x_{a,A}-x_{a,B}}$$

将上面两式代入式(5.1)～式(5.3)，得到如下根据 a 颗粒的含量计算牛顿分离效率的公式：

$$\gamma_a = \frac{x_{a,A}(x_{a,F} - x_{a,B})}{x_{a,F}(x_{a,A} - x_{a,B})} \tag{5.8}$$

$$\gamma_b = \frac{(1 - x_{a,B})(x_{a,A} - x_{a,F})}{(1 - x_{a,F})(x_{a,A} - x_{a,B})} \tag{5.9}$$

$$\eta_N = \frac{(x_{a,F} - x_{a,B})(x_{a,A} - x_{a,F})}{x_{a,F}(1 - x_{a,F})(x_{a,A} - x_{a,B})} \tag{5.10}$$

4. 部分分离效率

将粉体按粒度特性分为若干粒度区间，分别计算各区间颗粒的分离效率。如图 5－4(a)所示，已知原始粉体和分级后粗粉部分的频率分布曲线，设任一粒径区间 d_i 和($d_i+\Delta d_i$)之间的原始粉体和粗粉的质量分别为 w_f 和 w_a，则以粒径 d_i 为横坐标，以粗粉质量分数(w_a/w_f)×100％为纵坐标，可绘出如图 5－4(b)所示的曲线，该曲线称为部分分离效率曲线。部分分离效率曲线也可用细粉的频率分布计算并绘制。

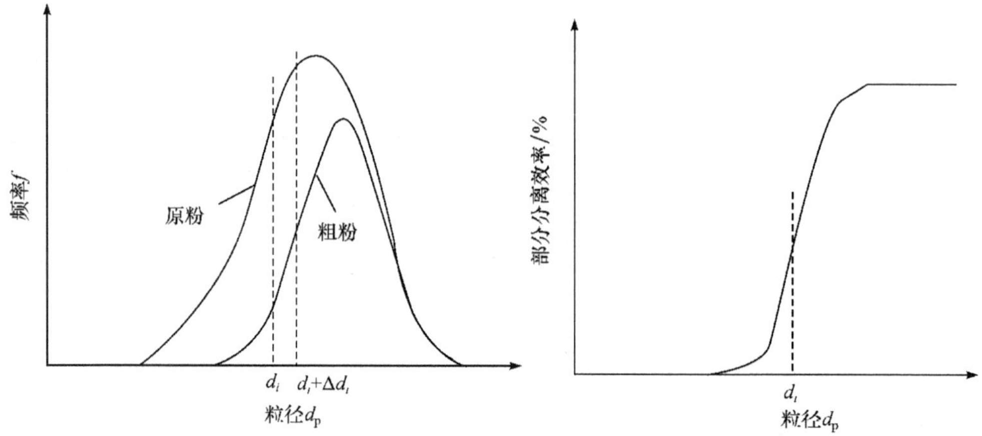

(a)微分曲线　　(b)积分曲线

图 5－4　部分分离效率

5.1.2　分级粒径与分级精度

1. 分级粒径

分级粒径又称为切割粒径、分割粒径。实际分级曲线与理想分级曲线如图 5－5所示。理想分级曲线在粒径 d_c 处发生跳跃突变，意味着分级后大于 d_c 的粗颗粒全部位于粗粉中，并且粗粉中没有粒径小于 d_c 的细颗粒；而细粉中全部为小于 d_c 的细颗粒，没有粒径大于 d_c 的粗颗粒。这种情况犹如将原始粉体从粒径

d_c 处截然分开一样，因此 d_c 称为切割粒径。习惯上，将部分分级效率为50％处的粒径称为切割粒径，用 d_{50} 表示。

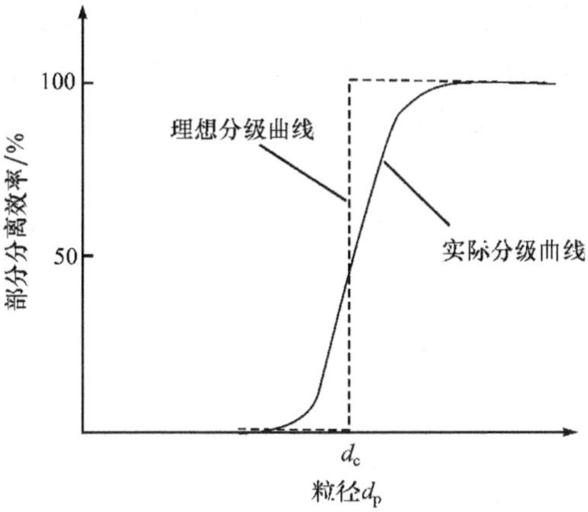

图 5－5　分级曲线

2. 分级精度

从图 5－5 中可看到，实际分级结果与理想分级效果的区别表现在部分分级曲线相对于理想分级曲线的偏离，其偏离的程度（曲线的陡峭程度）可以表示分级的精确度，即分级精度。为便于量化，将分级精度定义为部分分级效率为 25％和 75％的粉径 d_{25} 和 d_{75} 的比值，用字母 φ 表示，即

$$\varphi=d_{25}/d_{75} \qquad \text{或} \qquad \varphi'=d_{75}/d_{25}$$

当粒度分布范围较宽时，分级精度可用 $\varphi=d_{10}/d_{90}$ 或 $\varphi'=d_{90}/d_{10}$ 表示。对于理想分级，$\varphi=1$。显然，对于实际分级情形，φ 值越接近 1，其分级精度越高。

3. 分级效果的综合评价

判断分级设备的分级效果要从以上几个方面综合判断。例如，当牛顿分离效率 η_N、分级精度 φ 都相同时，分级粒径 d_{50} 越小，则分级效果越好；当 η_N、d_{50} 都相同时，φ 值越大越接近 1，即部分分级效率曲线越陡峭，则分级效果越好。如果分级产品按粒度分为两级以上，则在考察牛顿分离效率的同时，还应该分别考察各粒级的分离效率。

5.2　粉体的筛分

筛分（sieving）是粉体的一种分级方法，可将物料分成通过筛子的较细部分和留在筛上的较粗部分。例如，用 200 目筛可将粉体分为＜200 目（－200 目）细粉和＞200 目（＋200 目）的粗粉两部分。

5.2.1　筛面

筛面（sieve medium）是实现粉体分级的核心部件，有棒条筛面、板状筛面、编织筛面、波浪形筛面等。

筛栅由相互平行、按一定间隔排列的钢质棒条组成，如图 5－6(a)所示。筛面又分为固定格筛和条筛两种。固定格筛一般水平安装在粗料仓上部。条筛的筛面与水平面成一定角度倾斜安装，倾角应大于物料的安息角，使物料能够沿筛面自动下滑或滚动，一般为 30°～60°。条筛的筛孔尺寸约为要求筛下粒度的 1.1～1.2 倍，一般筛孔尺寸不小于 50 mm；条筛的长度 L 需根据其宽度 B 确定，一般 $L=2B$，宽度 B 取决于给料口尺寸，并应大于最大给料粒度的 2.5 倍。条筛结构简单，无运动部件，不需要动力。但筛孔易堵塞，需要的高差大，筛分效率一般为 50%～60%。

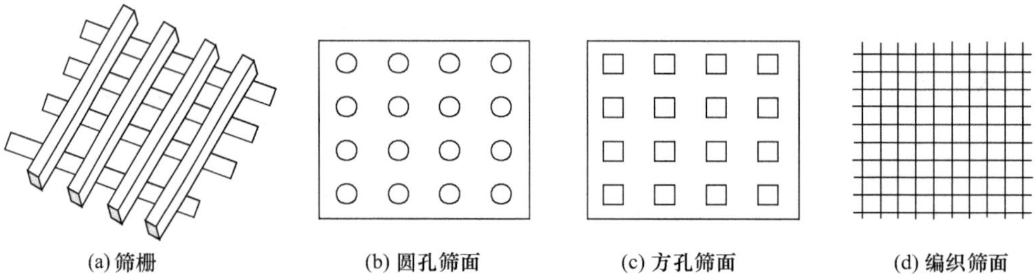

图 5-6　筛面结构

板状筛面通常由厚度为 5～12 mm 的钢板上冲制圆孔、方孔或长方形孔而成，如图 5-6(b)和图 5-6(c)所示。筛孔可以平行排列，也可以呈三角形排列。为保证筛面有足够的强度并耐磨损，孔壁之间的最小距离不应小于某一定值。在相同的筛孔尺寸和壁厚情形下，筛孔呈三角形排列的筛面有效面积较大。长方形筛孔的筛面与方形或圆形筛孔的筛面相比，其优点是开孔率大，生产能力强，可减轻筛孔堵塞现象。但长方形筛孔的筛面只能在筛分物料粒度要求不太严格的情况下使用。

板状筛面的优点是比较牢固，刚度大，使用寿命长。其缺点是开孔率较小，为 40%～60%，一般用于中等粒度物料的筛分，筛孔尺寸通常为 12～50 mm。为使细颗粒顺畅地通过筛孔，冲孔筛板的筛孔一般是上小下大，向物料通过筛孔的运动方向有一定的倾斜角度。

编织筛面是用金属或非金属丝编织而成，如图 5-6(d)所示。筛孔的形状为方形或长方形，开孔率可达 95%。编织筛的优点是开孔率高，质量轻，制造方便；缺点是使用寿命较短。为提高其使用寿命，钢丝材料可采用弹簧钢或不锈钢。编织筛面适于中细物料的筛分。

5.2.2　筛分作业

筛分一般适用于较粗物料(粒径＞0.02 mm)的分级。在筛分过程中，大于筛孔尺寸的物料颗粒留在筛面上，这部分物料称为筛上料；小于筛孔尺寸的物料颗粒穿过筛孔而被筛出，这部分物料称为筛下料。筛分之前的物料称为筛分物料。

为了将固体颗粒混合物分离成若干粒度级别，需要使用一系列不同大小筛孔的筛面。当筛面数目为 n 时，可以筛分出($n+1$)个级别的产品。各种不同孔径的筛面组合在一起称为筛序，通常有下列三种筛序：

(1) 由粗到细的筛序。这种筛序的优点是可以将筛面由粗到细重叠布置，因而节省厂房面积；粗物料不接触细筛网可减轻细筛网的磨损，同时较难筛的细颗粒很快穿过上层粗筛筛面，因而筛面不易堵塞，有利于提高筛分质量，其缺点是不便于维修。

(2) 由细到粗的筛序。与上述相反，由于粗颗粒接触细筛网，致使细筛网不仅易磨损，还易被较大颗粒堵塞，降低了筛分效率，但容易布置，维修也较方便。

(3) 混合筛序。这种筛序是上述两种筛序的组合，兼具两者的优点。

筛分作业一般是与粉碎作业相联系的，按其作用可分为预筛分和检查筛分两种。预筛分是在给料进入粉碎机之前进行的筛分作业，其作用是预先分离出给料中的细颗粒，防止过细粉碎，并提高粉碎机的生产能力。但设置预筛分会增大厂房的高度，因此在粉碎机生产能力较强时，一般不设预筛分。检查筛分是为了控制粉碎产品的细度，并可充分发挥粉碎设备的生产能力。

5.2.3　筛分机械

筛分机械的类型很多，按筛分方式可分为干式筛和湿式筛。按筛面的运动特性，可分为五大类：摇动筛(shaking sieve，包括旋动筛和直线摇动筛)、振动筛(vibrating sieve，包括旋摆运动、直线运动和圆运动振动筛)、回转筛(rotary sieve，包括圆筒筛、圆锥筛、多角筒筛和角锥筛)、固定筛(包括固定弧形筛、固定格筛和固定棒条筛)、气流筛(airflow sieve)。

1. 摇动筛

摇动筛工作时，物料颗粒主要做平行于筛面的运动。为实现物料与筛面的相对滑动，一般用曲柄连杆机构传动，连杆带动筛框做定向往复运动。物料从筛面的高端加入，细粒物料通过筛孔落至筛下，筛上料由筛面的低端排出。筛面的安装角度视物料性质而异，一般为 10°～20°。

2. 回转筛

回转筛由筛网或筛板制成的回转筒体、支架和传动装置等组成。筒形筛的筛面形状有圆筒形、圆锥形、多角筒形(一般为六角)和多角锥形，如图 5-7 所示。物料在回转筒内由于摩擦作用而被提升至一定高度，然后因重力作用沿筛面向下滚动，随之又被提升起来，因此，物料在筒内的运动轨迹呈螺旋形。在不断地下滑翻滚转动过程中，细颗粒通过筛孔落入筛下，大于筛孔尺寸的筛上料则从筛筒的出口端排出。

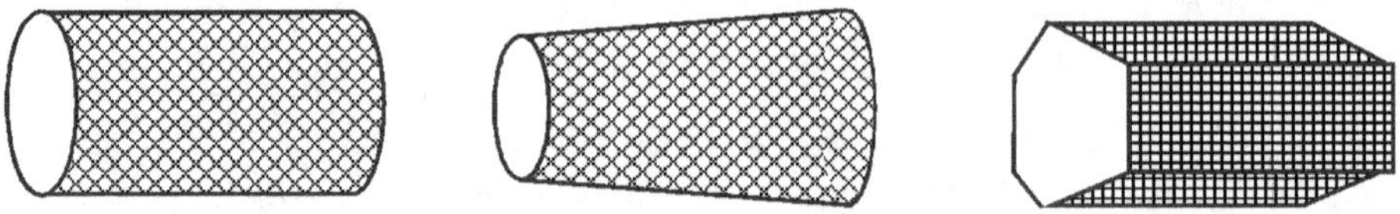

图 5-7　筒形筛的筛面形状

多角筒筛与圆筒筛相比，筛分效率要高一些，原因是物料在筛面上有一定的翻倒现象，会产生轻微的抖动。圆筒筛比圆锥筒筛更容易制造，但为了使筒内物料能够沿轴向移动，必须倾斜安装，使之与水平面成 4°～9°的倾角，这给安装带来一定困难。

回转筛的特点是工作平稳，冲击和振动小，易密封除尘，维修方便；主要缺点是筛面利用率较低，工作面仅为整个筛面的 1/6～1/8。与同等产量的其他筛分机械相比，它的体形较大，筛孔易堵塞，筛分效率低。

3. 振动筛

振动筛是目前工业中应用最广泛的一种筛机。它与摇动筛最主要的区别在于振动筛的筛面振动方向与筛面成一定角度，而摇动筛的运动方向基本上平行于筛面。振动筛工作时，物料在筛面上主要做相对滑动。振动筛的运动特性有助于筛面上的物料分层，减少筛孔堵塞现象，强化筛分过程。

振动筛的优点：筛体以小振幅（一般为 0.5～5 mm）、高频率（600～3000 $r \cdot min^{-1}$）强烈振动，消除物料堵塞现象，使筛机具有较高筛分效率和处理能力；动力消耗小，构造简单，维修方便；使用范围广，不仅可用于细筛，也可用于中筛、粗筛，并且还可用于脱水和脱泥等分离作业。

振动筛根据其结构和筛框运动轨迹的不同，大致分为单轴惯性振动筛（包括偏心振动筛、自定中心振动筛和圆形空间旋转筛）、双轴惯性振动筛（包括双轴强制式机械同步振动筛和双电机自同步振动筛）、电磁筛、概率筛。

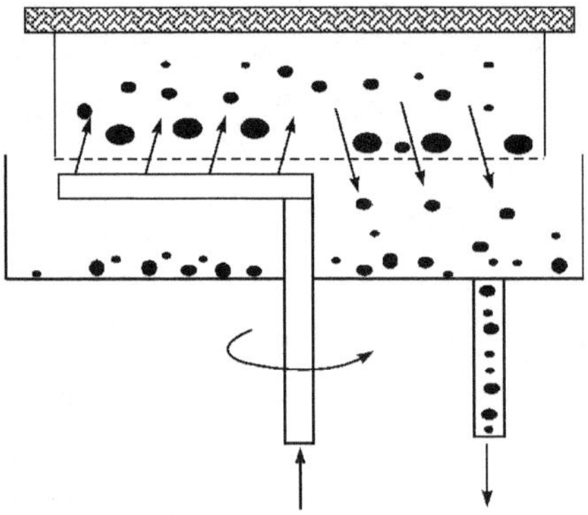

图 5-8　气流筛原理

4. 气流筛

气流筛利用气流作用对粉状物料进行分级。如图 5-8 所示，空气在负压作用下通过旋转喷嘴扫过筛面，使物料分散，将细颗粒带过筛网，实现干式分级。出口气体与细粉进入沉降室，成品细粉沉降后，带有少量粉尘的气体进入袋式除尘器，经净化后排出。筛网可以是不锈钢网、铜网或尼龙网。气流筛的优点是分级精度高，筛孔不易堵塞，对筛孔小至 5 μm 的微孔筛，用气流也可实现粉体分级。气流筛分级广泛应用于矿业、化工、冶金、建材等行业粉状物料的筛分分级，如活性钙粉、粉煤灰、石墨粉、陶土粉、石榴石粉、珍珠岩粉、荧光粉、铁粉、金粉、锌粉、氢氧化钙粉等。

5.3　超细粉体的分级

5.3.1　超细分级原理

随着超细粉碎技术的发展，超细分级技术也得到相应的发展。由于超细颗粒的粒度小至微米级，表面能大，易团聚。因此，为实现高回收率和高精度分级，分级装置必须尽可能达到：①物料充分分散；②分离作用力既瞬时作用于点或线上，又持久作用于整个分级区域内；③对流体进行整流处理，避免产生局部涡流；④分离出的颗粒应立即卸出，避免再混合。遵循以上原则，已研发多种超细分级方法。

1. 离心分级原理

在离心力场中，颗粒可获得比重力加速度大得多的离心加速度，故同样的颗粒在离心场中的沉降速度远大于在重力场中，使较小的颗粒也能获得较大的沉降速度。

设颗粒在离心场中，回转半径为 r，角速度为 ω，液层厚度为 L，离心沉降时间为 t，颗粒直径为 d_p、密度为 ρ_p，流体密度为 ρ、黏度为 μ，则颗粒所受离心力 F_c 和流体层流阻力 F_r 分别为

$$F_c=\frac{\pi d_p^3(\rho_p-\rho)(r\omega^2)}{6} \qquad F_r=3\pi\mu d_p\frac{L}{t}$$

颗粒密度 ρ_p 大于流体密度 ρ，离心力 F_c 的方向向外，流体阻力 F_r 的方向指向中心轴，颗粒向外运动而离心沉降。当 $F_c=F_r$ 时，临界分级粒径 d_c 为

$$d_c=\sqrt{\frac{18\mu L}{(\rho_p-\rho)r\omega^2 t}} \tag{5.11}$$

对于一定的离心设备，回转半径 r 为定值；对于一定的流体，密度 ρ、黏度 μ、液层厚度 L 为定值，因此颗粒运动角速度 ω 足够大（离心机转速大）和离心沉降时间 t 足够长时，可获得足够小的分级粒径 d_c。

2. 惯性分级原理

主气流通过喷射器携带粉体高速喷射至分级室；辅助气流使主气流和颗粒运

动方向发生偏转，粗颗粒由于惯性大，运动方向偏转较小，而进入粗粉收集装置；细颗粒发生较大程度的偏转，而沿不同的运动轨迹进入相应的出口被分别收集起来。主气流的喷射速度、辅助气流的入射速度和入射角度、各出口支路的位置等对分级粒径及分级精度都有重要影响。惯性分级的分级粒径可达 0.5 μm，分级精度高，分级效果再现性好，分级粒径便于调节。

3. 迅速分级原理

超细粉体的巨大表面能使之具有强烈的黏附性。在分级力场中，由于流场不均匀及碰撞等原因，使超细粉体颗粒团聚成表观尺寸较大的颗粒。它们在分级室中滞留的时间越长，发生团聚现象的概率也越大。

对于接近分级粒径的颗粒，其因重力而下降的速度与因流体动量而上升的速度非常接近，因此该颗粒容易在分级室内滞留，随着时间的延长，滞留粉体的浓度不断增加，从而容易发生团聚。迅速分级原理就是为克服分级粒径附近颗粒的积聚现象而提出的。迅速分级就是采取适当的分级室，应用恰当的流场，使微细颗粒尤其是临界分级粒径附近的颗粒一经分散就立即离开分级区，避免其在分级区内的浓度不断增大而发生团聚。迅速分级是迄今为止任何类型的超细分级机所极力追求的。

4. 减压分级原理

当颗粒粒径小于或等于气体分子的平均自由程 λ_m 时，颗粒周围发生分子滑动，使颗粒所受的阻力减小。用压强为 p 的空气对粉体进行分级时，气体分子的平均自由程为

$$\lambda_m = 6.60/p \tag{5.12}$$

当空气压强 p 减小时，气体分子的平均自由程 λ_m 增大，使颗粒沉降阻力减小，有利于颗粒的沉降分级。在常压附近，粒径越小，颗粒沉降速度受压强的影响越明显。减压可使分级粒径降至常压时的 1/10。因此，减压分级对细粉体和超细粉体的分级十分有利。但是，操作压强越低，分级精度将会越差。因此，必须寻求既能保持常压时的分级精度，又能减小分级粒径的减压操作压强的方法。

5.3.2　干式分级和湿式分级

1. 干式分级机理

干式分级通常是利用颗粒在气流中沉降速度差或轨迹不同进行的。此方法中作用于颗粒的力有浮力、重力、离心力、柯氏力、惯性力、静电力、磁力、摩擦阻力、对撞力、附着力等。分级机是利用这些力中一种或几种的组合而制成，分级

粒径可达 1 μm。

气流分级过程可归纳为 4 个步骤：①分散，将附着或凝聚在一起的颗粒团块分散成单个颗粒；②分离，组合各种力的作用，使颗粒获得速度差，实现粗颗粒与细颗粒分离；③捕集，从气流中分离后捕集颗粒；④卸出，排出分级后的各粒度粉体。

由于颗粒不可能充分分散，形状不同的颗粒在气流中流动混乱、相互干扰，速度分布不均、壁效应或静电作用的影响使颗粒运动复杂，颗粒相互排斥、飞散、再度混合，以及在分级过程中的粉碎作用等因素都会影响分级效果。

气力超细粉体分级机的关键技术之一是分级室流场的设计。理想的分级力场应该具有分级力强、分级面明显、流场稳定、分级迅速等性质。如果分级区内出现紊流或涡流，必将产生颗粒的不规则运动，形成颗粒的相互干扰，将严重影响分级精度和分级效率。因此，避免分级区涡流的存在，注意流体运动轨迹的平滑性及分级面法线方向两相流厚度尽可能小等，是设计中应十分重视的问题。

超细粉体分级机的关键技术之二是分级前的预分散问题。分级区的作用是将已分散的颗粒按设定粒径分离开来，它没有分散的功能。换言之，评价分级区性能的重要指标是其将不同颗粒进行分级的能力，而不是能否将团聚颗粒分散成单个颗粒的能力，但分散性确实极大地影响分级效率。因此，应该将颗粒的分散、分级和捕集看成一个不可分割的系统。

2. 湿式分级

湿式分级的原理与干式分级基本相同。由于液态流体介质的密度和黏度比气体大，因此湿式分级时颗粒的沉降速度仅为干式的几十分之一。但其分级效率受颗粒的相互碰撞、壁效应、颗粒附着和聚集等的影响明显减小。

湿式分级的优点是：①微细颗粒在液体中易分散，分级精度高；②沉降速度小，现象变化迟缓，可获得窄小的分级范围；③以稀料浆状态处理，供料输送等操作简便。其缺点是：①分级产物为湿状，为制得干粉要有干燥过程，干燥时粉体往往固结成块，影响产品性能；②因沉降速度小，单位面积产量低；③对可溶解于分散介质的物料和易变质的物料不适用。

5.3.3　超细分级的问题

超细粉体分级与大粒度粉体分级的本质区别在于超细粉体的强烈黏附性及其在流场中运动的极弱自主性。要取得理想的分级效果，必须解决粉体的分散问题，以及提高分级区流场强度，同时还要考虑影响分级作业过程和分级效果的其他因素，如物料性质、静电防护、粉尘爆炸等问题。

1. 分级作业与物料性质

待分级粉体的物理性质是影响分级过程的重要因素之一。不同的粉体其性质各不相同，大多数有机粉体的黏附性较强，并且在分级过程中易发生燃烧或爆炸；硬度大的粉体具有强烈的磨蚀性，对设备（尤其是分级区）的耐磨损性要求较高，有些粉体由于应用场合的特殊性，对粉体的纯度有苛刻的要求，故分级作业过程尤其要考虑防止杂质污染问题；颗粒之间及颗粒与器壁之间的碰撞和摩擦会产生极强的静电效应等；这些都是在分级机设计中应该充分考虑和重视的。

易黏附粉体会积聚黏附在器壁上，长期积聚必将影响流场的正常作业，导致通道变窄甚至阻塞，设计时应考虑必要的清理措施。

对于磨蚀性强的粉体，设备应采用耐磨材料或加耐磨内衬；对于铁污染要求严格的粉体，应采用非铁内衬，防止因粉体冲刷而带入铁质。

静电现象严重时会影响分级作业的安全性，甚至造成严重的后果，这种情形下应考虑采取必要的防静电措施。

大多数矿物、无机非金属材料粉体无需考虑粉尘爆炸问题，但许多有机粉体及可燃金属存在粉尘爆炸的可能和隐患，不可掉以轻心。

2. 粉体的预分散

粉体的预分散方法有机械分散法和化学分散法两种。

1）机械分散法

机械分散法按分散原理又可分为离心分散法和射流分散法。离心分散法是给料进入分级区前先落在离心撒料盘上，撒料盘旋转的离心作用将粉体均匀地撒向四周，形成一薄层后再进行分级，为了强化对团聚体的打散效果，可将撒料盘设计成阶梯形。射流分散法利用喷射器产生的高速喷射气流进行分散，高速射流使粉体颗粒在喷射区发生强烈的碰撞和剪切，将颗粒团块破坏。对于超细颗粒，射流分散的效果优于离心分散。

2）化学分散法

微细颗粒之所以易团聚，根本原因在于它们有巨大的表面能。因此，加入适当的分散剂（水或表面活性剂），有效地减小其表面能，可较容易地将其分散开来。表面活性剂有阴离子型（直链烷基苯磺酸钠、α-烯基磺酸钠、脂肪醇聚氧乙烯醚硫酸钠、十二烷基硫酸钠、月桂酸皂等）、非离子型（烷基醇酰胺、脂肪醇聚氧乙烯醚、烷基酚聚氧乙烯醚等）、两性离子型（十二烷基二甲基甜菜碱、羧酸盐型咪唑啉等）、阳离子型（十六烷基二甲基氯化铵、十八烷基三甲基氯化铵、阳离子瓜尔胶、阳离子泛醇、阳离子硅油、十二烷基二甲基氧化胺等）。

化学分散法存在两方面的问题：①尽管表面活性剂的加入量通常很小，有时却会引起粉体一些性能的变化，分散剂与粉体颗粒结合后，通常难以再将分散剂从粉体中分离出来，所以应选择对粉体性能无不良影响的分散剂；②分散剂加入量一般很少，并以液体的形式加入，为达到均匀分散的效果，需增加机械搅拌装置，因而增加了整个系统的复杂程度。

3. 分级区流场

分级区流场是关系到分级过程成败的关键，无论何种分级力场，其共同要求是具有强有力的分级能力、分级面清晰、分级迅速等。除此之外，还要求最大限度地减小或避免涡流的存在，即要求流线形式的单一性。有人提出“整流性”的概念，就是说，流场中各流束应各行其道，不相互干扰。

5.4　固气分离

5.4.1　固气分离的目的

1. 固气分离的定义

从气体与悬浮细颗粒的混合相中分离出固体颗粒的单元操作称为固气分离(solid gas separation)。在粉体工程中，固气分离有两种目的：①在气力输送或一些产品生产中，需要把粉体从气体中分离出来；②为环境保护与绿色生产，需要把气体中所含的粉尘除去。

“除尘”与“收尘”的结果都是实现固气分离，只不过“除尘”侧重于气体，主要考虑气体的净化程度，气体是主体，粉尘是客体；“收尘”侧重于粉尘，主要考虑粉尘的收集程度，粉尘是主体，气体是客体。通常这两个术语可以混用，如除尘器也可称为收尘器。

一般除尘操作中的颗粒均为微细颗粒，粒径范围大致为 0.1～100 μm。用沉降分离法能很容易地除去 100 μm 以下的颗粒，但 0.1 μm 以下的微细颗粒，因质量小，存在分离技术问题。

2. 除尘与环境保护

粉尘污染(dust pollution)对人体健康、生物、器物、生态等都造成不利影响。例如，若 0.1～10 μm 的粉尘进入体内，将对人体健康有害。近年来，各国都增强了环境保护意识，提高了环境保护要求。因此，对工业生产中粉尘的排放标准和室内环境气体的净化程度要求也越来越严格，制定了许多政策和法规。此外，工业生产要降低成本，也要求尽可能把废气中排放的有用粉尘回收加以利用。因此，无论从环境保护还是从经济观点来说固气分离都有重要的意义。

除尘装置大致可以分为两类：①面向工业生产，用来净化工厂废气或工艺气体，进行固气分离；②用于净化室内、车间或巷道内的空气，又称为空气滤清器。两者的不同可参见表 5-1，主要是入口粉尘浓度和压力损失的不同，所处理气体的流量和温度也有差异。

表 5-1　工业除尘器与空气滤清器的区别

名称	入口粉尘浓度/(mg · m^{-3})	气体温度	压力损失
工业除尘器	＞100	常温～高温	大～很大
空气滤清器	＜30	常温	小

我国在除尘方面制定了一系列明确规定。烟尘及生产性粉尘排放标准见表 5-2，工业炉窑烟尘排放标准见表 5-3，锅炉烟尘排放标准见表 5-4。其中，工业炉窑是指工业生产用的炉窑，如炼铁高炉、炼钢炉、化铁炉、锻造加热炉、水泥窑、砖窑等；锅炉包括生产和生活用的锅炉，如蒸汽锻压炉、热水锅炉（不包括茶炉）等。

表 5-2　烟尘及生产性粉尘排放标准

排放企业	排放标准/(mg · m^{-3})
工业及采暖锅炉	200
炼钢电炉	200
炼钢转炉＜12 t	200
＞12 t	150
水泥	150
生产性粉尘第一类①	100
第二类②	150

注：①含 10％以上的游离 SiO_2 或石棉粉尘、玻璃棉和矿渣棉粉尘、铅化物粉尘等。

②含 10％以下的游离 SiO_2 的煤尘及其他粉尘。

表 5-3　工业炉窑烟尘排放标准

区域类别	适用地区	容许烟尘浓度/(mg · m^{-3})	
		现有	新扩建
1	风景名胜区、自然保护区、其他需要特殊保护区域	200	/
2	规划居民区	300	/
3	工业区、郊区及县城	300	200
4	其他地区	600	400

表 5－4　锅炉烟尘排放标准

区域类别	适用地区	最大容许排放浓度/(mg · m^{-3})
1	自然保护区、风景游览区、疗养地、名胜古迹区、重要建筑物周围	200
2	市区、郊区、工业区、县以上城镇	400
3	其他地区	600

5.4.2　固气分离效果的评价

评价除尘器固气分离效果的指标有两个:除尘效率和部分除尘效率。此外,也有用切割粒径(又称为临界粒径或分离粒径)或出口含尘浓度评价除尘效果的好坏。切割粒径是指部分分离效率为 50%时的粒径。

1. 除尘效率

除尘效率又称为总除尘效率或简称为除尘率,是除尘器捕集的粉尘量与流入的粉尘总量之比。粉尘量可通过测定气体中粉尘浓度计算,气体的体积要折算成标准状态下(0 ℃,101.325 kPa)的体积。若已知入口流入粉尘总量时,可不用测定出口粉尘浓度,直接称量一定时间内除尘器中捕集的粉尘量,二者之比即为除尘效率。但称量粉尘量时,应注意避免装置内粉尘附着及二次飞扬产生误差。除尘效率的计算式如下:

$$\eta=\frac{C_0-C_1}{C_0}\times 100\%=\frac{W_m}{W_1}\times 100\% \tag{5.13}$$

式中,η 为除尘效率;C_0、C_1 分别为除尘前后气体中的粉尘浓度;W_1、W_m 分别为一定时间内所流入粉尘总量和除尘量。

若几台除尘器串联使用,则其总除尘效率为

$$\eta_t=1-(1-\eta_1)(1-\eta_2)\cdots(1-\eta_n) \tag{5.14}$$

式中,η_t 为总除尘效率;η_1、η_2、…、η_n 分别为第 1、2、…、n 级除尘器的除尘效率。

除尘效率受入口粉尘物性(特别是粒度分布)的影响,因此在评价除尘效果时只比较除尘效率毫无意义,必须指明粉尘物性。工业上表达除尘效率时一般以质量为基准。此外,除尘效率有时以颗粒个数、面积或质量为基准,如空气滤清器可用面积基准,不同基准的除尘效率不同。

2. 部分除尘效率

部分除尘效率是对某一粒径或某一分离特征参数而言的效率,分离特征参数可以是斯托克斯数或惯性参数等。某一粒径或某一粒径范围内的除尘效率,有时也称分级除尘效率，它比一般的除尘效率能更准确地说明除尘器的分离性能或除尘性能。

越细的颗粒越易团聚，因此很难求得真正的粒度分布，有时致使粗粒的部分除尘效率反而比细粉的部分除尘效率还低。美国采用级联冲击分离器测定粒度分布，德国有人用液体沉降法测定粒度分布，然后求部分除尘效率。

已知除尘器总效率 η_t 和进出口粉体粒度分布时，可按式(5.15)求出部分除尘效率 η_i

$$\eta_i=\frac{\Delta R_i-\Delta R_{i+1}(1-\eta_t)}{\Delta R_i}\times 100\% \tag{5.15}$$

式中，ΔR_i 为入口某粒级粉体的含量；ΔR_{i+1} 为出口该粒级粉体的含量。

已知部分除尘效率，可用式(5.16)求总除尘效率

$$\eta_t=\eta_1\Delta R_1+\eta_2\Delta R_2+\cdots+\eta_n\Delta R_n \tag{5.16}$$

式中，η_1、η_2、…、η_n 分别为各粒级的除尘效率；ΔR_1、ΔR_2、…、ΔR_n 分别为入口各粒级的含量。

3. 除尘装置性能

除尘器性能主要用以下几项指标表示：

(1) 含尘气体流量 $Q(m^3\cdot h^{-1})$。

(2) 压力损失(阻力或压强降)Δp(Pa)。

(3) 除尘效果，除尘效率 η(%)和部分除尘效率 η_i(%)。

(4) 切割粒径 d_c(μm)。

(5) 入口含尘浓度 $C_0(mg\cdot m^{-3})$。

(6) 出口含尘浓度 $C_1(mg\cdot m^{-3})$。

5.4.3 固气分离设备的分类

能将气体中的粉尘捕集分离的设备通称为固气分离设备，又称为除尘器或收尘器。除尘器按分离原理可分为

(1) 重力除尘器。利用重力使粉尘颗粒沉降至器底，如沉降室，收集的粉尘粒径通常为 50 μm 以上。

(2) 惯性除尘器。利用气流运行方向突然改变时其中的固体颗粒惯性运动而与气体分离，如百叶窗除尘器，分离的粒径一般大于 30 μm。

(3) 离心除尘器。在旋转的气、固两相流中利用固体颗粒的离心惯性力使之从气体中分离，如旋风除尘器，切割粒径可达 5 μm。

(4) 过滤除尘器。含尘气体通过多孔层过滤介质时，利用阻挡、吸附、扩散等作用而将固体颗粒截留下来，如袋式除尘器和颗粒层除尘器，切割粒径可达 1 μm。

(5) 电除尘器。在高压电场中利用静电作用使颗粒带电,从而将其捕集下来,如各种静电除尘器,切割粒径可达 0.02 μm。

除尘器按作业方式可分为两类:①干式除尘器,上述各种除尘器均属此类;②湿式除尘器,如水力旋流器、水力洗涤器等,切割粒径可达亚微米级。

5.4.4 旋风除尘器

旋风除尘器(cyclone separator)是利用含尘气体高速旋转产生的惯性离心力而使粉尘颗粒与气体分离的一种干式除尘设备,如图 5-9 所示,由进气管、直圆筒、锥形筒、储灰箱、锁风阀和排风管组成。

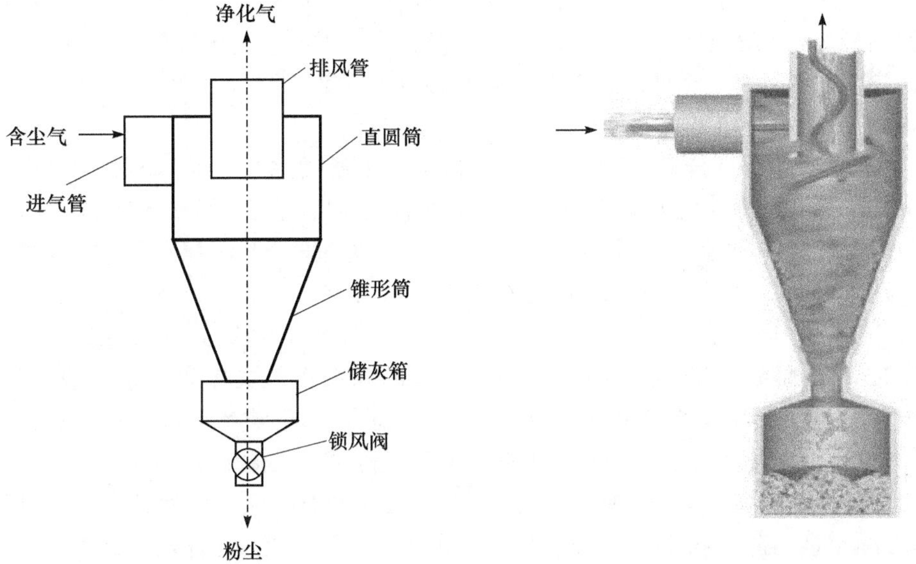

(a) 结构示意图 (b) 气流模拟

图 5-9 旋风除尘器示意图

含尘气体从进气管以较高的速度(一般为 12～25 $m \cdot s^{-1}$)沿直圆筒的切线方向进入圆筒部分,并做旋转运动。气体旋转过程中产生较大的离心力,由于颗粒的惯性比空气大得多,因此大部分颗粒被甩向筒壁,颗粒离心沉降至筒壁后失去动能而沿壁面下滑与气体分开,经锥形筒部分进入储灰箱,积聚在储灰箱中的粉尘经闸门卸出。靠近直圆筒内壁的旋转气流(外旋流)向下旋转到圆锥部分时,随圆锥变小而向中心逐渐靠近,气流到达锥体下端时便开始上升,形成一股自下而上的内旋气流,并经中心排气管从顶部作为净化气体排出。

旋风除尘器的主要优点是结构简单,尺寸紧凑,易制造,造价低,无运动部件,因而操作、管理方便,维修量小,在处理粉尘粒径 10 μm 以上的含尘气体时,即使其含尘浓度高也可获得较好的除尘效率。其缺点是流体阻力损失大，因而电耗高，此外，壳体易磨损，要求卸料闸门等处严格锁风，否则会严重影响除尘效率。

5.4.5 袋式除尘器

袋式除尘器(bag filter)是一种利用多孔纤维滤布过滤含尘气体中的粉尘的除尘设备。因滤布做成袋形，故一般称为袋式除尘器。袋式除尘器已广泛用于许多工业生产及环保过程中的非黏聚性、非纤维粉尘的捕集。与旋风除尘器相比，其优点是除尘效率高，对于 5 μm 的颗粒，除尘效率可达 99%以上，可捕集 1 μm的颗粒。与高效电除尘器相比，袋式除尘器的结构简单，技术要求不高，投资费用低，操作简单、可靠。其缺点是耗费较多的织物，允许的气体温度较低，若气体湿度大或含有吸水性较强的粉尘时会导致滤布堵塞，因此其应用受到一定的限制。

含尘气体通过滤布层时，粉尘被阻留，空气则通过滤布纤维间的微孔排走。气体中大于滤布孔眼的尘粒被滤布阻留，这与筛分作用相同。对于粒径(1～10 μm)小于滤布孔径的颗粒，当气体沿曲折的织物毛孔通过时，尘粒由于本身的惯性作用撞击在纤维上失去动能而黏附在滤布上。对于小于 1 μm 的微细颗粒，由于尘粒本身的扩散作用及静电作用，或者因滤布孔径小于颗粒的热运动自由径，致使尘粒与滤布纤维碰撞而黏附在滤布上，因此，微小的颗粒也能被捕集。在过滤过程中，由于滤布表面及内部的粉尘产生结拱现象，不断堆积，形成一层由尘粒组成的粉尘料层，显著地强化过滤作用，气体中的绝大部分粉尘可被过滤下来。

随着粉尘厚度的增加，滤布阻力增大，其处理能力降低。为保持稳定的处理能力，必须定期清除滤布上的部分粉尘层。由于滤布绒毛的支撑作用，滤布上总有一定厚度的粉尘层无法清理，而成为除滤布外的第二种过滤介质。

袋式除尘器有长袋低压脉冲式、分室引射脉冲式、滤筒脉冲喷吹式、环隙喷吹脉冲式、扁袋脉冲喷吹式、顺喷脉冲式、气环反吹式、回转反吹式、大气反吹式、气箱脉冲式等多种结构形式。袋式除尘器由箱体、折流板、袋骨架、喉管、管座板、喷吹管、脉冲阀、差压计、螺旋输送器和控制器等组成，其主体如图 5 - 10 所示。

随着粉尘在滤袋上的积聚，形成一定厚度的粉尘层，使滤布的透气性逐渐降低，妨碍除尘器正常工作。因此袋式除尘器在工作过程中必须经常及时地清除滤袋上的积尘，可用机械振动的方式抖落粉尘。目前常用的是脉动压缩空气。控制脉冲阀，定时、间隔地在滤袋上方反向喷入高压小量压缩空气，使滤袋产生振动和抖动，将滤袋上的粉尘抖落到箱体的下部，然后由螺旋输送器送至粉料仓。

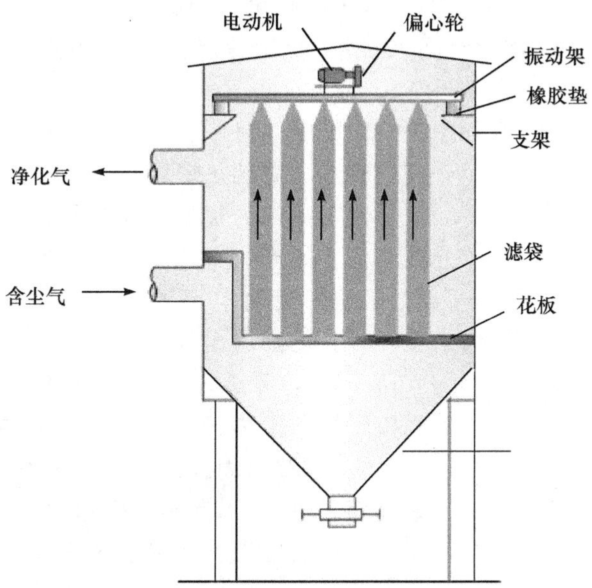

图 5-10　袋式除尘器结构示意图

滤布材料的选择需要考虑含尘气体的性质、含尘浓度、粉尘颗粒大小及其化学性质、湿含量和气体温度等因素。总的要求是滤布均匀致密、透气性好、耐热、耐磨、耐腐蚀、憎水，具有较高的除尘效率，常用的滤布材料有以下几种：

(1) 棉织滤布。用棉线织成，生产成本较低，耐高温性能差，只能在 60～80 ℃下工作，现已较少采用。

(2) 毛织滤布。通常用羊毛织成，造价较高，耐热性能较好，可在 95 ℃下工作，透气性好，阻力小，耐酸、耐碱。

(3) 合成纤维。其中，聚酰胺纤维(锦纶/尼龙)的耐磨性好，耐碱，但不耐酸，可在 80 ℃以下工作；聚丙烯腈纤维(腈纶/奥纶)的强度高，耐酸，但不耐碱，可在 110～130 ℃下工作；聚酯纤维耐热、耐酸、耐碱性能均较好，可在 140～160 ℃下工作；玻璃纤维过滤性能好，阻力小，化学稳定性好，造价低。

5.4.6　电除尘器

电除尘器(electric precipitator)是一种高效率的除尘装置，能分离极微小的尘粒。在高压直流电的正、负两极间产生一个足以使气体电离的静电场，气体电离所产生的正、负离子作用于穿过静电场的粉尘表面而使粉尘带荷电。荷电粉尘分别向极性相反的电极移动而沉积在电极上，达到粉尘与气体分离的目的。电除尘器已广泛用于工业生产中。它的优点是除尘效率高，可达 99%以上；气体处理量较大；能处理高温、高压、高湿和腐蚀性气体；能量消耗少，最大阻力损失一般为 30～

150 Pa，电能消耗仅为 0.1～0.8 kW·h/(1000 m^3)；操作过程可实现自动化。其缺点是一次性投资大，占用空间大，钢材消耗多，捕集高比电阻的细粉尘时需进行增湿处理等。

电除尘器的工作原理如图 5－11 所示。将圆管壁(或平板)和导线分别连接到高压直流电源的正极(阳极)和负极(阴极)上。电除尘器的正极称为集尘极或沉积极，负极称为电晕极。在两极之间产生不均匀电场。当电压升高至一定值时，阴极附近的电场促使气体发生碰撞电离，形成正、负离子；随着电压继续增大，阴极导线周围 2～3 mm发生电晕放电，气体生成大量离子。由于在电晕极附近的阳离子趋向电晕极的路程极短，碰到粉尘的机会较少，因此绝大部分粉尘与飞翔的阴离子相撞而带负电，飞向集尘极，只有极少量的尘粒沉积于电晕极。定期振打集尘极和电晕极使积尘掉落，从下部的灰斗排出。

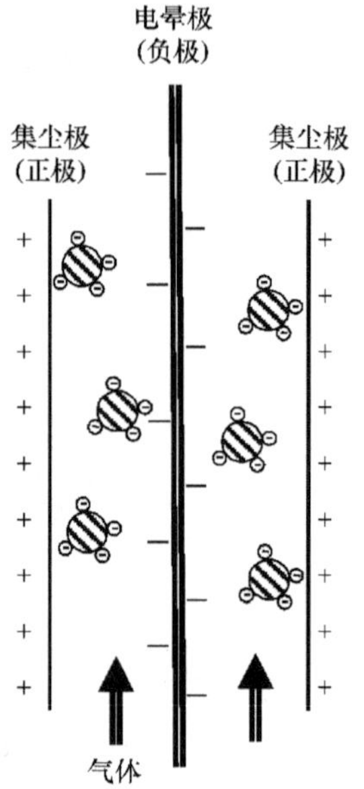

图 5－11　电除尘器的工作原理

电除尘器的性能除与结构有关外，很大程度上还取决于含尘气体的性能和操作条件。其主要影响因素有粉尘的比电阻、气体的含尘浓度、粉尘粒度组成、气体成分、温度、湿度、露点、含硫量、除尘器漏风、电极肥大、电极积灰、操作电压等。

1. 粉尘比电阻的影响

每平方厘米面积上高 1 cm 的粉料柱沿高度方向的电阻值称为粉体的比电阻(电阻率)，单位为 Ω·cm 或 Ω·m。粉尘的比电阻是衡量粉尘导电性能的指标，它对电除尘器性能的影响很大。当粉尘的比电阻在 10^2～10^9 Ω·m 时，除尘效率最高。

当粉尘比电阻小于 10^2 Ω·m 时，带电尘粒在到达极板的瞬间即被中和，甚至带正电荷，这样便很容易脱离集尘极而重新进入气流中，大大降低除尘效率。

当粉尘比电阻大于 10^9 Ω·m 时，粉尘沉积到集尘极板后其所带电荷很难被中和，而且逐渐沉积的颗粒层形成负电场，电场强度逐渐升高，以致在充满气体的疏松覆盖层孔隙中发生电击穿，并伴随着向电晕极方向发射正离子，中和部分带负电荷的尘粒，即发生“反电晕”现象。与此同时，由于集尘极放出正离子，使电除尘器之间的电场改变为类似于两个尖端所构成的电场，这种电场在不高的电压下很容易击穿。因此，粉尘比电阻大于 10^9 Ω·m 时，除尘效率将明显降低。

2. 含尘浓度的影响

气体含尘浓度增大时，粉尘离子也增多，尽管它们形成的电晕电流不大，但形成的空间电荷很大，严重抑制电晕电流的产生，使粉尘颗粒不能获得足够的电荷，导致除尘效率降低，尤其是粒径在 1 μm 左右的尘粒越多时，影响也越严重。当气体含尘浓度大到一定值时，电晕电流会减小到零，这种现象称为“电晕封闭”，此时的气体净化效果显著下降。为防止电晕封闭现象的发生，应限制进入电除尘器气体的含尘浓度。为此，可在电除尘器前设置旋风除尘器进行预除尘，以保证进入电除尘器气体的含尘浓度低于规定值。

3. 粉尘粒度组成的影响

对于电除尘器，最有效的粉尘粒径范围是 0.01～20 μm。小于 0.01 μm 的尘粒受布朗运动(Brownian motion)的影响，不易收集下来；大于 20 μm 的尘粒所需的附着荷电量大，使用电除尘器不经济。

4. 含尘气体温度的影响

气体温度对电除尘器工作性能的影响很大，主要表现在以下三个方面：

(1) 温度对粉尘比电阻的影响。气体温度的变化会引起粉尘比电阻的波动，从而影响除尘效果。因此，电除尘器工作时，应使气体温度保持较小的波动范围，以保证除尘器正常工作。

(2) 温度对气体黏度的影响。当气体温度上升时，气体分子热运动加剧，分子层之间的内摩擦增大，从而使气体黏度增大。电除尘器运行时，电场中的带电粉尘受电场力作用向集尘极驱进的速度与含尘气体的黏度有一定关系。气体温度越高，其黏度越大，荷电尘粒的驱进速度越低，除尘效率也就越低。

(3) 温度对气体击穿电压的影响。气体的击穿电压与其密度成正比，而气体密度在很大程度上取决于其温度。当气体压强不变时，密度与其热力学温度成反比。因此，当气体温度升高时，密度减小，气体的击穿电压也相应降低，使除尘器电场所承受的电压降低，除尘效率降低。

以上分析可见，气体温度低些为宜。可在电除尘器前配备气体冷却装置，以降低气体温度，而且可回收气体余热。但是，气体温度不能太低，否则其中的水汽和硫氧化物(SO_x)会冷凝结露，收集的粉尘会糊住电极，使工作状况恶化。而且设备冷凝结露易使钢质材料锈蚀，损坏设备。当石英套管温度低于结露温度时，冷凝物质会导致套管内部泄漏放电，使电除尘器不能正常运行。所以，一般要求气体温度高于露点温度 20～30 ℃。

5. 气流速度的影响

在电除尘器中，如果气流速度过大，则含尘气流通过电场的时间短，部分粉尘没来得及捕集就被气流带出除尘器；另外，粉尘的二次飞扬加大，已被捕集到电极上的粉尘在振落时被高速气流重新带走。所以，通过电场的气流速度越高，则除尘效率越低；反之，除尘效率提高。

6. 气体湿度的影响

含尘气体湿度大小直接影响电场电压和粉尘比电阻，从而影响除尘效率。

1）气体湿度对空气击穿电压的影响

气体湿度增加，空气击穿电压增大，其主要原因是：①电场中水分子能大量吸收电子，使水分子带电转变为行动缓慢的负离子，因而使电场空间的电子数目显著减少，电离强度减弱；②由于水分子比空气分子质量大、体积大、结构复杂，在气体游离发展过程中与自由电子碰撞的机会多，这就使自由电子在电场中加速的平均自由行程缩短，并且在相互碰撞时将电子的动能消耗转化为热能，使碰撞电离难以发展；③由于吸收电子而形成的行动缓慢的水汽负离子在电晕区内与正离子结合的机会多，正、负电荷的复合加剧，致使气体的电离减弱，电晕电流减小，空气间隙的耐压强度增加，击穿电压升高。

气体湿度增加，击穿电压升高，可提高电场电压，使电晕放电强烈，电场强度增大，提高除尘效率。因此，增大气体湿度，可以在很大程度上补偿由于气体温度高或压强低造成的气体密度减小、击穿电压降低、收尘效率降低的缺点。

2）气体湿度对粉尘比电阻的影响

气体湿度对粉尘比电阻的影响很大。当粉尘比电阻过大时，增大气体湿度使水分子黏附在导电性差的粉尘上，可降低粉尘的比电阻，不易产生反电晕，从而提高除尘效率。当粉尘比电阻过小时，增加湿度，水分子黏附在导电性良好的粉尘上，可提高其比电阻，从而提高除尘效率。因此，电除尘器在处理不同的含尘气体时都有湿度要求。

电除尘器除尘效率高，耐高温，阻力小，因而在工业中得到广泛应用。但问题是电除尘对粉尘比电阻有一定的要求，且集尘极之间的间距很小，不便于检修。随着工艺设备的大型化，其体积和钢材用量也相当大。为此，发展了一些新型电除尘器。

(1) 超高压宽极距电除尘器。正、负极间距增大至 400～500 mm，采用 200 kV 超高压，其电晕线直径仅为一般电除尘的 1/10，在电晕线附近的电位梯度为一般电除尘器的 1.5 倍。其优点是对比电阻大的粉尘仍有较高的除尘效率，维护检修方便，质量轻，体积小。用于比电阻较高的水泥熟料冷却机上，除尘效率达

99.9%，最大处理风量达 $2\times10^4\ m^3\cdot min^{-1}$。

(2) 电场屏蔽式电除尘器。将粉尘的荷电过程和捕集过程分区进行。荷电区利用电晕放电使粉尘荷电和凝聚，尘粒凝聚至一定尺寸后随气体进入捕集区。另一种方式是，把由电晕极放电产生的离子引出来，与悬浮的粉尘相碰撞使之荷电，然后进入捕集区。这种电除尘器的除尘效果与超高压宽极距电除尘器相近。其优点是荷电部分体积小，集尘部分在气流方向显著缩短，因而体积比普通电除尘器小一半。另外，荷电集尘部分无运动部件，结构简单。

5.5 固液分离

5.5.1 沉降浓缩

稀悬浊液用重力沉降成为稠厚泥浆，即分离成淤泥和较澄清溢流的操作，称为沉降浓缩或沉淀浓缩；得到特别澄清溢流时，称为澄清化。在处理量大的悬浊液的流程中，沉降浓缩用作过滤、离心分离、干燥等的前一工序。

1. 凝聚性悬浊液的沉降过程

把许多颗粒凝聚而成的凝聚性悬浊液(凝聚性泥浆，能发生沉降)倒入量筒内，充分搅拌后，静置观察时，通常会呈现如图 5-12 所示的沉降过程，出现 A、B、C、D、E 五种层。

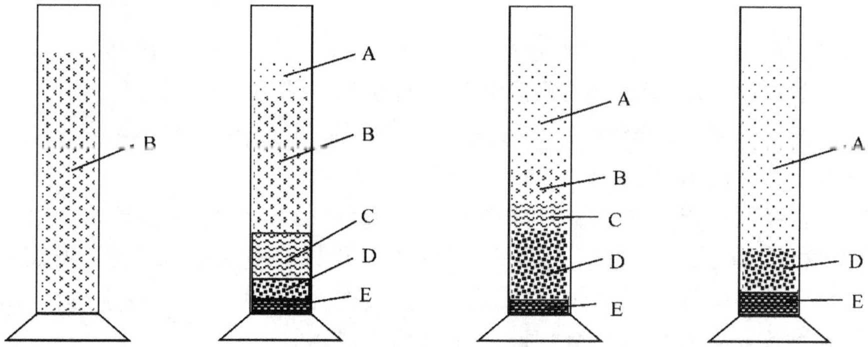

图 5-12　沉降浓缩过程

A 层：最上面的澄清层。凝聚良好时，由于沉降粉体的过滤作用而澄清，A-B 界面明显。凝聚不佳时，因残留微粒子而变得混浊，界面不明显。该界面高度和时间的关系可用作增稠器设计和操作的基本数据，其关系曲线称为间歇沉降曲线。

B 层：干扰沉降凝聚层。其浓度与悬浊液初期浓度几乎相等，液体为连续相，高度上几乎无浓度差，A-B 界面的沉降速度等于干扰沉降速度。

C 层：B 和 D 的中间浓度的过渡层。通过凝聚堆积起来的毛细管网时，液体被挤出，颗粒的水平位置保持不变，但沿垂直方向压缩，该层液体已不是连续相。

D 层：颗粒紧密堆积、毛细管流减少的状态，沉降速度极小。

E 层：含少量水分的固体颗粒层。

当 B 层存在时，随着时间的推移，A-B 界面几乎是保持线性地下降，故称为恒速沉降区间。达到临界点时，B 层消失，沉降速度逐渐减小。

2. 浓密机

浓密机又称为增稠器（thickener），能连续地浓缩固体浓度低的大量泥浆，因此，工业上获得广泛应用。浓密机通常是一个锥形底的圆筒或圆池，直径为 10～30 m，大的可达 100 m。原液由供料筒加入，浓缩后的淤泥用池底的耙子刮至池中心，由泵排出，澄清液由上端周边溢流而出。固体颗粒在浓密机内的沉降过程大致可分为三个阶段：①在容器上部，颗粒浓度很小，颗粒沉降可认为互不干扰，为自由沉降阶段；②在容器下部，颗粒浓度增大，颗粒沉降互相干扰，沉降速度很小，为干扰沉降阶段；③在容器底部，沉聚泥浆经历增稠压缩。与间歇沉降相同，在稳定状态下形成 A、B、C、D 层，A 层和 C 层占大部分，B 层的浓度与原液浓度相等，一般这一层极少。

5.5.2 过滤

1. 过滤的目的

在陶瓷和耐火材料生产过程中，湿法粉磨的料浆含水量往往达 40%以上，不符合成型工艺的要求，例如，可塑成型的物料水分要求为 20%～26%，干压和半干压成型物料水平要求低至约 7%，因此，必须将料浆中过多的水分除去。过滤是一种除去水分的常用方法。

用过滤介质捕集分离液体中不溶性悬浮颗粒的操作称为过滤。在过滤操作中，需要过滤的料浆称为滤浆；作为过滤用的多孔材料称为过滤介质，压滤机上使用的过滤介质是各种纤维编织的布，称为滤布；通过过滤介质的清水称为滤液，截留在过滤介质上的含少量水分的固体物料称为滤饼。

滤布是一种主要过滤介质，滤布的选取和使用对过滤效果有决定性的作用，选取时要根据滤浆 pH、颗粒粒度等因素，选取合适的滤布材质和孔径，以保证较低的过滤成本和较高的过滤效率。使用时，要保证滤布平整不打折，孔道畅通。

过滤的推动力为重力、压力或离心力，过滤的阻力为滤液通过过滤介质及其上面滤饼时的阻力。过滤开始时，滤饼尚未形成，过滤阻力只是介质阻力，随着过滤操作的进行，滤饼逐渐形成，过滤阻力也随之增大，所以，过滤阻力是随时间而变化的。

过滤按用途分为两大类：①滤饼过滤，悬浊液的浓度相当高(>1%)，在过滤介质表面上形成的滤饼起过滤介质作用；②澄清过滤，当过滤 0.1%以下至百万分之几(ppm 级)的极稀薄悬浊液时，颗粒被捕收于过滤介质的内部或表面，几乎不生成滤饼，其目的在于提取澄清液，故称澄清过滤，又称闭塞过滤、过滤介质过滤或内部过滤。介于前两者浓度之间的悬浊液(0.1%～1%)因同时产生闭塞过滤和滤饼过滤，使过滤操作恶化，需添加硅藻土和石棉粉等助滤剂，或用沉降浓缩提高浓度后再过滤。

2. 压滤机

压滤机(filter press)可分为板框式压滤机和厢式压滤机两种。板框式压滤机的滤室由一块平板滤板和一块中空的滤框组成，滤布固定在滤框上，早期的压滤机主要采用这种形式。该机型的主要优点是更换滤布方便，缺点是效率低、过滤效果不好、滤板容易坏。厢式压滤机的滤室由相邻两块凹陷的滤板构成，滤布固定在每块滤板上。该机型的主要优点是效率较高、效果较好、滤板也相对耐用，清洗滤布有自动装置。如图 5-13 所示，压滤机主要由机架、压紧机构和过滤机构三部分组成。

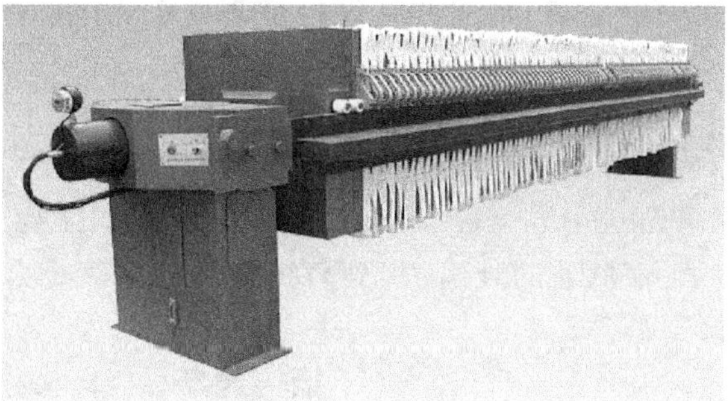

图 5-13　压滤机

(1) 机架。机架是压滤机的基础部件，两端是止推板和压紧板，两侧的大梁将二者连接起来，大梁用以支撑滤板、滤框和压紧板。

止推板与支座连接，将压滤机的一端固定在地基上，厢式压滤机的止推板中间是进料孔，四个角还各有一个孔，上面两个孔是洗涤液或压缩气体进口，下面两个孔为出口。压紧板用以压紧滤板滤框，两侧的滚轮用以支撑压紧板在大梁的轨道上滚动。大梁是承重构件，根据使用环境防腐的要求，可选择硬质聚氯乙烯、聚丙烯、不锈钢或防腐涂料涂覆等。

(2) 压紧机构。压紧分为手动压紧、机械压紧和液压压紧三种。手动压紧是以螺旋式机械千斤顶推动压紧板将滤板压紧。机械压紧机构由电动机、减速器、齿轮付、丝杆和固定螺母组成。液压压紧机构由液压站、油缸、活塞、活塞杆和法兰卡片组成。

(3) 过滤机构。过滤机构由滤板、滤框、滤布、压榨隔膜组成,滤板两侧由滤布包覆,需配置压榨隔膜时,每一组滤板由隔膜板和侧板组成。隔膜板的基板两侧包覆橡胶隔膜,隔膜外边包覆滤布,侧板为普通的滤板。物料从止推板上的进料孔进入各滤室,固体颗粒因其粒径大于过滤介质(滤布)的孔径被截留在滤室里,滤液则从滤板下方的出液孔流出。滤饼需要榨干时,除用隔膜压榨外,还可用压缩空气或蒸汽,将气体从洗涤口通入,用气流冲去滤饼中的水分,以降低滤饼的含水率。

为缩短过滤时间,提高产量,应尽量减小滤浆的含水量。此外,将滤浆加热可降低水的黏度,并使部分空气从滤浆中排出,防止在滤布和滤饼中析出气泡,这样可减小过滤阻力,加快过滤速度,缩短过滤时间。但为了便于操作,滤浆的温度一般不应超过 60 ℃。过滤时间可根据实际情况由实验确定,通常在 30～60 min。

5.5.3 离心分离

离心分离(centrifugal separation)是在离心力场中进行沉降分离和过滤脱水等的单元操作。离心力可达到重力的数百倍甚至数十万倍。根据分离过程的特点,离心分离可分为离心沉降和离心过滤两种。

1. 离心沉降机

离心沉降机(sedimentation centrifuge)简称为离心机,主要用于悬浊液中微细粒子或密度差小的液-液乳胶的分离,其分离机理是利用离心力场中的沉降现象。离心机有如下三种结构形式:

图 5-14 圆筒式离心机

(1) 圆筒式离心机。又称为管式离心机,典型的例子是夏普利斯(Sharpless)离心机,其直立圆筒内径 75～150 mm、高约 1500 mm,回转速度 15000 $r \cdot min^{-1}$,离心加速度达重力加速度的 $10^4 \sim 10^5$ 倍,生产能力 200～2000 $L \cdot h^{-1}$。图 5-14为实验室用小型圆筒式离心机。

(2) 蝶片式离心机。最初是瑞典的拉瓦尔(G. D. Laval)于 1878 年发明的。它的形状比圆筒式离心机大,离心加速度一般为重力加速度的 7000 倍,由 30～150 块圆锥状蝶片组成,蝶片直径 200～500 mm,每块相隔 0.15～1.3 mm。

(3) 螺旋卸料离心机。在圆筒形或圆锥形的转筒内装有螺旋输送机,螺旋与转筒一起回转，但转速稍有差异，用以运动固态物料。螺旋卸料离心机的最大直径为 100～1300 mm，加速度可达重力加速度的 600 倍。其生产能力大，固态物料处理量可达 50～80 $t \cdot h^{-1}$，高温、高压下也可操作。

2. 离心过滤机

离心过滤机(filtering centrifuge)是在离心力场中对悬浊液进行过滤和脱水的操作，用于较粗(0.1～9 mm)的颗粒和结晶性固体形成多孔性的滤饼，可配备洗涤功能，有间歇式和连续式两种。间歇式离心过滤机有一网筒绕垂直轴回转，通常转速在 4000 $r \cdot min^{-1}$ 以下，直径达 1100 mm。连续离心过滤机大多是大容量的，自动卸料，用于淀粉过滤的离心加速度达重力加速度的 80 倍，过滤面积 1 m^2，过滤马铃薯的产量达 8 $t \cdot h^{-1}$。图 5-15 所示为一卧式过滤离心机。

图 5-15　卧式螺旋卸料过滤离心机

5.5.4 喷雾干燥

喷雾干燥塔(spray drying tower)如图 5-16 所示。喷雾干燥塔早在 20 世纪 50～60 年代就开始应用于陶瓷工业中的面砖粉料制备，现广泛用于化工、食品、医药、陶瓷、环保废液、生化、冶金等行业，对溶液、乳浊液、悬浮液、糊状液的物料进行喷雾干燥。它是将料液雾化，形成极细的雾群，使料液表面积大大增加，与热空气接触，瞬间干燥成产品。其优点是干燥速度快、效率高、操作简便、可靠，可使操作过程自动化、连续化，能保持产品原有的品质，产品纯度高、生产环境好。但是，由于喷雾干燥用物理方法脱水，需要供给热量以蒸发水分，另外，设备较复杂和庞大。

图 5-16　喷雾干燥塔

喷雾干燥塔是上部为圆柱形、下部为圆锥形的圆筒，圆筒顶部有进气管和热空气分配器，内装雾化器，底部为粉料出口。粉料出口处有排气管，与捕集细粉的旋风分离器或袋式除尘器相连。工作时，料浆经雾化器分散成许多细小的液滴，热空气从顶部经进气管和热空气分配器进入圆筒内。当热空气与液滴相遇时，彼此之间产生强烈的热量和质量交换，液滴中的水分迅速蒸发，很快成为干燥的粉料，最后沉降至筒体底部，从粉料口排出。带有少量细粉的干燥尾气则经过旋风分离器等除尘设备，将其中的细粉收集后排入大气中。一般整个系统在负压下操作，以防止粉尘外逸。

5.6　粉体的分选

5.6.1　重选

1. 等降比

密度不同的 a 和 b 两种颗粒，沉降速度相等时的粒径之比称为等降比，此两种颗粒称为等降颗粒。设两颗粒密度分别为 ρ_{pa} 和 ρ_{pb}，且 $\rho_{pa}<\rho_{pb}$，流体密度为 ρ，等降粒径为 d_{pa} 和 d_{pb}，阻力系数分别为 C_a 和 C_b，则沉降速度为

$$u_m=\sqrt{\frac{4gd_{pa}(\rho_{pa}-\rho)^n}{3\rho C_a}}=\sqrt{\frac{4gd_{pb}(\rho_{pb}-\rho)^n}{3\rho C_b}} \tag{5.17}$$

由式(5.17)可得等降比

$$\frac{d_{pa}}{d_{pb}}=\left(\frac{\rho_{pb}-\rho}{\rho_{pa}-\rho}\right)^n \tag{5.18}$$

式中，层流区 $n=1/2$；湍流区 $n=1$；过渡区 $1/2<n<1$。重力分离 a 和 b 两种颗粒时，混合物中 a 的最小粒径和 b 的最大粒径之比如果不超过式(5.18)之值，理论上要完全分离是不可能的。因此，等降比之值是表示重力分离(重选，gravity separation)难易程度的指标。在湍流区，比值大者易分离。

实践表明，对于在极短时间内达不到沉降末速度者，可以用重力来分离粒度分布很广的粉体。浓度大的悬浊液因复杂的干扰沉降现象而难以分离，但查普曼(J. N. Chapman)认为，加速沉降阶段，尤其沉降初期，分离依赖颗粒密度更甚于依赖粒度。因而，对于沉降时间极短且频繁反复的过程，重力分离受颗粒密度的影响更大，受粒度和颗粒形状的影响较小。

2. 水力分级

水力分级(hydraulic separation)是根据颗粒在运动介质中沉降速度的不同，将粒度级别较宽的颗粒群分成若干窄粒度级别产物的过程。按所使用介质不同，分为水力分级和风力分级。颗粒的形状、密度及沉降条件对水力分级产物均有影响。分级不是严格按粒级进行的，而是具有较宽的粒度范围。

1) 机械分级机

有提升运输沉砂机构的水力分级机称为机械分级机。机械分级机的分级过程

是依靠颗粒在水介质中的沉降速度差进行的。机械分级机主要与磨矿机配合工作进行预先分级和检查分级，还可用于含泥矿石的洗矿及进行脱泥脱水。根据运输沉砂机构的不同，机械分级机可分为螺旋分级机、耙式分级机和浮槽分级机等。螺旋分级机利用转动的螺旋连续排出沉砂，与后两者相比，具有构造简单、操作方便、分级槽倾斜角度大等优点，便于同磨矿机进行自流连接，故生产中一般采用螺旋分级机。

2）水力旋流器

为强化分级和分选作业，可利用回转流产生的惯性离心力提高颗粒的运动速度。选矿生产中，使矿浆做回转运动的方法基本有两种：①矿浆在压力作用下沿切线给入圆形分选容器中，迫使其做回转运动，这样的回转流厚度较大，如各种形式的水力旋流器；②依靠回转的圆鼓带动矿浆做圆周运动，如各种卧式离心选矿机和卧式离心脱水机。

水力旋流器可用于浓缩、脱泥、脱砂、分选。其构造简单，便于制造，处理量大，工艺效果良好，因而在问世后迅速得以推广应用。旋流器由空心圆柱和圆锥连接而成，圆柱直径代表旋流器的规格，为 50～1000 mm，常用 125～500 mm。圆柱中心插有溢流管，沿切线方向接有给矿管，锥体底部有沉砂口（底流口）。

3. 跳汰分选

跳汰分选机（jig separator）是以古代采用的竹篓捞法为基础制成的机械，简称为跳汰机。其分离原理是利用流动矿浆中密度小的颗粒浮于上层，从而与沉于下层的密度大的颗粒分离，如图 5－17 所示。跳汰机适于分选粗颗粒，金属矿物为 0.3～80 mm，煤为 5～150 mm。

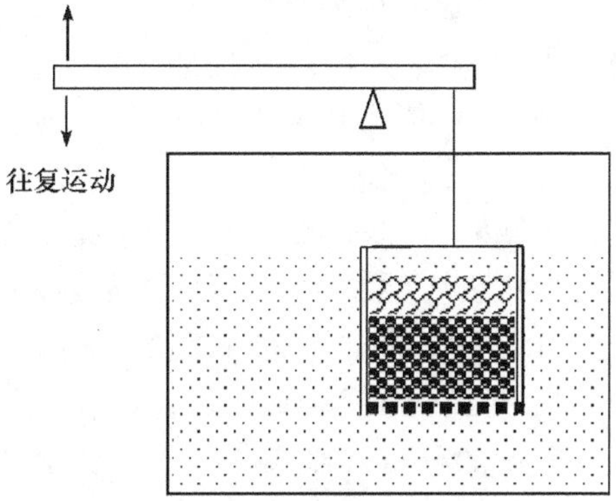

图 5－17　跳汰机原理

跳汰机按照设备结构和水流运动方式不同，大致可分为活塞跳汰机、隔膜跳汰机、空气脉动跳汰机、动筛跳汰机四类。

活塞跳汰机是以活塞往复运动产生垂直上升的脉动水流。它是跳汰机的最早形式，现在基本上已被隔膜跳汰机和空气脉动跳汰机取代。

隔膜跳汰机是用隔膜取代活塞的作用。其传动装置多为偏心连杆机构，也有采用凸轮杠杆或液压传动装置的。机器外形以矩形和梯形为多，近年来又出现了圆形。按隔膜的安装位置不同，又可分为上动型（也称旁动型）、下动型和侧动型三种。隔膜跳汰机主要用于金属矿选矿厂。

空气脉动跳汰机(也称无活塞跳汰机)中的水流做垂直交变运动,是借助压缩空气进行的。按跳汰机空气室的位置不同,又分为筛侧空气室跳汰机(侧鼓式、鲍姆式)和筛下空气室跳汰机两种。空气脉动跳汰机主要用于选煤。

动筛跳汰机有机械动筛和人工动筛两种,手动已很少使用。机械动筛槽体中的水流不脉动,直接靠动筛机构用液压或机械驱动筛板在水介质中做上下往复运动,使筛板上的物料产生周期性地松散。该类型跳汰机主要用于大型选煤厂,尤其是高寒缺水地区选煤厂的块煤排矸。

4. 摇床分选

摇床分选机(table concentrator)是在一个倾斜宽阔的床面上,借助床面的不对称往复运动和薄层斜面水流的作用,进行矿石分选的一种设备,通常简称为摇床。因床面上分选介质流层很薄,故习惯上称为流膜选矿,常用于煤、铁、钨、锡、有色金属、稀有金属等矿石的分选。

最有代表性的摇床是威尔夫利(Wilfley)摇床,其形状近似于长方形的床面,长度为1.2～4.8 m,微倾斜放置,床面上平行地安装许多来复条。来复条的高度随矿物种类而异,一般为6～13 mm,从加料端沿矿浆流动方向逐渐减小。由差动机构驱动来复条做往返速度不同的直线往复运动。

摇床的分离机理是干扰沉降与流动分选相结合。床条在床面上剧烈摇动时,加强了斜面水流扰动,增强了旋涡和由此产生的水流垂直分速度对物料的悬浮作用,使物料悬浮并按密度和粒度进行分层,产生大颗粒在上层、小颗粒在下层的分层作用,既轻又大的颗粒先随水流出。此外,由于床面做差动运动的惯性力和水流的冲刷作用,使不同粒度和密度的矿粒具有不同的运动速率和方向,进而得以分离。

不同密度和粒度的矿粒沿床面的不同方向移动。首先被横向水流冲出的是最上层的低密度粗粒,接着低密度的较细颗粒在纵向运动过程中被冲出。高密度颗粒沿着床条间的沟槽运动,随着床条高度逐渐减低,它们也按粗、细顺序先后被水冲带出床面。分选的结果是各密度和粒度级别的产品在床面上呈扇形分布,其粒度和密度的分布规律如图5-18所示。因此,可通过调整收集产物的地带,获得不同质量的产品。

摇床有多种类型。摇床用于分选金属矿石时,按处理物料的粒度区分,有粗砂摇床,处理0.5～3 mm的物料;细砂摇床,处理0.074～0.5 mm的物料;矿泥摇床,处理0.038～0.074 mm的物料。摇床若按床面层数分,有单层摇床和多层摇床;按安装方式分,有落地式和悬挂式;按分选的主导作用力,可分为重力摇床和离心摇床;按流体介质,可分为水力摇床和风力干式摇床两类。最通用的分类是根据其摇动机构和支撑方式区分,由于它们决定床面的运动特性,因而也影响使用和选择。

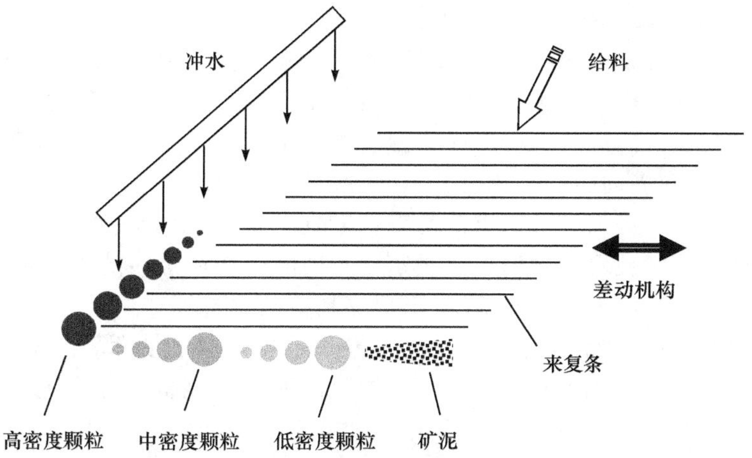

图 5－18　摇床原理

5. 溜槽分选

在溜槽中，借助水流的冲力和槽底面的摩擦力，同时利用颗粒密度、粒度和形状的差异进行分选的方法，称为溜槽选矿。这种方法在很久以前已被采用，广泛用于处理钨、锡、金、铂、铁、稀有金属矿石及煤等。目前分选 2 mm 以上粒级的粗粒金属矿溜槽已很少使用，处理 0.074～2 mm 的矿砂溜槽及处理粒径小于 0.074 mm的矿泥溜槽还在广泛应用。在选煤上，溜槽选煤由于分选效率低，用水量大，因此新设计的选煤厂已基本不再采用，只在一些小型选煤厂中还保留这种简单、动力消耗少的选煤方法。

在溜槽内，不同密度的矿粒在水流动力、矿粒重力（或离心力）、矿粒与槽底面间摩擦力等的作用下发生分层，结果使密度大的矿粒集中在下层，以较低的速度沿槽底向前运动；密度小的矿粒分布在上层，以较大的速度被水流带出。由此，不同密度的矿粒在槽内得到分选。矿粒的粒度和形状也影响分选的精确性。

根据溜槽结构和分选对象的不同，大致可分为粗粒溜槽和细粒溜槽两类。粗粒溜槽通常是木制或钢板焊成的窄而长的斜槽，在槽底装有挡板或粗糙的铺物，槽中水层厚度达 10～100 mm，水流速度较快，给矿粒度为几毫米到几十毫米。这种溜槽主要用于分选砂金、砂铂、砂锡及其他稀有金属砂矿。在工业不发达时期，这类设备应用较多，现在除选金尚有应用外，其他多已被跳汰机取代。

细粒溜槽长度不大，槽底上一般不设挡板，少数情况铺置粗糙的纺织物或带格的橡皮板，多数即直接在木制底板、塑料板或水泥面上进行分选。槽内水深度较小，深者几毫米，浅者 1 mm 左右，矿浆速度很小，呈薄层状流过设备表面。细粒溜槽是处理细粒和微细粒级矿石的有效手段，现已得到广泛应用。

一般溜槽是直的，槽身断面为矩形或梯形，将一个窄的溜槽绕垂直轴线弯曲成螺旋状，便构成螺旋选矿机或螺旋溜槽。

螺旋选矿机是美国的汉弗莱斯(I. B. Humphreys)于1941年研制成功的，故又称为汉弗莱斯分选机。其主体工作部件是一个螺旋形溜槽，螺旋有3～5圈，用支架垂直地安装起来。螺旋槽的断面为抛物线或椭圆形的一部分。槽底在纵向(沿矿浆流动方向)和横向(径向)均有相当的倾斜度。矿浆自上部给入后，在沿槽流动过程中发生分层。进入底层的重矿物颗粒趋向于槽的内缘运动，轻矿物颗粒则在快速的回转运动中被甩向外缘。于是密度不同的矿物在槽的横向方向展开形成分选带。在槽的内缘给入冲洗水，有助于提高精矿的质量。

螺旋溜槽出现较晚，20世纪60年代末开始在工业上使用。它与螺旋选矿机的不同之处在于，螺旋溜槽具有较宽和较平缓的槽底，断面呈立方抛物线形，因而适于处理更细粒级的原料，且在选别中不加冲洗水。

6. 重介质分选

当介质密度ρ近似等于粉体颗粒密度ρ_p时，无论粒度范围多大，均可将其分离出来。对重介质性能的要求是密度大，黏度低，化学稳定性好，无毒、无腐蚀性，易回收再生。

重介质分为两大类：重液和重悬浮液。重液是一些密度大的有机液体或无机盐类的水溶液，可用有机溶剂或水调配成不同的密度。常用的重液有三溴甲烷或四溴乙烷，最大密度为2.9～3.0 g·cm^{-3}；杜列液(Durrie's solution)，碘化钾和碘化汞配成的水溶液，3.2 g·cm^{-3}；二碘甲烷，3.3 g·cm^{-3}；克列里奇液(Clerici's solution)，甲酸铊和丙二酸铊配成的水溶液，4.2 g·cm^{-3}。这些重液一般价格昂贵，有些还对人体有害，故只限于实验室使用。工业上采用重悬浮液作为重介质，重悬浮液是由细粉碎的密度大的固体颗粒与水组成的两相流体，大密度颗粒起加大介质密度的作用，故又称为加重质，选矿用的加重质主要有磁铁矿、方铅矿、黄铁矿、硅铁等。

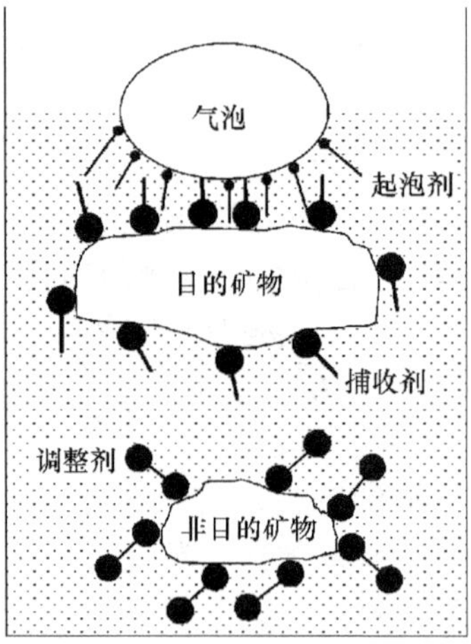

图5-19　浮选原理

5.6.2　浮选

1. 浮选原理

浮选(flotation)是利用矿物与脉石杂质的表面性质不同而进行分离的一种方法。其分离作用是靠颗粒有选择地附着于吹入悬浊液中的空气泡上而上浮。浮选操作有三个步骤，如图5-19所示，①调整需分离混合物的颗粒表面性质，使其中的一种成分（目的矿物）附着于空气泡，另一种成分（非目的矿物，脉石）则沉浸于水中；②加起泡剂，产生稳定的泡沫；③将附着于泡沫和不附着于泡沫的颗粒加以分离。

浮选仅适用于一定的粒度范围，一般对超过 16 目的粗颗粒和小于 325 目的细颗粒无效，最适宜粒径为 50～300 μm。

起泡剂通常采用表面活性强、无捕收性、对颗粒无化学反应、起泡率大、离开浮选机后立即消泡、价廉的药剂，一般为带羟基、醚氧基等的有机化合物。

为使有用矿物有选择地与气泡附着，常在该矿物表面覆以煤焦油、石油、油酸、亚油酸及带巯基、羧基、氨基等的异极性有机化合物（阳离子型和阴离子型）等捕收剂。所用的捕收剂虽因矿物种类不同而异，但均与矿物结合生成碳水化合物层。当矿物颗粒与捕收剂不能紧密结合时，可以用活化剂改变颗粒表面性质。例如，闪锌矿可用蓝矾（$CuSO_4 \cdot 5H_2O$），石英和黄铁矿可用 $CaCl_2$ 和 $BaCl_2$ 等。

为使非目的矿物易于亲水，常用抑制剂在颗粒表面覆一层极性薄膜，一般用无机盐或带羟基或羧基等的有机物。

2. 浮选机

浮选机有机械搅拌式浮选机、喷射式浮选机、微泡浮选机（浮选柱）等形式。机械搅拌式浮选机主要由承浆槽、搅拌装置、充气装置、排出矿化气泡装置、电动机等组成，如图 5－20 所示。

图 5－20　机械搅拌式浮选机

（1）承浆槽。有进浆口及调节矿浆面的闸门装置，主要由用钢板焊成的槽体、钢板与圆钢焊成的闸门组成。

（2）搅拌装置。用于搅拌矿浆，防止矿砂在槽体底部发生沉淀，主要由皮带轮、叶轮、垂直轴等组成，叶轮由耐磨的橡胶等材料制成。

（3）充气装置。由导管进气管组成，当叶轮旋转时，叶轮腔中产生负压，将空气通过中空的泵管吸入，并弥散在矿浆中形成气泡群。这种带有大量气泡的矿浆由于受到叶轮的旋转力作用而被很快抛向定子，进一步使矿浆中的气泡细化，以及消除浮选槽中矿浆流的旋转运动，造成大量垂直上升的微泡，为浮选过程提供必要的条件。

（4）排除矿化气泡装置。该装置的作用是将浮在槽面上的附着有目的矿物的泡沫刮出，主要由电机、减速器、刮板组成。

5.6.3 磁选

一般物质都有磁性。如果以某物质为芯子绕以线圈，通脉冲电流测其磁通强度时，可发现铁的磁通强度增大数千倍，镍、钴的增大数百倍，产生这种效应的物质称为强磁性体；玻璃、铋等物质的磁通强度反而减小，这类物质称为反磁性体。可供磁选(magnetic separation)的物质是强磁性物质和顺磁性物质中磁性较强的物质。

磁选可分为干法磁选和湿法磁选两种。

1）干法磁选

干法磁选的形式很多，如滚筒内装永久磁铁或电磁铁的胶带输送机，用于除去较大的铁块等磁性物质。对于弱磁性物质，尤其是强磁性物质以不同的比例混合于其他物质间，即所谓混合颗粒，可采用强磁场分离机进行磁选。

2）湿法磁选

对微粉的磁选而言，颗粒的分散性越好，湿法磁选的性能也越好。但为克服黏性和表面张力的影响，故需用强磁力。用球磨机粉磨黏土时，因钢球的磨耗而有铁质混入黏土，这会使烧成的陶瓷制品呈红色，降低产品质量。针对这种情况，可在线圈的中央、纵向、横向装设格子式除铁过滤器，让黏土浆流过便可除铁。

5.6.4 电选

电选(electric separation)是利用矿物在电场中电性的差异进行分离的一种选矿方法。矿物的电性包括导电率、介电常数、比导电度和整流性等。电选是对粗精矿精选实现矿产资源综合回收的重要手段之一。近年来，在选别有色金属和稀有金属矿石(锡矿石、钨矿石、锂矿石、锆英石、金红石、钛铁矿)、黑色金属矿石(铁矿石、锰矿石、铬矿石)、非金属矿石(金刚石、石墨、石棉、陶瓷原料型砂、玻璃原料、磨料、煤、岩盐、钾岩)及铀矿石等时，电选得到采用。特别是对于重选、磁选难于分离的白钨矿与锡石、铌钽矿与石英、煤与黄铁矿、铁矿石与脉石，采用电选法处理可以有效地分离。电选也用于矿石或原料的分级和除尘。

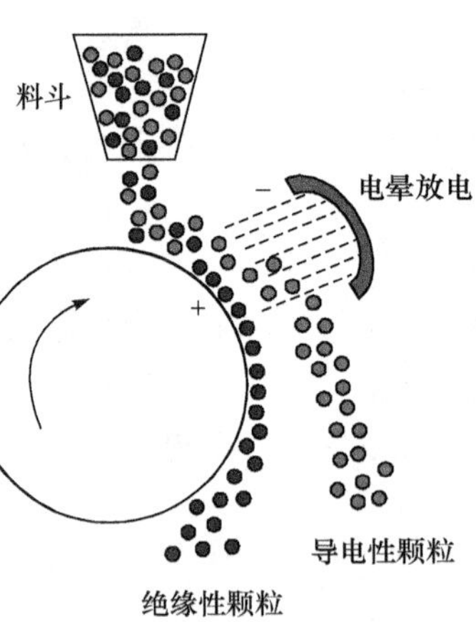

图 5－21　电选原理

靠静电分离的颗粒必须是其电荷大小或符号不同。常用的颗粒带电方法有两种：①摩擦带电法，粉体经摩擦带电后再通过电极间时，由于运动轨迹不同而分离；②电晕放电法，如图 5－21 所示。电晕极放出的离子使颗粒荷电，当带电颗粒洒到导体滚筒上时，因导体滚筒接地，使导电性好的颗粒立即失去电荷，自由地脱离转子；而导电性差的颗粒，即使与导体转子接触，因不易放电，故随转子回转，从而将导电性不同的两种颗粒加以分离。因电选机的分离性能易受大气湿度影响，所以必须控制湿度。

电选机按矿物带电方式，可分为传导带电电选机、摩擦电选机、介电分选机、热电黏附电选机；按电场特性，可分为静电场电选机、电晕电场电选机、复合电场电选机；按设备结构形式特征，可分为鼓筒式电选机、室式电选机、自由落下式电选机、筛板式电选机、皮带式电选机、圆盘式电选机、摇床式电选机、旋流式电选机；按处理的矿物颗粒大小可分为粗粒电选机、中粒电选机、细粒电选机。目前普遍采用的是以结构特征为主，结合其他特性的分类方法，如鼓筒式高压电选机、旋流式细粒电选机等。国内外广泛应用的是鼓筒式电选机，其次为自由落下式及筛板式电选机，其他形式使用得不多。

5.6.5　物理分离

(1) 倾斜输送机式分离机。采用倾斜带式输送机可对球形颗粒和非球形颗粒按形状分选。例如，将粒状物料加在薄钢带输送机的中部时，密度大和弹性大的颗粒因钢带的反弹，沿斜置钢带向下滚动；轻而无弹性的颗粒则被钢带送至顶部卸出。

(2) 摩擦分离器。摩擦分离是利用圆筒的摩擦系数或薄钢板圆筒反弹系数的不同而进行分离的。倾斜回转圆盘是利用摩擦系数不同进行分离的，可以用于分选球形颗粒中的异形颗粒或非球形颗粒，回转数、倾斜角、圆盘材质和摩擦面的粗糙程度必须选择适当。

(3) 回转选分器。古代早已利用糙米和稻壳的物理性质不同(表 5－5)制成分选糙米和稻壳的工具“脱壳筛子”。回转选分器就是利用这一原理加以机械化的装置之一。

表 5－5　稻壳和糙米的物理性质比较

物理性质	稻壳	糙米
颗粒密度 $\rho_p/(g\cdot cm^{-3})$	1.1～1.2	1.34～1.41
表面摩擦系数	0.83	0.62

(4) 附着力分选器。粉体由范德华力产生的附着力与粒度的大小有关，且随接触时间的长短而不同。可利用这一特性，在实验室条件下对 5 μm 左右的颗粒进行分级。

第6章　粉体的储存与转运

6.1　粉体的储存

6.1.1　粉体料仓的种类

粉体料仓有各种习惯名称，根据其功能可区分为如下三种：

(1) 筒仓。主要用于储存时间较长(数星期至数月)、量较大的粉体，为筒形大型容器，床面设置得比较低。

(2) 料斗。用于调节工序间物料量的变化，储存时间较短(数小时至数日)，是兼作漏斗用的容器。

(3) 漏斗。不作储存用，主要用作料流方向和速度的调节，是底部呈圆锥形、棱锥形或切缝状的器具。

6.1.2　料仓内粉体的流出

对于粉体从料仓内的流出行为，T. Kvapil将部分颗粒染色后分层填充，通过安装在仓壁上的玻璃观察颗粒的运动情况。还有研究者采用摄像分析、X射线测定等手段，将粉体从料仓流出的形式分为漏斗流和质量流两种类型。

1. 漏斗流

漏斗流又称"核心流"。这种流动发生在平底的料仓或带料斗的料仓中，由于料斗顶角太大(斜度太小)或料斗壁面太粗糙致使粉体难以沿着料斗壁面滑动，在靠近壁面处存在滞留区，流动的粉体是从料堆中的通道到达出口的。当粉体在料位差的压力下固结时，物料密实、流动性差，有效流动通道卸空物料后，就会形成穿孔，情况严重时物料会在卸料口上方形成料桥或料拱。流动通道周围的物料不稳定，会产生一停一开的流动、脉冲式流动或不稳定流动。在卸料频率高时，这种脉冲会导致料仓结构的破坏。

漏斗流料仓的缺点如下：

(1) 出料口的流速不稳定，料拱一会儿形成，一会儿碎裂，致使流动通道变得不稳定。而且流动通道内的应力变化会导致卸料时粉体的密度变化，使安装在卸料口的容积式给料器的给料量不稳定。

(2) 如果不流动区的物料强度增至足够大，留在原处不动形成死角，那么当流动通道卸空物料后，就会形成穿孔或通道，不能正常卸料。

(3) 料拱或穿孔崩塌时，细料粉被充气，继而失控倾卸出来。存在这种情况时，需要用正压密封卸料装置或给料器。

(4) 滞留区的物料会结块、变质。

(5) 沿料仓壁面长度方向安装的料位指示器若被埋于滞留区物料中，就不能正确指示料仓下部的料位。

2. 质量流

质量流又称“整体流”。这种流动发生在带有陡峭而光滑料斗的筒仓内，流动通道与料仓壁或料斗壁一致，物料全部处于运动状态，贴着垂直仓壁和收缩料斗壁滑移。

质量流料仓的优点如下：

(1) 避免粉体的不稳定流动及沟流。

(2) 形成“先进先出”的流动，防止粉体在储存期间出现结块和变质问题。

(3) 粉体的偏析问题较轻或被消除。

(4) 卸料时粉体密度均匀，粉体流量稳定，容积式计量给料装置的运行准确可靠。

(5) 料仓内任意横截面上压强相对均匀，密实程度较均匀，流动边界可预测，易于进行流动分析。

3. 孔口流出

粉体从容器底部孔口流出时，质量流出速度与粉体层的高度无关，这是粉体和液体的明显不同之处，也是我国古代沙时计的原理。

孔口上部的粉体颗粒相互挤压形成拱结构，由于拱结构承受着上部的压力，因此，粉体流量与粉体高度无关。该拱与后述架桥现象阻碍粉体排出的静态拱不同，构成拱结构的颗粒不断地落到拱下，并不断有新颗粒补充上来，此拱处于动态平衡，故称为动态拱。

布朗等用高速录像研究了孔口的流出状态，并导出流出速度。粉体流出与水流出的相似之处是，在孔口处存在断面收缩部分，但圆形孔口的内缘有环状空隙形成。W. E. Deming 等研究了与粉体流动现象有关的因素，提出许多经验公式并进行了理论探讨，这些公式一般可归纳为如下形式：

$$\frac{G}{\rho_p}=\alpha D_0^n \tag{6.1}$$

式中，G 为粉体的质量流量；ρ_p 为粉体颗粒密度；α 为与粉体物性（粒度、内摩擦系数等）有关的常数；常数 n 在 2.5～3.0 取值，绝大多数情况 $n=2.7$。孔口大小 D_0 的实验值下限约为 1 mm，低于下限时，有些场合粉体无法流出；实验值上限为 200 mm左右，超过上限者因实验规模变大，尚无报告。孔口纵断面的形状对流量有很大影响，因此，必须保证孔口结构一定。此外，如果容器直径比孔口直径大6倍以上，则可忽略器壁的影响。

孔口直径较大、高而细的容器会产生复杂的壁效应，出现流量随容器倾角变化而变化的现象，倾角为10°～20°时，流量增大。而且，当物料流出速度增大时，会产生脉动流。对于约0.5 mm的海沙，在直径约30 mm、高度4～8 mm的钢管内流出时，会发出100 dB(分贝)以上的脉动噪声。

6.1.3　料仓内粉体的结拱及防范措施

1. 料仓内粉体拱的类型

如图6-1所示，料仓内粉体结拱的类型一般有如下四种：

(1) 压缩拱。粉体因受压力的作用，固结强度增大而导致的结拱。

(2) 楔形拱。楔形颗粒相互啮合达到力平衡而导致的结拱。

(3) 黏结黏附拱。黏聚性强的物料因含水、吸潮或静电作用，增强了物料与仓壁的黏附力而导致的结拱。

(4) 气压平衡拱。因料仓卸料器气密性差，空气漏入料仓，当上下气体压力达到平衡时所形成的料拱。

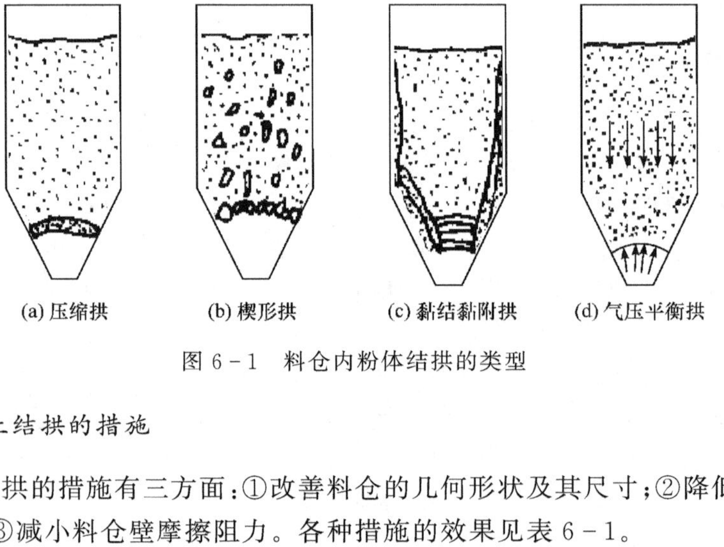

(a) 压缩拱　(b) 楔形拱　(c) 黏结黏附拱　(d) 气压平衡拱

图6-1　料仓内粉体结拱的类型

2. 防止结拱的措施

防止结拱的措施有三方面：①改善料仓的几何形状及其尺寸；②降低料仓内粉体的压力；③减小料仓壁摩擦阻力。各种措施的效果见表6-1。

表6-1　防止料仓内粉体结拱的措施及其效果

防拱措施 \ 结拱类型		压缩拱	楔形拱	黏结黏附拱	静电黏附拱	气压平衡拱
改善料斗形状和尺寸	卸料口大、料斗顶角小	A	A	C	C	B
	非对称性料斗(偏心卸料口)	C	A	B	D	A

续表

防拱措施 \ 结拱类型		压缩拱	楔形拱	黏结黏附拱	静电黏附拱	气压平衡拱
降低粉体压力	减小料仓间隔	A	B	C	C	B
	采用改流体	A	B	C	C	B
减小仓壁摩擦阻力	振动	B	D	C	C	C
	链锤	C	B	B	B	B
	充气	B	D	C	C	C
	减小仓壁粗糙度	A	C	B	D	D
	排气	D	D	D	D	A
	防潮	D	D	A	D	D
	消除静电	D	D	D	A	D

注：效果 A>B>C>D，其中 D 为无效。

6.1.4　粉体的偏析及防范方法

1. 偏析现象

粉体流动时，由于不同颗粒在粒度、密度、形状、表面性状等方面的差异，以及振动、下落轨迹、颗粒冲撞、安息角等的差异，粉体层的组成呈现不均质的现象称为偏析（segregation）。

1）渗流偏析

粉体堆积时，动态粉体层内的颗粒因粒度或密度不同而穿插运动的现象称为颗粒间的渗流现象。渗流是粉体堆产生偏析的原因之一。

粉体是按安息角堆积的，若由堆积斜面的上方供料时，粉体将沿静止粉体表层的斜面产生重力流动。若为慢慢供料，则流动时断时续地进行。慢慢堆积时，粉体以静止安息角为条件保持平衡，一旦流动发生，则一直进行达到安息角时才会停止，这种流动出现在堆积面大的某些局部。

粉体颗粒因粒度不同而渗流产生的偏析称为粒度偏析。静止粉体层之上的粉体时断时续流动时，表面粉体层颗粒之间有间隙，又处于运动状态，因此，大、小颗粒混合物中的小颗粒将钻过大颗粒的间隙，到达流动粉体层的下层，即到达静止粉体层中。这时，流动粉体层具有筛分中筛网的作用，由粉体的供料点开始沿流动方向上颗粒的粒度逐渐增大，细颗粒堆积于靠近粉体供料点处，而粗颗粒堆积于远离供料点处，如图 6－2 所示。供料速度越小、粉体流动性越

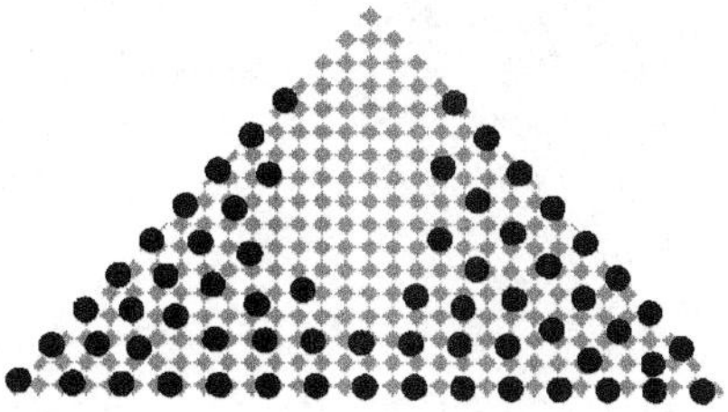

图 6－2　渗流产生的粒度偏析

大、粒度分布越广，则粒度偏析越严重。因此，为了尽可能减小粒度偏析，必须减小粉体流动长度，而且要增大堆积速度。粉体由供料口正下方的排料口排出时，卸料初期的细粉多，后期形成很多蚁穴状孔洞，继而引起局部崩塌，构成复杂的粒度变动。

粉体颗粒因密度不同而渗流产生的偏析称为密度偏析。密度不同的混合粉体在堆积时，密度大的颗粒易钻过密度小的颗粒间隙到达粉体层的下层，密度大的颗粒堆积于靠近供料点处，而密度小的远离供料点处。

2）振动对偏析的影响

振动槽内的颗粒在振动力的作用下，大颗粒会向粉体层的表面上升，小颗粒会向大颗粒的下面运动。当细料累积并密实时，就能支托住大颗粒，使大颗粒上升到表面。料仓通常不会受到很强的振动，因此可不考虑振动对偏析的影响，但是小型喂料斗和斜槽需考虑。

3）颗粒的下落轨迹对偏析的影响

在输送机或斜槽上如果已产生偏析，则固定的颗粒下落轨迹将会维持这种偏析状态，致使料仓内水平方向上粉体的组成有差异，如有的部位大颗粒多、有的部位小颗粒多。有控制地改变下落轨迹，也可改变偏析状况，如有目的地减小或增大偏析。

4）料堆上的颗粒冲撞对偏析的影响

大颗粒冲撞到料堆上时，势必在较小的颗粒上滚动或滑动，使之集中在外面。弹性好、粒度大的颗粒偏析于料堆外围；弹性小、粒度小的颗粒偏析于料堆靠近供料点处。颗粒的抛落距离越大，冲撞的影响越大。

5）安息角的影响

粒度相同、密度相同、安息角不同的粉体组成的混合物料倾倒在料堆上时，安息角大、流动性差的颗粒往往集中在料堆的中心附近，安息角小、流动性好的颗粒往往流向料堆的外围。

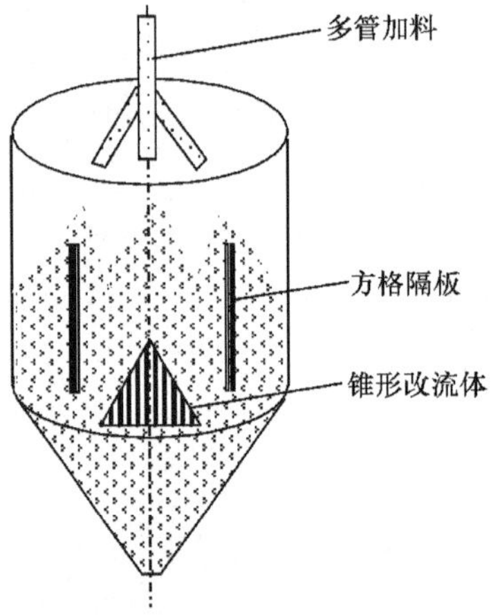

图 6-3　防止偏析的方法

2. 防止偏析的方法

防止偏析的基本方法是尽量减小料堆斜坡上粉体的流动长度，这样势必要减小料仓直径，无法采用大尺寸以满足设计所需的容量。因此，可在料仓内设置同心状或方格状隔板，以减小粉体的流动长度；另外，改变投料方法，设置挡板，或使用改流体以改变粉体的流型，也有一定效果，如图 6-3 所示。

6.1.5　粉体仓容量的计算

粉体堆积时构成安息角 φ_r，因此，料仓会产生容积损失，如图 6-4 所示。料仓容量为其容积扣除容积损失 V_L 后的实际容积。

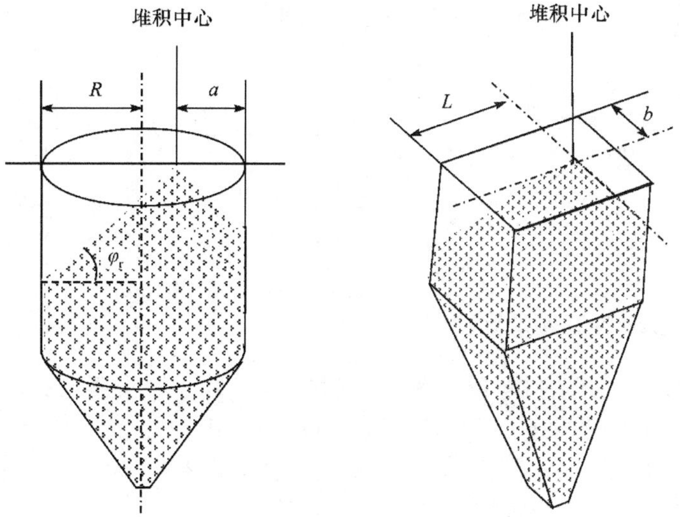

图 6-4　圆筒形和棱柱形料仓

对于筒仓，半径为 R，堆积中心离壁面的距离为 a，令 $F=(1-a/R)^2$，则容积损失 V_L 为

$$V_L=\frac{4}{3}R^3\left\{3F\int_0^{\frac{\pi}{2}}\cos^2 x\sqrt{(1-F)+F\cos^2 x}\,dx+\int_0^{\frac{\pi}{2}}\left[(1-F)+F\cos^2 x\right]^{\frac{3}{2}}dx\right\}\mathrm{tg}\varphi_r$$

$$=f_c R^3\,\mathrm{tg}\varphi_r \tag{6.2}$$

式中，损失系数 f_c 为积分项，对应于 a/R 的 f_c 值可查图 6-5。

对于棱柱形料仓，可看作通过堆积中心铅垂地分为四部分，设长边为 L，短边为 b，并令 $\beta=b/L$，则可按下式计算容积损失 V_L：

$$V_L=\frac{L^3}{6}\left[2\beta\sqrt{1+\beta^2}+\beta^3\ln\left(\frac{1+\sqrt{1+\beta^2}}{\beta}\right)+\ln\left(\beta+\sqrt{1+\beta^2}\right)\right]\mathrm{tg}\varphi_r$$

$$=f_p L^3\,\mathrm{tg}\varphi_r \tag{6.3}$$

式中，f_p 值可根据 b/L 值计算，也可查图 6-5。

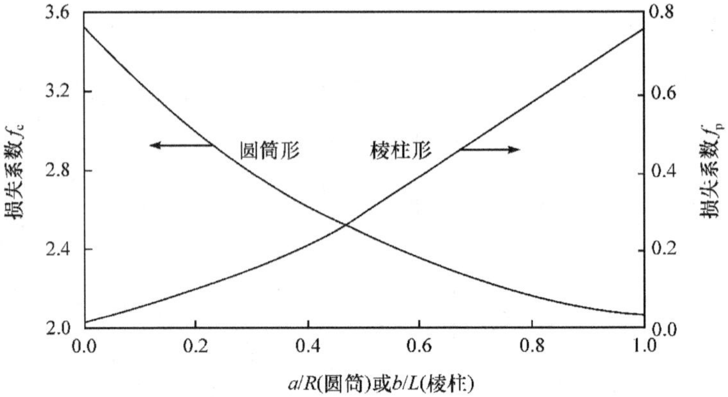

图 6-5　容积损失系数

6.1.6　粉体仓卸料口的设计

料仓内的粉体由于粉体压力和颗粒间的附着力等的作用，往往造成卸料口结拱、堵塞现象，使粉体处理过程的连续化和自动化出现故障。20 世纪 60 年代初，詹尼克(A. W. Jenike)以粉体力学为基础，对这一现象进行了理论研究，并提出可以进行卸料口定量设计的方法。

1. 屈服轨迹

根据压缩或剪切实验数据可作出粉体的破坏包络线，如图 6-6 所示，又称为屈服轨迹 YL(yield line)，实际的屈服轨迹是稍微凸起的半圆形，并且轨迹不是无限延伸的，而是终止于 F 点。经坐标原点 O 并与过屈服轨迹终点 F 的莫尔圆相切的直线称为有效屈服轨迹 EYL(effective yield line)。

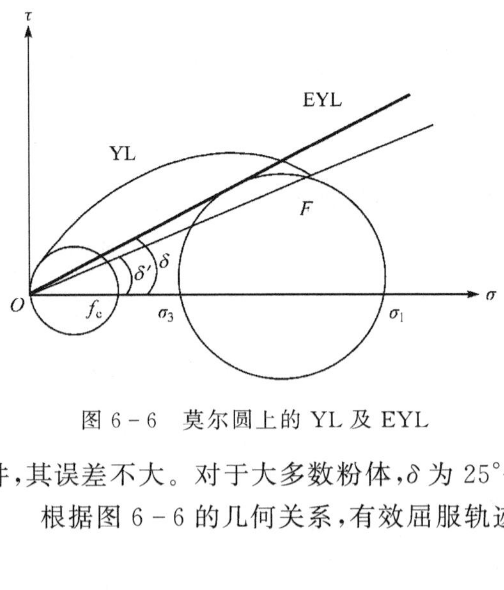

图 6-6　莫尔圆上的 YL 及 EYL

EYL 的斜率角称为有效内摩擦角 δ，与原点 O 和屈服轨迹终点 F 连线的斜率角 δ' 相差约 5°，即采用 EYL 表示不同预压状态下的破坏条件，其误差不大。对于大多数粉体，δ 为 25°～70°。

根据图 6-6 的几何关系，有效屈服轨迹 EYL 可以用方程式(6.4)确定：

$$\sin\delta=\frac{\sigma_1-\sigma_3}{\sigma_1+\sigma_3} \tag{6.4}$$

2. 开放屈服强度的概念

料仓内的粉体处在一定的压力作用之下，因此，具有一定的固结强度。当然，固结强度除取决于压力外，还与温度、湿度及压力作用时间等有关。如果卸料口形成稳定的料拱，该料拱的固结强度即物料在自由表面上的强度称为开放屈服强度。

如图 6－7(a)所示，在一个筒壁无摩擦的理想圆柱形圆筒内，将粉体在一定的预加压应力 σ_1（称为固结主应力）作用下压实。去掉圆筒，在不加任何侧向支承的情况下，如果被预压的粉体试件不倒塌，如图 6－7(b)所示，则说明其具有一定的密实强度，这一密实强度就是开放屈服强度 f_c。倘若粉体试件倒塌，如图 6－7(c)所示，则说明这种粉体的开放屈服强度 $f_c=0$。显然，开放屈服强度 f_c 值小的粉体，流动性好，不易结拱。

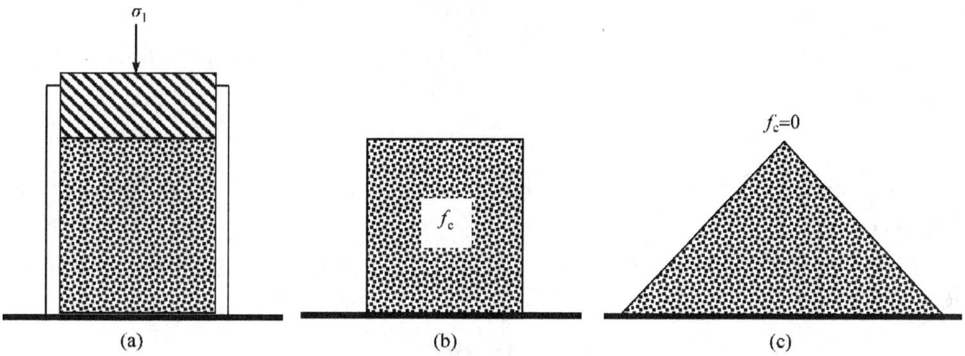

图 6－7　开放屈服强度

3. 开放屈服强度的确定方法

图 6－7(b)中粉体压块的自由表面上的主应力和剪应力均为零，这就相当于莫尔圆上的最小主应力 $\sigma_3=0$，剪应力 $\tau=0$，而最大主应力 $\sigma_1=f_c$ 的应力状态。因此，如图 6－6 所示，通过坐标原点并与屈服轨迹 YL 相切的莫尔圆的 σ_1 即为 f_c。

4. 流动函数

固结主应力与开放屈服强度 f_c 之间存在一定的函数关系，詹尼克将其定义为流动函数 F(flow function)

$$F=\frac{\sigma_1}{f_c} \tag{6.5}$$

F 表征料仓内粉体的流动性，当 $f_c=0$ 时，$F=\infty$，即粉体完全自由流动。在

表 6-2　流动函数 F 与粉体流动性

F 值	流动性
$F<1$	凝结(如过期的水泥)
$1\leqslant F<2$	强黏聚性、不流动(如湿粉体)
$2\leqslant F<4$	有黏聚性(如未过期干燥的水泥)
$4\leqslant F<10$	易流动(如湿砂)
$F\geqslant 10$	自由流动(如干砂)

一定的固结应力 σ_1 作用下，所得开放屈服强度 f_c 小的粉体，即 F 值大者，粉体流动性好。流动函数 F 与粉体流动性的关系见表 6-2。

5. 料斗流动因数

料斗形状、仓壁摩擦系数等因素决定料仓内粉体的流动性质，詹尼克用料斗流动因数 f(flow factor)表示，并定义为料斗内粉体固结主应力 σ_1 与作用于料拱脚的最大主应力 $\bar{\sigma}_1$ 之比，即

$$f=\frac{\sigma_1}{\bar{\sigma}_1} \tag{6.6}$$

作用于料拱脚的最大主应力 $\bar{\sigma}_1$ 可由式(6.7)确定：

$$\bar{\sigma}_1=\frac{\rho_b B}{H(\theta)} \tag{6.7}$$

式中，ρ_b 为物料容积密度；B 为卸料口宽度；$H(\theta)$ 为料斗半顶角 θ 的函数，可按式(6.8)近似计算：

$$H(\theta)=(1+m)+0.01(0.5+m)\theta \tag{6.8}$$

式中，m 为料斗形状系数，对于轴线对称的圆锥形料斗，$m=1$；对于平面对称的楔形料斗，$m=0$。

对于一定形状的料斗，σ_1 和 $\bar{\sigma}_1$ 与料斗直径呈线性关系，根据应力分布理论可得

$$f=\frac{H(\theta)(1+\sin\delta)}{2\sin\theta}(1+m) \tag{6.9}$$

式中，δ 为有效内摩擦角。f 值越小，料斗的流动条件越好，因此料斗设计时要尽量使 f 值小。

6. 料仓卸料口径的确定

根据詹尼克理论，质量流料仓的卸料口径取决于粉体流动函数与料斗流动因数的比值，即质量流的条件为

$$\left.\begin{array}{l} F>f \\ f_c<\bar{\sigma}_1 \end{array}\right\} \tag{6.10}$$

结拱的临界条件为 $F=f$。如果以 $f_{c,crit}$ 表示结拱时临界开放屈服强度，则可写成 $\bar{\sigma}_1=f_{c,crit}$，代入式(6.7)，即得料斗最小卸料口径为

$$B=\frac{f_{c,crit}H(\theta)}{\rho_b} \tag{6.11}$$

詹尼克理论原则上适用于细粒物料(粒径<0.83 mm),因为粗粒物料不存在屈服强度,对粗粒物料可参照下列公式确定极限出口径的大小。

兰梅德(C. Langmaid)等提出用式(6.12)和式(6.13)计算长条形和圆形孔口结拱的极限流出口径。设 L 为长条形孔口的极限流出口径,D_c 为圆形孔口的极限流出口径,d_{S_V} 为等体积比表面积球当量径,Φ_S 和 Φ_V 分别为表面积形状系数和体积形状系数,则

$$\frac{L}{d_{S_V}}=1.8+0.038\left(\frac{\Phi_S}{\Phi_V}\right)^{1.8} \tag{6.12}$$

$$\frac{D_c}{d_{S_V}}=2.3+0.071\left(\frac{\Phi_S}{\Phi_V}\right)^{1.8} \tag{6.13}$$

对于球形颗粒,因 $\Phi_S/\Phi_V=6$,因此,$L/d_{S_V}=2.8$,$D_c/d_{S_V}=4.1$。对于粉碎产生的颗粒(形状不规则)$\Phi_S/\Phi_V=10$ 左右,故 $L/d_{S_V}=4.2$,$D_c/d_{S_V}=6.8$。

此外,菲阿尔科夫(Фиалков)根据关于成拱形状的菲阿尔科夫理论提出如下关系式:

$$\frac{D_c}{d_{S_V}}=\frac{2\mu_i^2}{1-\mu_i^2}\left(0.5+\frac{1-\mu_i}{\sqrt{1+\mu_i^2}}\right) \tag{6.14}$$

式中,μ_i 为粉体的内摩擦系数。

克瓦皮尔提出,对于形状不规则的颗粒,圆形孔口 $D_c/d_{S_V}=6.15$,边长为 l 的正方形孔口 $l/d_{S_V}=7$。

尽管容器底部出口的尺寸远大于颗粒的尺寸,但有时卸料不流畅,甚至中止,这种现象称为闭塞现象,由于结拱而导致闭塞的现象又称为架桥现象。

7. 漏斗部位的立体角

因为棱形容器的两个面之间的立体角小于容器各壁面与水平面之间的夹角,如图 6-8 所示,所以,在立体角处(漏斗部位)粉体更易停滞而出现死角。为避免容器内出现死角,在设计粉体容器时,必须使立体角大于粉体与容器壁间的摩擦角。只要立体角∠C 足够大,则夹角∠A 和∠B 也必然足够大,就不会导致粉体滞留而形成死角。人们绘制了根据夹角∠A 和∠B 求立体角∠C 的图表,也可用式(6.15)计算立体角∠C:

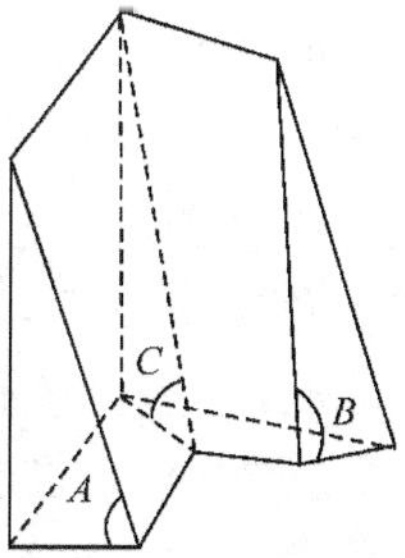

图 6-8　漏斗部位的立体角

$$\mathrm{ctg}^2\angle C=\mathrm{ctg}^2\angle A+\mathrm{ctg}^2\angle B \tag{6.15}$$

6.2　粉体的输送

6.2.1　胶带输送机

胶带输送机(rubber belt conveyor)是工业过程中应用最普遍的一种连续输送机械,可用于水平方向和坡度不大的倾斜方向对粉体和物件的输送,还可以用于流水作业生产线中,有时还可作为某些复杂机械的组成部分。它具有生产效率高、运输距离长、工作平稳可靠、结构简单、操作方便等优点。按机架结构形式可分为固定式、可搬式、运行式三种,一般为固定式。胶带输送机由输送带、托辊、驱动装置、改向装置、拉紧装置、装料及卸料装置、清理装置、制动装置等构成。

输送带起曳引和承载作用。输送带主要有织物芯胶带和钢绳芯胶带两大类。织物芯胶带中的衬垫材料通常用棉织物,近年来也有用化纤织物,如人造棉、人造丝、尼龙、聚氨酯纤维和聚酯纤维等。输送带面有橡胶带和聚氯乙烯塑料带两种,其中橡胶带应用广泛。塑料带除了具有橡胶带的耐磨、弹性等优点外,还有优良的化学稳定性、耐酸性、耐碱性及一定的耐油性等,具有较好应用前景。

橡胶带由若干层帆布组成,帆布层之间用硫化方法浇上一层薄的橡胶,胶带的上面及两侧都覆以橡胶保护层。帆布层的作用是承受拉力,帆布层越多,能承受的拉力也越大,但胶带的横向柔韧性变小,胶带不能与支承它的托辊平伏地接触,使胶带易于走偏而把物料倾卸出来。橡胶层的作用一方面是保护帆布不至于受潮腐烂,另一方面是防止物料对帆布的摩擦损坏。橡胶层的工作面(与物料接触的面)和非工作面(不与物料接触的面)有所不同。橡胶层的厚度根据物料的尺寸及物理性质而定,通常情况下为 1.5～3.0 mm。

橡胶带的连接是影响胶带使用寿命的关键问题之一。由于接头处强度较弱,计算时橡胶带的安全系数势必取得较大,因此影响胶带能力的充分发挥。为保证胶带正常运转和节约橡胶,必须合理地解决连接问题。橡胶带的连接方法可分为硫化胶结和机械连接两类。硫化胶结法是将胶带接头部位的帆布和胶层按一定形式和角度切割成对称阶梯形,涂以胶浆使其黏着,然后在一定的压力和温度下加热一定时间,经过硫化反应,生橡胶变成硫化橡胶,使接头部位获得黏着强度。

夹钢绳芯橡胶带是以平行排列在同一平面上的许多条钢绳芯代替多层织物芯层的输送带。钢绳由很细的钢丝捻成,直径为 2.0～2.3 mm。夹钢绳芯橡胶输送带的主要优点是抗拉强度高,适用于长距离和陡坡输送,伸长率小(为普通胶带的 1/5～1/10),因而可缩短拉紧行程;带芯较薄,纵向挠曲性能好,易成槽(槽角 35°),这不仅能增大输送量,也可防止皮带跑偏,横向挠曲性能好,滚筒直径可以较小;动态性能好,耐冲击、耐弯曲疲劳,破损后易修补,因而可提高作业速度;接头强度大,安全性较高;使用寿命长,是普通胶带使用寿命的 2～3 倍。其缺点是,当覆盖胶损坏后，钢丝裸露而易被腐蚀；使用时要防止物料卡入滚筒与胶带之间，因其延伸率小而易被拉断。带式输送机已向长距离、大输送量、高速度方向发展。目前各国使用的长距离、大输送量输送机多数采用夹钢绳芯橡胶带。

塑料输送带有多层芯和整芯两种。多层芯塑料带和普通橡胶带相似。整芯塑料带的生产工艺简单，生产效率高，成本低，质量好。塑料带的接头方法有机械法和塑化法两种。机械接头的安全系数与橡胶带相似，塑化接头能高达塑料本身强度的 70%～80%。

各种带宽使用的物料最大粒度如表 6-3 所示。当带宽超过 1200 mm 时，输送物料的最大粒度不是随带宽的加大而增大，其输送物料的最大粒径不宜超过 350 mm。当胶带输送机倾斜布置时，不同的物料允许的胶带最大倾角不同，与物料的安息角及密度有关，参见表 6-4。

表 6-3　各种带宽适用的物料最大粒径

带宽/mm	500	650	800	1000	1200	1400
最大粒径/mm	100	150	200	300	350	350

表 6-4　物料特性与倾斜输送时的最大允许倾角

物料名称	密度 ρ_b/(t · m^{-3})	安息角 φ_r/(°)	最大允许倾角/(°)
块状无烟煤	0.9～1.0	27	15～16
细碎无烟煤	1.0	27	18
褐煤块	0.7～0.9	35～45	18
粉煤、精煤、中煤、尾煤	0.6～0.85	45	20～21
原煤	0.85～1.0	50	18～20
焦炭	0.5～0.7	50	17～18
粉状焦炭	0.4～0.56	30～45	20
铁矿石	1.6	35	14～16
大块破碎的石灰石	1.6～2.0	38	18
小块破碎的石灰石	1.2～1.5	35	15
干砂	1.3～1.4	30～35	16
废型砂	1.2～1.3	39	20
混有砾石的湿砂	2.0～2.4	30～35	16
干松泥土	1.2～1.4	35	20
湿土	1.7～2.0	30～35	20～23
高炉渣	1.3	35	18～20
水泥	1.2～1.5	30～40	15～20
食盐	0.8～1.3	25	20
谷物	0.7～0.85	24	16
化肥	0.9～1.2	18	12～15

6.2.2 螺旋输送机

螺旋输送机(screw conveyor)是一种常用的粉体连续输送设备。其优点是构造简单,在料槽外部除传动装置外,没有其他转动部件,占地面积小,易封闭,管理、维护、操作简单,便于多点装料和多点卸料。螺旋输送机的缺点是运行阻力大,这些阻力主要存在于料槽与螺旋叶片之间、螺旋面与物料之间、料槽与物料之间,一般比其他输送机消耗的动力大,而且机件磨损快。因此,螺旋输送机不适宜输送块状、磨琢性大的物料;因为摩擦大,在输送过程中对物料有较大的粉碎作用,所以对于需要保持粒度一定的物料不宜用这种输送机;只用于较低或中等生产率(100 $m^3 \cdot h^{-1}$)的生产过程中,且输送距离不宜太长。

螺旋输送机主要由螺旋轴、料槽和驱动装置组成。料槽的下半部是半圆形,螺旋轴沿纵向置于槽内。当螺旋轴转动时,物料由于其重力及与槽壁之间摩擦力的作用,不随螺旋一起转动,由螺旋轴旋转而产生的轴向推力直接作用到物料上而成为物料运动的推动力,使物料沿轴向滑动。物料沿轴向的滑动就像螺杆上的螺母,当螺母沿轴向被卡住而不能旋转时,螺杆的旋转使螺母沿螺杆平移。物料就是在螺旋轴的旋转过程中朝着一个方向推进到卸料口处卸出的。

螺旋由转轴和装在上边的叶片组成。转轴有实心轴和空心管两种。在强度相同的情况下,空心管轴比实心轴质量轻,连接方便,因此比较常用。空心管轴用特厚无缝钢管制成,轴径一般为 50~100 mm,每根轴的长度一般在 3 m 以下,以便逐段安装。

螺旋叶片有左旋和右旋之分,物料被推送的方向由螺旋叶片的方向和转动方向两者决定。根据被输送物料的性质不同,螺旋叶片有多种形状,如图 6-9 所示。

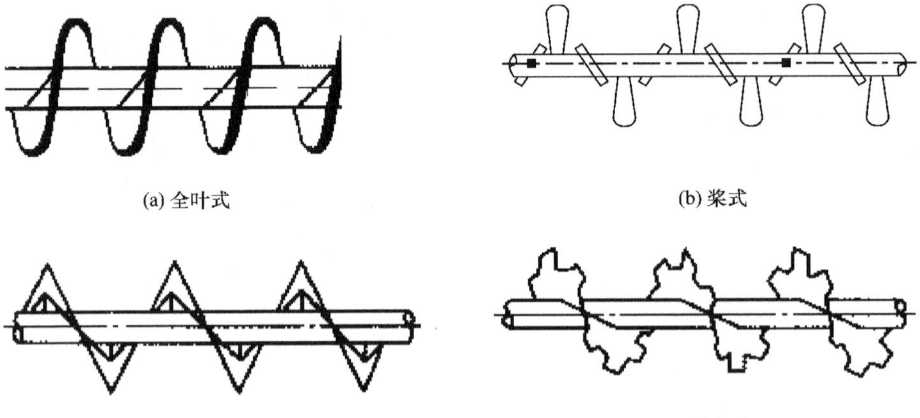

(a) 全叶式　(b) 桨式

(c) 带式　(d) 型叶式

图 6-9　螺旋叶片形状

6.2.3　粉体的流体输送

粉体的流体输送(fluid transportation)是指用流体(一般为气体)输送粉体。气流输送装置可分为吸入式和压送式两种。吸入式适用于从多个供料点把粉体汇集输送到一个点的场合，虽然输送能力较小，但压头损失小，且吸嘴的结构简单。压送式适于把粉体从一个供料点分配输送到几个点的场合，压头损失大，输送能力也大，尤其是可作长距离输送。

为确定气流输送机所需的动力，压力损失计算是其基础，气流输送段的压力损失由下面各项组成：

$$\begin{pmatrix}\text{入口}\\\text{损失}\end{pmatrix}+\begin{pmatrix}\text{空气的加}\\\text{速损失}\end{pmatrix}+\begin{pmatrix}\text{固体的加}\\\text{速损失}\end{pmatrix}+\begin{pmatrix}\text{摩擦}\\\text{损失}\end{pmatrix}+\begin{pmatrix}\text{固体悬}\\\text{浮损失}\end{pmatrix}+\begin{pmatrix}\text{分离器的}\\\text{压头损失}\end{pmatrix}$$

这些损失中最难确定的是摩擦损失。对小麦等谷类压送式水平输送的压力损失研究表明，可用压力损失系数 β 和固气混合质量比 m 的函数表示摩擦损失：

$$\beta=\frac{\text{输送粉体时的压力损失}}{\text{纯空气以同一速度流过同一管道时的压力损失}}$$

$$m=\frac{\text{单位时间固体输送量 } M}{\text{空气密度 } \rho\times\text{单位时间空气流量 } Q}$$

$$\beta=1+k'm \tag{6.16}$$

在风速 15～27 $\text{m}\cdot\text{s}^{-1}$、$m<15$ 的范围内，β 和 m 之间为直线关系，k' 为 0.25～0.5。式(6.16)中的 k' 一般取决于 m，但还与风速、输送管道直径及粉体物性有关。虽然人们已提出许多经验公式，但因很难得到一般的关系式，所以必须按相近的实际条件进行分析和选择。根据因次分析可得

$$\beta=1+B\left(\frac{D}{d_p}\right)^2\left(\frac{\rho}{\rho_p}\frac{m}{Re}\right)^k \tag{6.17}$$

式中，B 和 k 为取决于输送系统的常数；D 为管径；d_p 为颗粒粒径；ρ 为空气密度；ρ_p 为颗粒密度；Re 为雷诺准数。

由式(6.17)求得压力损失系数 β，再乘以范宁公式的压力损失，则摩擦压力损失 Δp_f 为

$$\Delta p_f=\beta\Delta p=4f\frac{L}{D}\frac{\rho u^2}{2}\beta \tag{6.18}$$

空气和固体的加速阻力损失 Δp_a 由下式确定：

$$\Delta p_a=(1+m)\frac{\rho u^2}{2} \tag{6.19}$$

全压损失 Δp 为摩擦压力损失 Δp_f 与加速阻力损失 Δp_a 之和

$$\Delta p=\Delta p_f+\Delta p_a \tag{6.20}$$

6.3 粉体的喂料

喂料设备是粉体储运系统中不可缺少的重要组成部分。在短距离内输送物料的机械设备,称为喂料机,由于使用目的不同,有的称为加料机、给料机、卸料机。它一般装设在料仓的卸料口处,依靠物料的重力作用及喂料设备工作机构的强制作用,将料仓内的物料卸出并连续均匀地喂入下一设备中。喂料设备的重要作用是能控制料流的大小,起定量喂料的作用。另外,当喂料机停止工作时,还可起料仓闭锁作用。因此,它是连续生产工艺过程中不可缺少的设备之一。

很多工艺过程中,不仅要做到喂料,还要求准确计量,尤其是需要不同成分、不同种类或不同品位的多种原料按比例进行配合时,更需要进行准确的计量。有的喂料设备兼有计量的作用,而大部分计量设备实际上也是一个喂料设备。喂料机按其结构可分为带式、转动式和振动式三类。

6.3.1 带式喂料机

带式喂料机(belt feeder)实际上是一种短小的带式输送机,可以水平或倾斜安装,如图 6-10 所示。与普通带式输送机相比,其结构特点是承载段的支撑托辊布置得较密,间距为 0.25～0.3 m,空载段通常不设托辊;带两边具有静止的栏板;带速小,为 0.05～0.45 $m \cdot s^{-1}$,这主要是由于物料从料仓卸料口直接排出到胶带上,胶带上的物料层较厚。

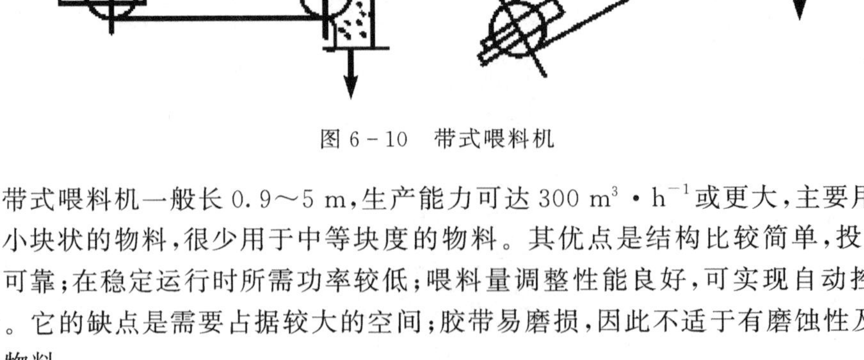

图 6-10 带式喂料机

带式喂料机一般长 0.9～5 m,生产能力可达 300 $m^3 \cdot h^{-1}$或更大,主要用于粒状和小块状的物料,很少用于中等块度的物料。其优点是结构比较简单,投资少,运行可靠;在稳定运行时所需功率较低;喂料量调整性能良好,可实现自动控制和计量。它的缺点是需要占据较大的空间;胶带易磨损,因此不适于有磨蚀性及温度高的物料。

6.3.2　转动式喂料机

转动式喂料机(rotary feeder)主要用于粉状物料的喂料,其特点是工作构件绕着固定轴转动,有螺旋式、滚筒式、叶轮式和圆盘式。

1. 螺旋喂料机

螺旋喂料机(screw feeder)如图 6-11 所示,与一般螺旋输送机相比,其特点是喂料机的螺距和长度都较小,可不设中间轴承,料槽也不像输送机那样呈 U 形,而呈管状,螺旋轴支承在管外两端的轴承内,物料填充系数较大,一般可达 0.8~0.9。螺旋喂料机按照螺旋的结构分为以下三种:

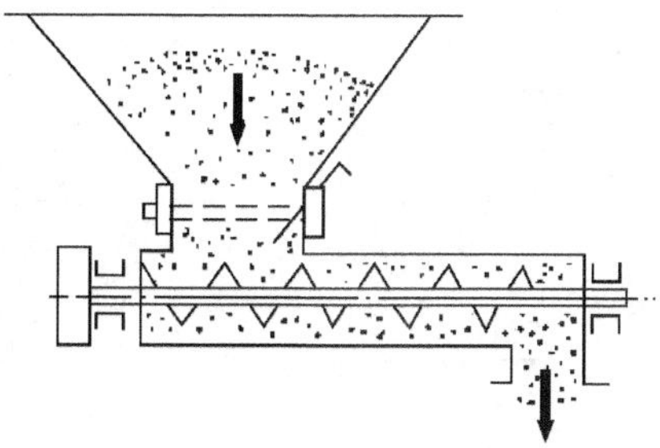

图 6-11　螺旋喂料机

1) 双头螺旋喂料机

安装在螺旋轴上的螺旋叶片外缘轮廓曲线有两条,且互相平行,这种安装形式能提供比单头螺旋更均匀的喂料。

2) 变螺距螺旋喂料机

安装在螺旋轴上的螺旋叶片的螺距是逐渐变化的。这种螺距的变化可以是逐渐增大,也可以是逐渐减小。螺距渐增的喂料机可有效地防止在喂料处产生过负荷,尤其当喂料机较长时,这个优点尤为明显,同时还可防止气化后的物料从料仓中向外涌料。螺距缩小的喂料机使物料在输送过程中压实和致密化,兼起锁风作用。

3)直径渐大的螺旋喂料机

直径渐大的螺旋喂料机的输送能力沿物料前进方向逐渐增大,可以在螺旋全长上进料,从而可消除料仓内死角。

螺旋喂料机具有密封性,但工作部件磨损大,因此只适用于不怕碎、腐蚀性小、易流动的粉状物料。它多以水平或不大于 30°的倾斜角安装,一般长度为 1~2 m,生产能力为 2.5~3.0 $m^3 \cdot h^{-1}$。改变螺旋转速,可以调节喂料量。

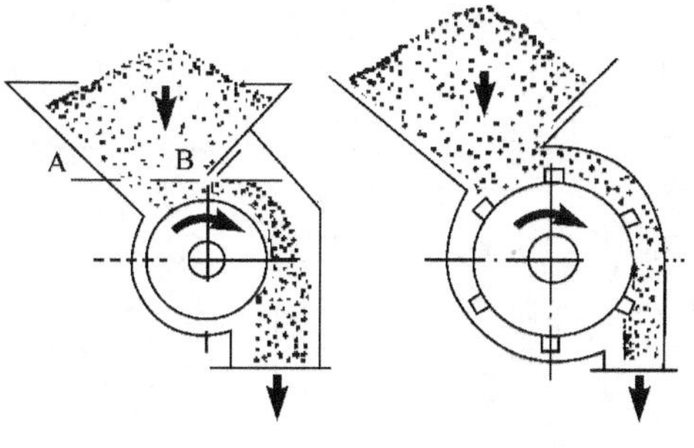

图 6-12　滚筒喂料机

2. 滚筒喂料机

滚筒喂料机(rotary drum feeder)如图 6-12 所示,当滚筒转动时,在料仓卸料口下面的粉体受摩擦力的带动作用而随滚筒下落，粉体从料仓卸料口均匀地卸出。滚筒喂料机具有投料连续均匀的优点，适用于各种类型的物料，对流动性好的粒状物料采用光面滚筒，而对块状物料则采用表面带棱角的滚筒。滚筒的圆周速度一般为 0.025～1 $m \cdot s^{-1}$，喂料量可达 150 $m^3 \cdot h^{-1}$，可通过改变转速或调节挡板的开度调节喂料量。

3. 叶轮喂料机

叶轮喂料机(rotary vane feeder)如图 6－13 所示，它有一个能与料仓卸料口衔接的外壳，中间为叶轮转子，转子由电动机通过链轮传动。当转子不动时，物料不能流出；当转子转动时，物料便可随转子的转动而卸出。

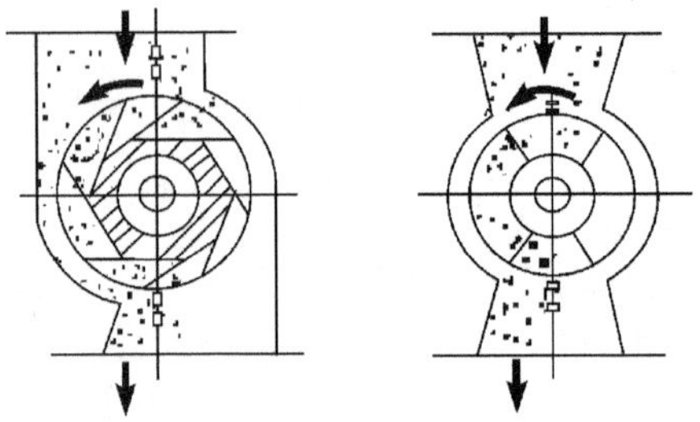

图 6－13　叶轮喂料机

叶轮喂料机有弹性叶轮和刚性叶轮两种。弹性叶轮是用弹簧板固定在转子上，因而在回转腔内密封性能较好，对均匀喂料较有保证，在水泥厂一般用于回转窑的煤粉喂料。叶轮的转向只能朝一个方向，不能反转，速度不能高于 20 $r \cdot min^{-1}$，当要求变速时，可选用直流电动机。当喂料机上部料仓的物料压力较大或物料易结拱而影响均匀喂料时，可选用带有搅拌针的弹性叶轮。

刚性叶轮喂料机的叶片与转子是一个整体，一般用于密闭性及均匀喂料要求不高的地方。

叶轮喂料机的生产能力为 4～100 $m^3 \cdot h^{-1}$ 或更大，可用改变转速的办法调节生产能力。叶轮喂料机结构简单，造价低，易维修，密闭性好，兼有锁风作用。它适用于干燥粉状或小颗粒状的物料，也适用于气力输送系统的喂料，在旋风除尘器和袋式除尘器等设备上是必要的组成部分。

4. 圆盘喂料机

圆盘喂料机(rotary disc feeder)如图 6－14所示，它具有旋转的圆盘，圆盘上方有套在料仓卸料口上的伸缩套筒。活动套筒距圆盘的高度可以通过螺杆调节。物料从料仓落到圆盘上堆积成一截锥形(圆台)料堆。水平圆盘回转时，物料被固定的刮板刮下来。

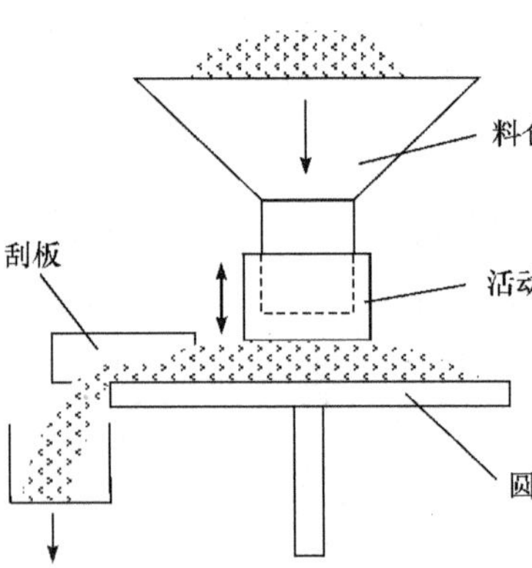

图 6－14　圆盘喂料机

圆盘喂料机的形式很多，按支承方式可分为吊式和座式两类；按机壳的形式可分为敞开式和封闭式两种。吊式圆盘喂料机的整个设备通过槽钢柱悬吊在料仓下面。敞开式圆盘喂料机适于密闭程度要求不高的场合；密闭式圆盘喂料机主要用于要求减少漏风或扬尘的密闭系统。在硅酸盐工业中，风扫式粉磨系统通常采用封闭式圆盘喂料机，而磨机和烘干机的喂料一般采用敞开式圆盘喂料机。

圆盘喂料机的转速一般为 1.25～10 $r \cdot min^{-1}$，生产能力为 0.2～130 $m^3 \cdot h^{-1}$。可通过改变下料套筒的高度和调节刮板的开度调节生产能力。当采用调速电动机或直流电动机时，还可通过改变电动机的转速调节生产能力。

圆盘喂料机是一种容积式计量设备。它的优点是结构简单，使用可靠，调节方便，生产能力调节幅度大，喂入物料的体积可以比较准确地控制。它的缺点是由于采用容积计量，一般有 5%左右的误差；另外，圆盘喂料机对物料几乎没有输送距离，因此有时会因实际布置困难而不宜采用。圆盘喂料机适于喂送各种非黏聚性的物料，粒径一般不大于 80 mm，对于流动性特别好的粉状物料，因易窜料，也不宜采用。

6.3.3 振动式喂料机

根据槽和物料的运动状态，振动式喂料机(vibrating feeder)可分为惯性式和振动式两类。在惯性式振动喂料机上，物料由于惯性力作用，在任何时间与槽底保持接触，且沿槽底做滑落运动。在振动式喂料机上，物料在振动力作用下，由槽底脱离，向上做抛掷运动，物料在料槽中做跳跃式运动。两者的区别是，惯性式的物料加速度的垂直向上分量小于自由落体加速度，物料时刻与槽底保持接触；振动式的物料加速度的垂直向上分量大于自由落体加速度，物料在料槽中保持做跳跃运动。

1. 惯性式振动喂料机

摆动式喂料机是惯性式振动喂料机的一种，如图 6－15 所示。它的料槽支承在固定托辊上或悬置在拉杆上，料槽有水平式和稍向下倾斜式两种，料槽上装有固定的栏板。它由惯性激振器驱动，带动料槽做往复平移运动。当料槽向喂料口方向运动时，物料在摩擦力的作用下与料槽一起向前运动，与此同时，料仓中的物料落入卸料口下方所形成的自由空间而将其充满。当料槽反向运动时，由于槽后壁的阻挡，物料不能随料槽一起返回，一部分物料便由料槽前缘落下。这种喂料机只有当料槽进行反复运动时，物料才被卸出。每当料槽往复一次，物料就沿料槽向前运动一个区段，连续运动的结果，就形成了物料沿料槽的喂料运动。摆动式喂料机的生产能力可达 200 $m^3 \cdot h^{-1}$，可通过改变料仓闸板的开度和偏心机构的偏心距调节生产能力。其优点是结构简单、成本低，缺点是料槽的磨损比较严重。摆动式喂料机常用于中小块物料的喂料，在玻璃厂广泛用于池窑的薄层加料。

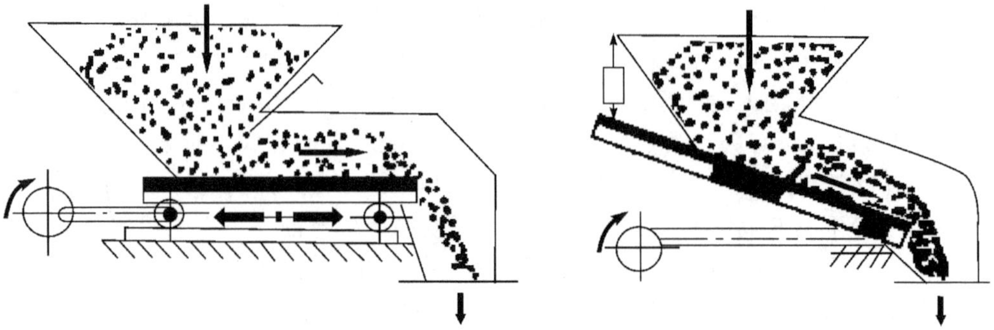

图 6-15 摆动式喂料机

柱塞式喂料机是封闭式往复运动的喂料机，也属于惯性式喂料机，由矩形槽和在其中做往复运动的柱塞组成。它可通过改变驱动机的曲柄半径或转数准确调节卸出物料量。其主要缺点是功率消耗大，零件易磨损，不宜供送磨蚀性的物料。当生产能力要求不大，且要求维持确定的数量时，可采用柱塞式喂料机。

2. 振动式喂料机

振动式喂料机的特点是振幅小，振动频率高，物料在槽中可做一定的跳跃运动，具有较高的生产能力，且减小了槽的磨损。振动式喂料机的激振方式一般为电磁振动，因此又称为电磁振动喂料机(electromagnetic vibrating feeder)。它可供送松散的粉状物料，适于供送 50～100 mm 的块状物料，是一种较为新型的定量喂料设备，在采矿、冶金、煤炭、建材、机械制造、粮食和轻工业中得到较广泛的应用。振动式喂料机可用于料仓卸料，带式输送机、斗式提升机等给料，破碎机和粉磨机喂料，玻璃池窑投料及定量配料和包装等。

电磁振动喂料机由料槽、电磁激振器、减振器及电器控制箱四个部分组成。激振器是使料槽产生往复振动的动量部件，减振器的作用是减少传递给基础或框架的振动力。

电磁振动喂料机的优点是体积小，易制造，便于安装，操作、维修方便；无相对运动的零部件，几乎没有机械摩擦，无润滑点，密封性好，功率消耗低，设备运转费用低；物料距电器部分较远，可在湿热环境下工作，适用于供送高温、有磨蚀性的物料；喂料均匀且可调整；可用电器连续、平稳地调节喂料速度，便于实现密闭供送和喂料量的遥控及自动控制。其缺点是安装调试要求较高，调整不好就不能正常工作，产生噪声，甚至不振动；电压变化影响喂料的准确性；不宜供送极细的粉状物料，也不宜供送黏聚性、潮湿的粉状物料。

第7章　粉体的混合与造粒

7.1　粉体的混合

粉体混合的目的是使粉体物料各组分在三维空间形成特定分布，通常希望是均匀分布，以利于粉体的后续加工利用。

水泥原料及陶瓷原料的混合是为固相反应创造条件。在耐火材料及制砖生产中，为获得所需强度，要制备有最紧密填充状态的粉体配合料。玻璃原料及冶金原料的混合是为炉内熔融反应配制适当的化学成分。粉末冶金中金属粉和硬脂酸之类的混合，以及焊条中焊剂的混合等是为了调整物理性质。绘画颜料及涂料的调制是为了调色。混合机(blender)是医药品、农用药制剂生产的主要设备之一，主要用于极微量的药效成分与大量增量剂的混合，即高倍率混合。饲料工业中营养成分的配合要求所用量的变化极小。咖喱粉等香辣调味品生产中，将涉及数十种调料的混合。

虽然粉体混合的目的各式各样，对混合程度的要求和评价方式也不一样，但是粉体混合的基本原理相同。

7.1.1　粉体混合的理论基础

1. 粉体混合机理

1954年，莱茜(P. M. C. Lacey)提出粉体混合的三种机理：

(1) 移动混合，粒子成团地移动，又称为对流混合。

(2) 扩散混合，把粒子撒到新出现的粉体表面上。

(3) 剪切混合，粉体内形成滑移面。

各种混合机都以上述三种机理中的某一种为主导作用。例如，圆筒回转式混合机以扩散混合为主，带式混合机以剪切混合为主。

2. 粉体混合程度的检验

由于粉体混合物为物理混合物，因此，宏观上看是均质的，微观上却并不均质，需检验粉体混合物的不均质程度(以长度、面积或体积表示不均质范围)。以长度表示不均质程度时称为混合长度，混合长度因混合目的不同而异。例如，涂漆用颜料的不均质程度以混合至肉眼分辨不清为宜；用于绘制大广告牌时，其不均质程度以10 m外肉眼能识别的两个粒子的距离表示；用于绘肖像画时，以最近距离看时肉眼析像力 25 μm 为基准；对于药片，以看不出药片间的差异为准。

3. 混合程度的评价

工业用混合机的性能根据混合时间、动力消耗和产品特性评价。混合物的均匀度或混合程度是表示其分散程度的指标，通常要取若干个试样进行分析。

1）两种粉体混合

根据统计学原理，对于 A 和 B 的混合物，其中 A 的个数分数为 P_A，从中抽取 n 个试样，如果完全混合，则标准偏差 σ_r 为

$$\sigma_r=\left[\frac{P_A(1-P_A)}{n}\right]^{\frac{1}{2}} \tag{7.1}$$

设第 i 次实际测得 A 的个数分数为 x_i，所有 x_i 的平均值为 $\bar{x}$，则实测标准偏差 S 为

$$S=\left[\frac{\sum_{i=1}^{n}(x_i-\bar{x})^2}{n-1}\right]^{\frac{1}{2}} \tag{7.2}$$

从而可用下式定义混合程度：

$$M=\frac{\sigma_r}{S}=\left[\frac{P_A(1-P_A)(n-1)}{n\sum_{i=1}^{n}(x_i-\bar{x})^2}\right]^{\frac{1}{2}} \tag{7.3}$$

完全混合时，$M=1$。

2）多组分混合

两种以上组分混合时，i 组分的配比（个数分数）为 E_i，取一份试样测得 i 组分的个数分数为 O_i，定义 χ^2 为

$$\chi^2=\sum_{i=1}^{n}\frac{(O_i-E_i)^2}{E_i} \tag{7.4}$$

χ^2 的期望值为 χ_{ex}^2，则 χ_{ex}^2/χ^2 可表示混合程度，韦登鲍姆（M. Weidenbaum）提出的混合程度判别标准见表 7-1。未混合时的 χ^2 用 χ_0^2 表示，则下式中的 ψ 称为偏析指数：

$$\psi=\frac{\chi^2-\chi_{ex}^2}{\chi_0^2-\chi_{ex}^2} \tag{7.5}$$

表 7-1　韦登鲍姆混合程度判别标准

χ_{ex}^2/χ^2	判别
<0.10	很差
0.10～0.30	差
0.30～0.70	中
0.70～0.90	好
>0.90	极好

随着混合的进行，ψ 由 1 向 0 变化。

4. 逆混合现象

多种粉体进行混合时，在混合过程的初期，粉体迅速地发生混合，而后达到一个最佳混合状态，混合程度最大。之后，混合向相反的方向变化，使混合状态变差，出现偏析，甚至是分离。混合与偏析一正一反，反复进行，一般再也达不到最初的最佳混合状态，混合后期发生的这种偏析现象称为逆混合现象，如图 7－1所示。

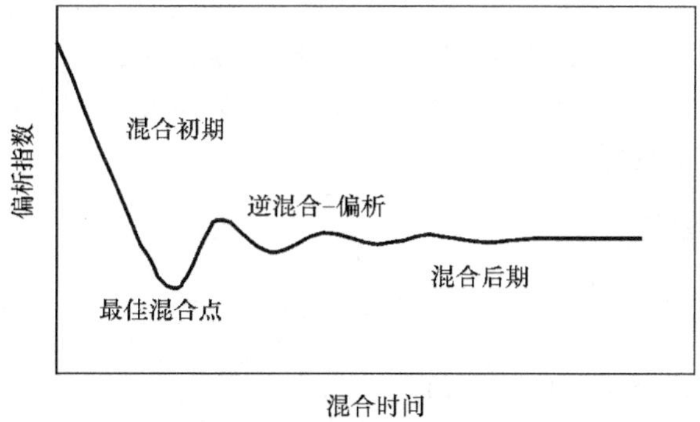

图 7－1　混合过程曲线

粉体颗粒之间的范德华力、静电效应及颗粒的粒度、密度、形状等的差异是造成逆混合的原因。混合和偏析两个相反的过程最终达到动态平衡，此后粉体的混合程度不再变化，称为混合平衡状态。

7.1.2　影响粉体混合的因素

影响粉体混合过程的因素主要有物料的物理性质、混合机的结构形式和操作条件三个方面。

1. 物料的物理性质对混合的影响

混合过程中，物料颗粒的形状、粒度大小及粒度分布、密度、表面性质、安息角、流动性、含水量、黏聚性等都影响混合程度，其中以物料的粒度和密度的影响较大。为减少逆混合，对于密度相近的物料，应尽量使其粒度相近；对于密度相差较大的物料，应尽量使各种颗粒的质量相近。物料含水量影响混合程度，在配合料中加入少量水分（一般为 4%左右），可增强密度或粒度相差较大的不同组分之间的黏附，减少逆混合。但是，掺水量过多或掺水不均匀时，颗粒互相黏附，使颗粒流动迟缓，甚至黏附在混合机内壁和桨叶上，严重影响混合的进行。

2. 混合机结构形式对混合的影响

混合机机身的形状和尺寸、所用搅拌部件的几何形状和尺寸、结构材料的表面加工质量、进料和卸料的设置形式等都影响混合过程。设备的几何形状和尺寸影响物料颗粒的流动方向和速度，向混合机加料的落料点位置和机件表面加工情况也严重影响颗粒在混合机内的运动。

3. 操作条件对混合的影响

操作条件包括混合料内各组分的配比及其占混合机的体积比率，各组分进入混合机的方法、顺序和速率，搅拌部件或混合机容器的旋转速度等，对混合过程都有影响。物料间失去相对流动，则不发生混合。物料在容器中应尽可能发生剧烈流动，物料装满容器时不利于混合。

7.1.3 粉体混合机械

混合机的类型很多，可按以下几个方面进行分类：

1. 按操作方式分为连续式和间歇式两类

连续混合时，应选取合适的喂料机，它既能给料又能连续称量。混合机出口处物料的均匀度应做连续测定，及时反馈讯号调节喂入量，以便获得最佳的均匀度。

连续式混合机的优点是可放置在紧靠下一工序的前面，因而大大减少混合料在输送和中间储存中出现偏析现象；设备紧凑，且易于获得较高的均匀度；可使整个生产过程实现连续化、自动化，减少环境污染及提高处理水平。

连续式混合机的缺点是参与混合的物料组分不宜过多，微量组分物料的加料不易精确计量，对工艺过程的变化适应性较差，设备价格较高，维修不便。

间歇混合时，混合机的加料和卸料操作中，要求容器在固定的位置停止回转，因而需要加装定位机构。间歇式混合机多用于品种多、批量较小的生产中。其优点是容器内部容易清扫，缺点是加料与卸料时容易产生粉尘，需要采取防尘措施。

2. 按设备运转形式分为容器回转式和容器固定式两类

容器回转式混合机一般为间歇式混合，但也能组成全自动的连续生产流程。其优点是可做到完全卸料，筒内无残料，容器内部易清扫；混合均匀度较高；另外，对于凝聚性粉体，因筒内设有折流板和高速回转的强制搅拌叶片，可增强其混合作用。其缺点是要求容器在固定位置进行加料和卸料，容易产生粉尘。图 7-2(a)所示为一种容器回转式混合机，常用于混凝土搅拌，搅拌筒由齿圈传动，正转时搅拌，反转时出料。

(a) 容器回转式　(b) 容器固定式

图 7－2　容器回转式和容器固定式混合机

容器固定式混合机是在搅拌桨叶强制作用下,使物料循环对流和剪切位移而达到均匀混合。其优点是混合速度大,可得到较高的混合均匀度;混合时可适当加水,因而可防止粉尘飞扬和物料偏析;还可进行加热,如带式混合机,在 U 形混合槽内设带状回转叶片,可边加热(或边冷却)边混合。其缺点是容器内部较难清理;搅拌部件磨损较大;构造上应特别注意回转轴承的密封,并尽可能减少叶片的拐角。图 7－2(b)所示是一种卧式双轴容器固定式混合机。

3. 按混合作用力分为重力式和强制式两类

重力式混合机是物料在绕水平轴(个别也有倾斜轴)转动的容器内,主要受重力作用发生复杂运动而相互混合的一种混合机。这类混合机按容器外形分为圆筒式、鼓式、立方体式、双锥式和 V 式等。其缺点是易使粒度差或密度差较大的物料趋向偏析。为减少物料团聚,有些重力式混合机(如 V 式)内还设有高速旋转桨叶。

强制式混合机是使物料在旋转桨叶的强制推动下或在气流作用下发生复杂运动而强行混合的一种混合机。这类混合机按其轴的传动形式分为水平轴(桨叶式、带式)、垂直轴(盘式,又分定盘式和动盘式)、斜轴(螺旋叶片式)等。强制式混合机的混合强度比重力式的大,而且可大大减少物料特性对混合的影响。

4. 按混合动力分为机械混合式和气力混合式两类

机械混合机根据工作原理又可大致分为重力式(转动容器型)和强制式(固定容器型)两类。机械混合机多数有机械部件直接与物料接触,尤其是强制式混合机,机械磨损较大。机械混合机的设备容量一般为 20～60 m^3。

气力混合机用脉冲高速气流使物料受到强烈翻动或由于高压气流在容器中形成对流运动而使物料混合，有重力式（包括外管式、内管式和旋管式）、流化式和脉冲旋流式等。气力混合机的设备容量可高达 100 m^3。这是因为它没有运动部件，限制性较小，此外，气力混合还有以下优点：结构简单、混合速度快、混合均匀度较高、动力消耗低、易密闭防尘、维修方便。但是，它不适于对黏聚性物料进行混合。

5. 按混合与偏析机理分为偏析型和非偏析型两类

偏析型混合机以扩散混合为主，属重力式混合机；非偏析型混合机以对流混合为主，属强制式混合机。强制式混合机存在一定程度的偏析，但远比重力式混合机小。

物料也可分为偏析型物料与非偏析型物料两类。前者是指自由流动时存在密度差或粒度差的物料（干燥、安息角比较小的物料），后者则为较难流动的物料（由于水分或极细颗粒等的影响）。对于非偏析型的物料，任何混合机都能适用；对于偏析型物料，则只有采用非偏析型混合机才能得到较好的混合。玻璃配合料属偏析型，但因玻璃品种多，每次卸料都要求完全，所以有时采用重力式混合机还是必要的。

6. 按混合目的分为混合机和搅拌机两类

通常将干粉料混合或进行增湿混合的机械称为混合机，而将软质原料（如黏土、高岭土、白垩等）碎解在水中制成料浆或使料浆保持均匀悬浮状态防止沉淀的机械称为搅拌机（stirrer）。

选用混合机时，必须充分比较其混合性能。例如，混合均匀度的好坏，混合时间长短，粉料物理性质对混合机性能的影响，混合机所需动力及生产能力，加料、卸料是否简便，如何预防粉尘等。需要统筹考虑这些问题，然后选取适应生产需要的混合机。

7.2 粉体的造粒

广义地说，粉碎的目的是“缩小粒径”，而造粒的目的是“增大粒径”。从制备药丸到各种工业粉体成型，造粒有极为广泛的应用。一般情况下，微细粉体易在空气中飞扬、黏壁，难以处理，在重力作用下的自由流动性差，给粉体加工带来不便，因此要求将粉体加工成易处理的、具有一定粒度和形状的颗粒。此外，造粒还包括将溶液和熔融液体制成颗粒。

将炼铁、玻璃等粉体原料按预先设计的配比混合，制成小球，可保证原料配比和反应条件处于稳定状态。饲料、工业用药剂要制成符合一定粒度和形状的丸、片剂，才能按所要求的配比定量供料。食品、医药品等的粉体，要制成多孔性、便于使用、易于溶解的颗粒。由电子元件生产可以看到，在小型（0.1 mm 数量级）压缩成型元件的高速精密加工中，不但要求定量供给配比复杂的微细粉体，而且要求易填充，并能防止飞扬、逸散和污染。

7.2.1　粉体的造粒方法

粉体的造粒方法可分为如下六种：

（1）凝聚造粒法。含少量液体的粉体，利用液体表面张力作用而凝聚，称为凝聚造粒。用搅拌、转动、振动或气流使粉体流动，若再添加适量的液体黏结剂，则可像滚雪球似的使颗粒长大，颗粒的大小可达几毫米至几十毫米。常用盘式成球机凝聚造粒。

（2）挤压造粒法。用螺旋、活塞、辊轮、回转叶片对加湿的粉体加压，并让其通过孔板、网挤出，可制得 0.2 mm 至几十毫米的颗粒，称为挤压造粒。

（3）压缩造粒法。将粉体在一定模型中压缩成片剂，或在两个对辊间压缩成团块，可制得粒度均匀、表面光滑、密度大的颗粒，称为压缩造粒。

（4）粉碎造粒法。由辊轮压缩制成碎片，再用回转叶片粉碎，制得细粒状的凝聚造粒颗粒，称为粉碎造粒，有干法和湿法两种。尤其是湿法可制得 0.1～0.3 mm的细粒。

（5）熔融造粒法。熔融物料细化后冷却、凝固，称为熔融造粒。除采用喷射或由板上滴下进行细化外，还有将熔融液黏附于转筒上冷却、凝固而成碎片状，以及将熔融液注入铸型等方法。

（6）喷雾造粒法。喷雾造粒法可区分为溶液喷雾干燥法造粒和喷雾冷却法造粒两种。

7.2.2　粉体的压缩流动

压制成块和造粒过程中，粉体颗粒的结构往往遭到破坏。一般把粉体容积减小，使粉体填充状态变密，不破坏粉体颗粒的过程，称为压缩。但是，造粒和压缩并无严格的区分。压缩是在医药品制剂、燃料、炸药、催化剂、粉状食品、粉末冶金、陶瓷、塑料、电气元件等现代工业中获得广泛应用的工艺过程。

1. 压力分布

加压方法分为静压缩和冲击压缩；用冲头和冲模进行静压缩时，又分单向加压的单面静压缩和上下方向都加压的双面静压缩，如图 7－3 所示。

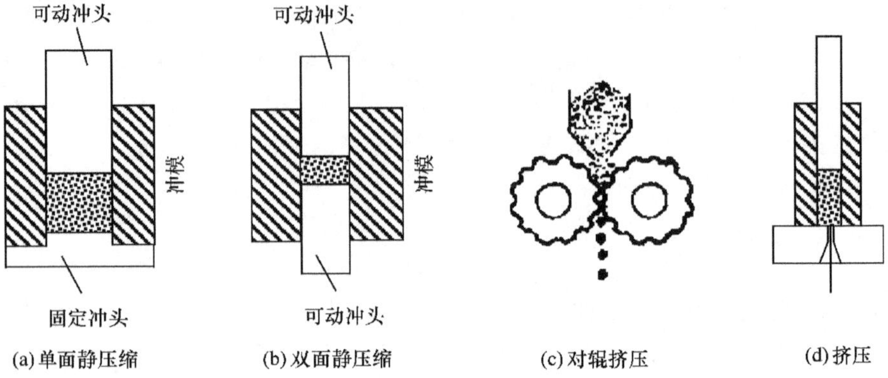

图 7-3　施加压力造粒的方法

在大量粉体层上放置一个圆柱体，施加压力时粉体层的压强分布为布氏(Boussinesq)球头形，如图 7-4 所示。但对于用冲头和冲模加压时，则要考虑壁面的影响。用直径为 D 的冲头压缩厚度为 L 的粉体层时，如果上冲头压强为 p_a、下冲头压强为 p_b，则有如下关系式：

$$\ln\left(\frac{p_a}{p_b}\right)=4\mu_i K_a L/D \tag{7.6}$$

式中，K_a 为粉体侧压力系数；μ_i 为粉体内摩擦系数。

将电阻应变片埋入粉体层所测得的等压线和等填充率线如图 7-5 所示。测试时，把 160 g 的碳酸镁粉料填充到直径 5.3 cm 的模子中，用 50 t 水压机加压至约 200 MPa。为减少壁面剪力造成的压缩不均匀，可在模子内壁涂石墨(或石蜡)作润滑剂。由实验结果可知，粉体层的中部和下部压强最大，因此可确定最密填充形成的部位。

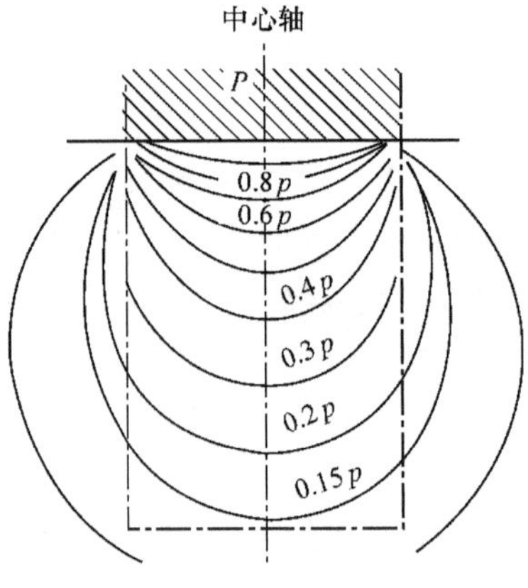

图 7-4　布氏球头形压强分布

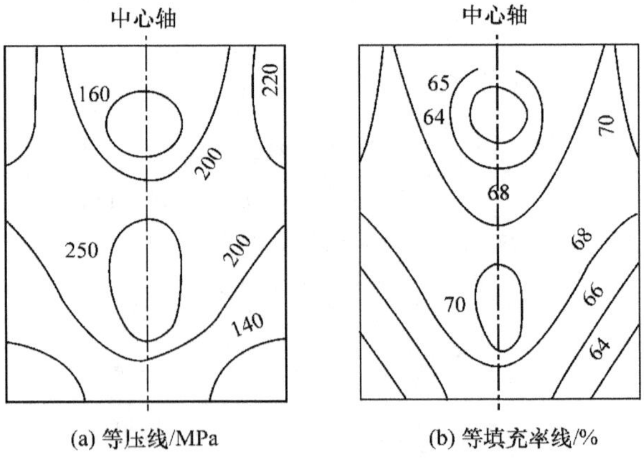

图 7-5　圆筒中的压强和充填率分布

2. 压缩率

阿吉(L. F. Athy)研究地表下面沉积岩的空隙率时提出如下阿吉公式：

$$\varepsilon=\varepsilon_0\exp(-bz) \tag{7.7}$$

式中，z 为距地表的深度；ε 为深度 z 处的空隙率；ε_0 为地表的平均空隙率，为 0.45～0.50；b 为压缩常数，取值为 3×10^{-4}～3.5×10^{-4}。地表以下 1800 m 处，$\varepsilon=0.05$。

设 V_0 为压力等于零时的容积，V_∞ 为压缩至空隙率 $\varepsilon=0$ 时的粉体体积(真体积)，V 为压强 p 下的容积，则有 $\varepsilon=(V-V_\infty)/V$，阿吉公式可写成如下形式：

$$\frac{V-V_\infty}{V}=\frac{V_0-V_\infty}{V_0}\exp(-b'p) \tag{7.8}$$

式中，b'为常数。工程上将压强达到 p 时的体积变化(V_0-V)与压缩至空隙率为零时的体积变化(V_0-V_∞)之比称为体积压缩率。库珀(D. L. Cooper)提出如下体积压缩率与压强之间的关系式：

$$\frac{V_0-V}{V_0-V_\infty}=a_1\exp\left(-\frac{k_1}{p}\right)+a_2\exp\left(-\frac{k_2}{p}\right) \tag{7.9}$$

式中，a_1、a_2、k_1、k_2 为常数。式(7.9)中右边为两项之和，库珀解释为压缩过程包括粒子重排过程和粒子破碎并塑性流动过程，如图 7-6 所示，并用 Al_2O_3、SiO_2、MgO、CaO 等的粉体(44～62 μm)进行实验，证明式(7.9)适用。

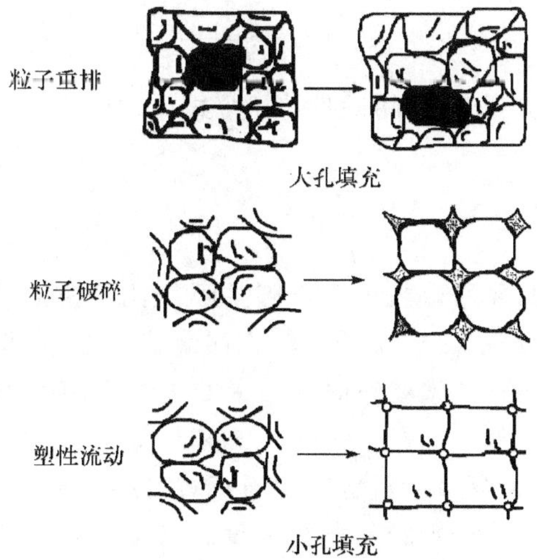

图 7-6 库珀关于粉体压缩过程的图解

7.2.3　粉体的黏聚

许多颗粒相互黏结形成二次颗粒并结成团块的现象称为黏聚。黏聚现象对除尘、沉降浓缩、过滤等操作来说，可以增大粒度，有一定益处；但对分级、混合、粉碎等操作而言，都是不良现象。造粒是有效地利用这一现象的操作。

1. 粉体的黏聚机理

粉体颗粒之间靠如下五种作用力黏聚成大颗粒：①颗粒之间化学键力（烧结、熔融、化学反应）；②黏结剂的附着力；③机械咬合力；④液桥力、毛细管引力；⑤范德华力、静电吸引力、磁性力。

2. 黏聚颗粒的抗拉强度

在评价造粒效果时，强度是一项重要指标。强度指标有抗压强度和抗拉强度，前者易于测定，后者便于理论分析；此外，强度指标还有耐磨强度、抗碎强度、反应后强度等。

朗夫导出了由许多粒径为 d_p 的小颗粒黏聚成块后的抗拉强度计算式。假定单位断裂面积上被切断球形颗粒的接触点数为 n，每个接触点的附着力为 F，则黏聚颗粒的抗拉强度等于 F 乘以 n。颗粒空隙率为 ε，则抗拉强度 σ_z 为

$$\sigma_z = 1.125 \times \frac{1-\varepsilon}{\varepsilon} \frac{F}{d_p^2} \tag{7.10}$$

对于液桥状态，接触角 $\delta=0$、钳角 $\alpha=10°\sim40°$ 的状态，式(7.10)可近似为

$$\sigma_z = 2.8 \times \frac{1-\varepsilon}{\varepsilon} \frac{\sigma}{d_p} \tag{7.11}$$

此外，液体完全充满颗粒间隙时，根据式(3.16)，则 σ_z 与空隙抽吸势 p_c 之比为

$$\frac{\sigma_z}{p_c} = \frac{2.8}{6} = 0.47 \tag{7.12}$$

由式(7.12)可知，黏聚颗粒内的空隙抽吸势比液桥力还大。朗夫对各种结合机理所形成颗粒的相对强度进行了比较。加湿造粒时，毛细管状态时的抗拉强度约为摆动状态时的 3 倍，链索状态时为两者的中间值，空隙饱和度 ψ_w 接近于 1 时，强度最大。

[例]　朗夫将风力分级所得的 6 份石灰石粉料用直径 8 mm 的盘式成球机成球，并用破坏试验测定成球颗粒的抗拉强度。已知试料的等体积比表面积球当量径 d_{S_V} 和空隙饱和度 ψ_w，要求成球颗粒的空隙率 $\varepsilon=0.35$。求持液比，并比较其抗拉强度 σ_z 理论计算值与实测值的差距。已知水的表面张力系数 $\sigma=72\times10^{-3}$

$N \cdot m^{-1}$，接触角 $\delta=0$。

［解］　求取 6 个试料的平均空隙饱和度 $\psi_w=0.75$，持液体积比 Φ_w 为

$$\Phi_w=\frac{\psi_w}{\pi}\frac{\varepsilon^2}{1-\varepsilon}=4.5\times10^{-2}$$

根据式(7.11)得

$$\sigma_z=2.8\times\frac{1-\varepsilon}{\varepsilon}\frac{\sigma}{d_{S_V}}=2.8\times\frac{1-0.35}{0.35}\times\frac{72\times10^{-3}}{d_{S_V}}=\frac{0.374}{d_{S_V}}$$

将各等体积比表面积球当量径 d_{S_V} 值代入上式，计算出的抗拉强度 σ_z 列于表 7-2，对比可见其计算值接近于实测值。

表 7-2　成球颗粒抗拉强度实测值与计算值的对比

等体积比表面积球当量径 d_{S_V}/μm	39.6	28.5	18.5	13.5	7.63	3.81
空隙饱和度 ψ_w	0.75	0.78	0.79	0.72	0.77	0.69
抗拉强度实测值/MPa	0.0073	0.012	0.017	0.025	0.06	0.122
抗拉强度计算值/MPa	0.0094	0.013	0.020	0.028	0.049	0.098

7.2.4　粉体造粒机械

1. 圆筒粒化机

圆筒粒化机(cylinder granulator)应用较早，其构造大体与圆筒干燥机相似，如图 7-7 所示。筒内没有加水装置，制得的粒化料粒度不均匀，必须经过筛分。其单机产量大，运转比较平稳，但圆筒内的装料率较低，一般仅为筒体容积的 10%以下。筒身倾角小于 6°，转速为 5～25 $r \cdot min^{-1}$。

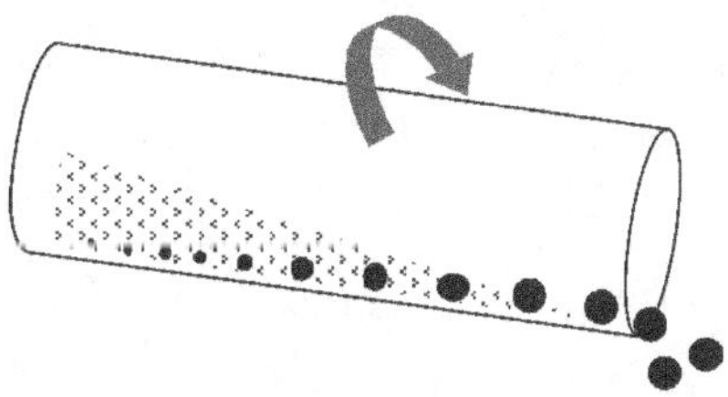

图 7-7　圆筒粒化机

2. 圆盘粒化机

圆盘粒化机(disc granulator)应用最广泛，由斜置的带边圆盘、垂直于盘底的中心轴、装在盘面上的刮刀、加水装置等组成。粉料与水或黏结剂从上方连续供入，由于未粒化粉料与已粒化料在摩擦系数上的差异，已粒化料逐渐移向上层，最后越过盘边而排出。这种分级作用使球粒均匀、不需要过筛。圆盘的倾斜角可以借助一根螺杆在 30°～60°进行调整，从而控制球粒大小。

3. 盘式成球机

盘式成球机又称盘式造粒机(disc granulator)。将附有耙子的回转圆盘呈倾斜位置安装,向盘内连续供给粉体物料,与此同时,用喷雾器喷洒小液体结合剂(一般为水),粉体的团聚颗粒便不断生成,这种团聚颗粒就像滚雪球,在变大的同时受到滚动压密和分级的作用,成球后从盘边排出。这种成球机一般在钢铁、化肥等行业中用于大量成球操作。制成的球径从几毫米到几十毫米。

4. 喷流床成球装置

喷流床成球装置又称喷流层造粒装置(spouted bed granulator),用热风使普通流化床难以流态化的粗颗粒形成喷流床,床内喷嘴将溶液或悬浮液喷成雾状而进行包覆成球。它常用于将溶液或悬浊液中的氯化钠、重铬酸钠、淀粉、蔗糖、染料、颜料等成球回收,也用于锭剂、晶粒、玻璃珠、砂等的包覆成球,此外还用于泥浆的粒状化处理、粉体的团聚成球等。

第 8 章　粉尘的危害与防治

8.1　粉尘的来源和危害

8.1.1　粉尘的种类

能较长时间悬浮在空气中的固体微粒称为粉尘(dust),粉尘通常可分为如下几种:

1. 按物理化学性质分类

粉尘按物理化学性质可分为无机性粉尘、有机性粉尘和混合性粉尘。

(1) 无机性粉尘。无机性粉尘包括矿物粉尘(如石英、石棉、滑石、煤尘等)、金属粉尘(Cu、Fe、Mn、Zn、Pb 尘等)和人工无机粉尘(如金刚砂、水泥、玻璃尘等)。

(2) 有机性粉尘。有机性粉尘包括动物性粉尘(如兽毛、骨质、角质尘等)、植物性粉尘(如棉、麻、甘蔗、谷物、木质、烟草、茶尘等)和人工有机性粉尘(如炸药、有机染料尘、苯二甲酸、醋酸纤维素、过氧化苯甲酰、塑料等)。

(3) 混合性粉尘。混合性粉尘指上述各类粉尘中的两种或几种混合存在的粉尘。在实际生产环境中遇到的粉尘,有的属于混合性粉尘,如金属磨削加工时产生的粉尘,既有金属粉尘,又有无机性金刚砂。

2. 从卫生学角度分类

粉尘从卫生学角度可分为呼吸性粉尘(可吸入性粉尘)和非呼吸性粉尘(不可吸入性粉尘)。呼吸性粉尘是指飞扬在空气中能随着人的呼吸进入人体细支气管及到达肺泡的粉尘微粒,其粒径小于 10 μm,用 PM_{10} 表示(particulate mass, $<10\ \mu m$)。由于呼吸性粉尘能到达人体的肺泡,并沉积在肺部,故对人体健康危害最大。

3. 按可燃性分类

粉尘按其是否可燃可分为可燃性粉尘和非可燃性粉尘。各国的可燃性粉尘的分类标准也不一致。英国把能传播火焰的粉尘归为 A 组,不能传播火焰的粉尘归为 B 组。但这种分类不等于说 B 组绝对不会发生粉尘爆炸,存在少量可燃性气体或存在高能量火源时 B 组也有爆炸的可能。美国将可燃性粉尘划为Ⅱ级危险物品,且将其中的金属粉尘、含碳粉尘、谷物粉尘又列入不同的组别。德国则按测试粉尘爆炸时所产生的升压速度，将可燃性粉尘划为三个等级。

4. 按爆炸性分类

粉尘按爆炸性可分为爆炸性粉尘和无爆炸性粉尘。例如，硫磺尘为易燃易爆粉尘，石灰石尘为非易燃易爆粉尘。再如，大多数煤所生成的粒径小于 1 mm 的煤尘都具有爆炸性，这些煤尘飞扬在空气中达到一定浓度时，在引爆热源的作用下，本身能够单独发生爆炸，这样的煤尘为爆炸性煤尘；而不具有爆炸性的煤尘（无烟煤大颗粒）称为无爆炸性煤尘。

5. 按毒性分类

粉尘按毒性可分为有毒性粉尘（如铅尘）和无毒性粉尘（如铁矿石尘）。

6. 按粉尘粒度分类

粉尘的粒度是指粉尘颗粒的大小，用粉尘颗粒横断面或投影像的直径或当量直径表示，常用 mm 或 μm 为度量单位。按照粉尘的可见程度和沉降状况可把粉尘分为三类：①粒径大于 10 μm 的粉尘，在强光下肉眼可见，在静止空气中会加速沉降；②粒径在 0.1～10 μm 的粉尘，在显微镜下才能看见，在静止空气中等速沉降；③粒径小于 0.1 μm 的粉尘，只能在高倍显微镜下才能看见，在空气中不会沉降，长期悬浮。

微细的粉尘由于粒度小、质量轻，在它周围还吸附了一层空气薄膜，能够阻碍尘粒相互黏聚，因此在空气中不易沉降，这称为粉尘的悬浮性。粒度大、密度大的粉尘比较容易沉降。粒径大于 10 μm 的尘粒大都可以较快地降落，粒径等于 10 μm的尘粒半小时后仍有一部分没有降落，粒径为 1 μm 的尘粒在一天之内也降落不下来。井下沉积煤尘多属于 10 μm 或更大的粉尘。

粉尘中的各粒级（如<2.5 μm、2.5～5 μm、5～10 μm、>10 μm）占粉尘总颗粒数或总质量的百分比称为粉尘的粒度分布。它可反映某一地点粉尘粒度的组成情况。例如，某掘进工作面进行湿式凿岩时，2.5 μm 以下的粉尘占粉尘总颗粒数的 61.5%，2.5～5 μm 的粉尘占 28.0%，大于 5 μm 的粉尘占 10.5%。

此外，粉尘颗粒按形状可分为片状、球状、纤维状、不规则形状等。

8.1.2　工业粉尘的产生

许多工业生产部门，如煤矿井下和矿山的采掘区及运提巷道，冶金行业的冶炼厂、烧结厂、耐火材料厂，机械行业的铸造厂，建材行业的水泥厂、石棉制品厂、砖瓦厂，轻工行业的玻璃厂、陶瓷厂，化工行业的橡胶厂、农药厂、化肥厂，纺织行业的棉纺厂、麻纺厂等，在生产中均产生大量粉尘。

粉尘产生的原因有以下几个方面：①固体物料的机械粉碎过程，如用破碎机将矿石破碎、用球磨机将块煤磨细；②固体表面的加工过程，如用砂轮机磨削刀具、用喷砂清除工件上的铁锈；③粉状物料的装卸、筛分、输送、包装、混合、成型等过程，如水泥的包装；④物质的加热和燃烧及金属的焊接和冶炼过程，如煤在锅炉中燃烧产生的烟气夹杂大量粉尘（飞灰），锅炉每燃烧 1 t 煤可产生 3～11 kg 的粉尘，冲天炉每熔炼 1 t 金属平均产生约 10 kg 的粉尘，又如焊接过程中由于金属的蒸发和氧化也会产生大量粉尘。

破碎机、球磨机、砂轮机工作时都会产生粉尘。这些产生粉尘的设备或地点（如焊接作业点、喷砂作业点）称为尘源。如果粉尘从尘源处产生后，仅在尘源附近运动，危害还不大。粉尘之所以构成危害是由于其在尘源处产生后，在气流的带动下扩散到生产环境的空气中，造成粉尘在车间内弥漫，危害工人的健康，因此减少和防止粉尘的扩散是防尘工作的重要任务。

在煤矿生产过程中，粉碎煤和岩石产生的微小煤岩颗粒称为煤尘。井下施工用的粉状材料飞扬起来也能成为煤矿粉尘的附加粉尘，如黄土、水泥、砂子和隔绝煤尘爆炸用的岩粉等。粒径小于 5 μm 的岩石颗粒称为岩尘。悬浮在空气中的粉尘称为浮游粉尘；沉落在巷道两旁、底板、顶板、设备、物料上的粉尘称为沉积粉尘。

在煤矿生产过程中产生粉尘的主要环节有电钻或风钻打眼、放炮、风镐或机械采煤、人工或机械装碴、人工攉煤或机械装煤、自溜运输、胶带运输或转载、工作面放顶、假顶支护、挑顶刷帮、提升卸载等。井下粉尘较多的地点有采煤或掘进工作面、自溜运输巷道、胶带运输机的转载点、煤仓和溜煤眼上下口及井口卸载点等。

落煤时，煤经受破碎，在装煤、运输和转载过程中还会不断碰撞破碎，使煤尘不断增多。随着生产规模的扩大和采煤机械化程度的提高，煤矿粉尘的生成量还会迅速增大。据有关资料统计，在现代化煤矿中，一昼夜煤尘的生成量可达矿井煤炭产量的 3%。除了在落煤等生产过程中煤不断破碎而产生的煤尘外，在煤层采落以前，它内部许多裂隙中就已经存在一些煤尘。这些煤尘是由于煤层在构造运动中受挤压或在开采前受地层集中压力的作用而产生的，它们和裂隙同时形成并存在于这些裂隙之中，随着煤层的采落和破碎而进入井下空气，这些煤尘称为原生煤尘。

岩尘主要产生于岩石或半岩掘进工作面。在采煤工作面放顶或干式充填时也会产生大量岩尘。井下施工用的粉状材料有时会成为高浓度的有害粉尘。例如，在掘进工作面进行锚喷作业时，喷射水泥砂浆或混凝土就产生大量的水泥和砂粒粉尘，这已经成为推广锚喷支护法必须解决的粉尘危害问题。

煤矿井下的粉尘是成分很复杂的混合物，其中有煤或岩石的尘粒，有炮烟和油雾，有钎头、钢轨磨损后的金属微粒等，但主要是煤岩尘粒。煤岩尘粒本身又有复杂的矿物成分和化学成分，其中对人体危害较大的成分是游离 SiO_2，它是使矿工患矽肺病的主要物质。一般来说，煤岩粉尘中的游离 SiO_2 含量越高，矿工患矽肺病的危险性越大。游离 SiO_2 实际上是石英一类的矿物，是组成多种岩石最常见的矿物之一。它几乎是 SiO_2 单一化学成分的矿物，以游离的状态存在于多种岩石中，或者单独形成石英岩体，因此把它称为游离 SiO_2。在另外的某些岩石中，SiO_2 则是以化合物的状态存在，这些非游离 SiO_2 对人体的危害则轻得多。纯石英是无色透明的，多数石英混有杂质而有各种颜色，密度和硬度都很大。在煤矿常见的岩石中，石英是构成各种砂岩的主体成分，砂岩中所含游离 SiO_2 为 33%～76%。石英也是砂质页岩、砾岩和泥质页岩的重要成分，砂质页岩中游离 SiO_2 含量为 47%～53%，泥质页岩中游离 SiO_2 含量为 2.6%～26%，而煤中游离 SiO_2 的含量一般在 5%以下。我国政府对矿井岩尘的允许浓度就是按照煤岩中游离 SiO_2 的含量而分别作出规定的。由于石英密度大、硬度高，含石英多的尘粒往往比其他尘粒的粒度大而重，在空气中比较容易沉降，因此浮游粉尘样品的游离 SiO_2 含量测定值偏小。

8.1.3 工业粉尘的危害

粉尘对人体、生产、环境、自然景物的美观、生态平衡、经济效益等都有影响。危害的程度取决于从尘源散发的粉尘量、粉尘的物理性质、化学性质及尘源周围的情况。

1. 对人体的危害

人每时每刻都需要呼吸空气，一个成年人每天大约需要 19 m^3 空气，以便从中取得所需的 O_2。如果工人工作地点（又称为业点或工作区）的空气中含有大量粉尘，在这种环境下工作的工人吸进肺部的粉尘越积越多。当达到一定数量时，就能引起肺组织纤维化病变，使肺部组织逐渐硬化，失去正常的呼吸功能，发生尘肺病。我国关于尘肺病的记载有悠久的历史，早在北宋时代（公元 10 世纪）孔平仲即已指出，采石人所患的职业性肺部疾病是由于“石末伤肺”所致。

尘肺病是指工人在生产劳动中吸入粉尘而引起的以肺组织纤维化为主的疾病。它具有发病率高、死亡率高的特点，是一种严重的职业性疾病。尘肺病人身体衰弱，呼吸困难，十分痛苦。尘肺病还容易并发其他疾病，如肺结核、肺原性心脏病等。并发症使尘肺病人的病情恶化升级，加速患者死亡。尘肺病人从接触粉尘到发病一般要 5～10 年时间（时间长的达 15～20 年，短的 1～2 年，有的甚至不到半年）。尘肺病发病时间长短主要取决于粉尘中游离 SiO_2 的含量、粉尘的粒度大小和吸入量，劳动强度大小、个人身体状况和个人防护好坏对尘肺病的发病也有不同程度的影响。直到目前,对尘肺病世界各国还没有很理想的治疗办法。因此,尘肺病严重地危害工人生命,极大地破坏生产力。

尘肺按其病因可分为以下四类:①矽肺,由于吸入含有游离 SiO_2 的粉尘而引起的尘肺;②硅酸盐肺,由于吸入含有结合状态 SiO_2(硅酸盐),如石棉、滑石、云母等粉尘而引起的尘肺;③混合性尘肺,由于吸入含有游离 SiO_2 和其他某些物质的混合性粉尘而引起的尘肺,如煤矽肺、铁矽肺等;④其他尘肺,某些其他粉尘引起的尘肺,如煤肺、铝肺等。尘肺按其病理形态又可分为三种类型,即间质型(弥漫硬化型)、结节型及肿瘤样型。但这种分型也不是绝对的,如煤矽肺可表现为间质型与结节型两者同时存在。在实际工作中,通常按其病理变化、X 射线所见、临床表现将尘肺分为Ⅰ、Ⅱ、Ⅲ三期。

有些生产性粉尘,如锡、钡、铁等粉尘,吸入后可沉积于肺组织中,仅呈现一般的异物反应,但不引起肺组织的纤维性病变,对人体健康危害较小或无明显影响,这类疾病称为肺粉尘沉着症。有些有机性粉尘,如棉、亚麻、茶、甘蔗渣、谷类等粉尘,可引起慢性呼吸系统疾病,常有胸闷、气拓、咳嗽、咳痰等症状,这类疾病称为有机性粉尘引起的肺部病变。一般认为,单纯有机性粉尘不致引起肺组织的纤维性病变。

长期接触生产性粉尘还可能引起其他一些疾病。含铅、锰等有毒物质的粉尘可引起相应类别的中毒。大麻、棉花等粉尘可引起支气管哮喘、哮喘性支气管炎、湿疹及偏头痛等变态反应性疾病。破烂布屑及某些农作物粉尘可能成为病源微生物的携带者,如带有丝菌属、放射菌属的粉尘进入肺内可引起肺霉菌病。石棉粉尘除引起石棉肺外,还可引起间皮瘤。经常接触生产性粉尘,还会引起皮肤、耳及眼的疾患。例如,粉尘堵塞皮脂腺可使皮肤干燥,易受机械性刺激和继发感染而发生粉刺、毛囊炎、脓皮病等。混于耳道内的皮脂及耳垢中的粉尘,可促使形成耳垢栓塞。金属和磨料粉尘的长期反复作用可引起角膜损伤,导致角膜感觉丧失和角膜混浊。在采煤工人中还可见到粉尘引起的角膜炎等。

2. 对生产的影响

空气中的粉尘落到机器的转动部件上,会加速转动部件的磨损,降低机器工作的速度和缩短机器工作寿命。有些小型精密仪表,若掉进粉尘会使部件卡住而不能正常工作。粉尘对油漆、胶片、精密器件(如电容器、精密仪表、微型电机、微型轴承等)的质量影响很大,这些产品一经沾污,轻者重新返工,重者降级处理,甚至全部报废。尤其是半导体集成电路,元件最细的引线只有头发直径的 1/20 或更细,如果落上粉尘会使整块电路报废。粉尘弥漫的车间,可见度降低,影响视野,不但会妨碍操作,降低劳动生产率,甚至造成事故。

3. 对大气的污染

我国工业和生活窑炉每年排入大气的烟尘约 1400 万吨，此外还有大量的通风系统排出的粉尘。据统计，水泥企业排放的粉尘约占水泥产量的 10%，炼钢电弧炉每冶炼 1 t 金属产生 6～12 kg 的粉尘，一台蒸发量为 10 $t \cdot h^{-1}$的工业锅炉每天排放约 500 kg 粉尘。如果不对工厂排出的含有大量粉尘的空气进行净化处理，会严重污染大气。散入大气的粉尘中，粒径大于 10 μm 很快落到地面的称为落尘，粒径小于 10 μm 的称为飘尘。粒径小于 10 μm 的尘粒可以浮游在大气中几小时、几天甚至几年。粉尘一般具有很强的吸附能力，很多有害气体、液体、金属（如 Hg、Pb、Cd 等）都能吸附在粉尘颗粒表面，随着人的呼吸而黏附在支气管的管壁上或被带入肺部深处，引起或加重呼吸器官的各种疾病。另外，飘尘还会降低大气的可见度，促使烟雾的形成，使太阳辐射能的传递受到影响。

4. 粉尘爆炸事故

煤矿煤尘及瓦斯爆炸是人们熟知的灾害，其实在涉及粉尘的生产、输送、储存、使用等多种场合发生粉尘爆炸不乏其例。在煤矿、食品、纺织等行业中，粉尘爆炸的能量很大，带来的生命和财产威胁也是巨大的。下面列举国内外一些较严重的粉尘爆炸事故案例。

1906 年，法国 Courrieres 煤矿由于药包爆炸引燃附近飞扬的煤尘发生爆炸。后又因沉积的煤尘不断被冲击波吹起而传播爆炸，使事故扩展到全矿，蔓延井巷长度达 100 km，死亡 1099 人，事故后经过两年才恢复生产。

1907 年，美国西弗吉尼亚州 Monongah 煤矿由于斜井提升钢丝绳被拉断，18 辆矿车组成的装煤列车高速下滑，撞断电机车架线，产生的火花引燃了被矿车扬起的煤尘，在下部车场发生煤尘爆炸，井下的 370 名工人除 8 名脱险外其余全部死亡。

1910 年，英国 Hulton 矿瓦斯煤尘爆炸，死亡 344 人，其中 287 人因 CO 中毒致死。

1942 年，辽宁本溪煤矿发生了世界历史上最大的煤尘爆炸。事故前由于井下停电而引起瓦斯积聚，恢复供电时，电气火花引起积聚的瓦斯爆炸，后又引燃了被扬起的沉积煤尘，发生大规模煤尘爆炸，死亡 1549 人，重伤 246 人。

1960 年，山西大同老白洞煤矿在井底车场 14 号井翻笼附近，由架线式机车产生的电火花将周围高浓度的浮游煤尘点燃，发生爆炸，死亡 684 人；河南平顶山龙山庙煤矿瓦斯煤尘爆炸，死亡 187 人。

1963 年，日本三池煤矿发生跑车事故，井筒内沉积的煤尘扬起，被矿车和轨道的高速摩擦热点燃，发生爆炸，死伤 1290 人。

1968 年，山东新汶华丰煤矿，在煤巷掘进中放炮残药着火引爆煤尘，死亡 108 人；1969 年，新汶潘西煤矿电机车产生的电火花引爆积聚的煤尘，死亡 115 人。

1987 年，哈尔滨亚麻厂发生亚麻粉尘爆炸，死亡 58 人，伤 177 人。

2001 年，江苏徐州岗子村瓦斯煤尘爆炸，死亡 92 人；陕西省韩城市下峪口煤矿爆炸，死亡 48 人。

2002 年，广东广州禺桃山食品公司原料粉尘爆炸，死亡 6 人；黑龙江鸡西城子河煤矿瓦斯煤尘爆炸，死亡 124 人。

2003 年，安徽淮北芦岭矿瓦斯煤尘爆炸，死亡 86 人；2003 年国有煤矿瓦斯煤尘事故共 93 起，死亡 577 人。

2004 年，山西吕梁蔡家沟煤矿瓦斯煤尘爆炸，死亡 33 人；山西盂县大贤三坑瓦斯煤尘爆炸，死亡 33 人；河南郑州大平煤矿爆炸，死亡 148 人；黑龙江鸡西百兴煤矿爆炸，死亡 37 人；陕西铜川陈家山煤矿爆炸，死亡 166 人。

2005 年，黑龙江七台河东风矿煤尘爆炸，死亡 171 人；河北唐山刘官屯煤矿爆炸，死亡 108 人；山西朔州细水煤矿爆炸，死亡 72 人；河北承德暖儿河煤矿爆炸，死亡 45 人；辽宁阜新孙家湾煤矿爆炸，死亡 213 人。

2006 年，山东枣庄陶庄矿瓦斯煤尘爆炸，死亡 15 人；山西原平焦家寨煤矿爆炸，死亡 47 人；山西晋城寺河煤矿爆炸，死亡 23 人；陕西延安瓦窑堡煤矿爆炸，死亡 32 人；云南曲靖昌源煤矿爆炸，死亡 32 人；内蒙古鄂托克旗荣盛煤矿爆炸，死亡 21 人。

2007 年，山西忻州牛心会煤矿瓦斯煤尘爆炸，死亡 13 人；俄罗斯西伯利亚 Ulyanovskaya煤矿爆炸，死亡 106 人。

8.2　呼吸性粉尘的防治

随着科学技术的进步和环保要求的提高，对呼吸性粉尘除尘效率的要求也越来越高，而除尘效率的提高，可能导致设备费和运转费等的升高，因此在提高除尘效率的同时要兼顾设备费和运转费等因素。近年来国内外研究出了许多新型除尘方法及设备。

8.2.1　爆破粉尘的控制

爆破产生的浮游粉尘颗粒非常细，呼吸性粉尘含量高，这些粉尘随爆破气浪的膨胀运动迅速地向周围扩散，污染范围可达几十米至几百米，直接危害工人的身体健康，因此对爆破粉尘加以控制非常重要。

1. 水炮泥

利用特制的塑料袋充水后代替部分黏土炮泥，称为水炮泥。借助炸药爆炸时产生的高温、高压，使水进入岩体裂隙或使之汽化形成细微雾滴，进而抑制粉尘的产生或降低粉尘的扩散，该技术称为水封爆破。如果在水炮泥的水中加入1%～3%的化学抑尘剂，对降低呼吸性粉尘效果更好。

2. 富水胶冻炮泥

富水胶冻炮泥的主要成分是水、水玻璃及作为胶凝剂的硝酸铵等一些低分子化合物。它的降尘机理是在爆破瞬间的高温高压下，富水胶冻炮泥及爆破介质被粉碎，与爆破产生的粉尘和有毒气体相接触，发生吸附、增重、沉降。富水胶冻炮泥是一种胶体，具有一定黏性，本身具有较强的吸附能力，部分凝胶在高温、高压下还能转化成硅胶，而硅胶具有网状结构，有多孔的毛细管，比表面积大，增大了富水胶冻炮泥的吸附能力。

另外，富水胶冻泡泥在粉碎成微粒时，凝胶结构被破坏，能析出大量水，在高温、高压下呈气态，使空气中的粉尘湿润、增重、沉降。实验表明，富水胶冻炮泥可以大幅度降低爆破的粉尘产尘量，其降尘效率达93%以上。在井下爆破或露天爆破时，使用富水胶冻泡泥可使烟尘产生量降低，这对改善井下作业环境、缩短通风时间非常有益。

3. 水风喷雾

喷雾降尘是利用喷雾器将微细水滴喷向爆破产生的空间，使雾化水滴与随风扩散的尘粒碰撞，这时较粗颗粒由于惯性与水滴碰撞后黏着在水滴表面或被水滴润湿，凝聚成质量较大的颗粒，从而借助重力加速沉降。

水风喷雾是以压缩空气为动力将水喷成雾。其喷雾原理是利用高速气流对水的分裂作用，把水挤拉成细雾。当压缩空气以很高速度从喷嘴中喷出时，水随之喷射出来，两者由于速度差产生摩擦，另外水与孔壁也产生摩擦，使水被挤拉成一条很细的丝，遇到空气阻力很快断裂成微小的水滴。同时，高压风产生的雾粒增加了带电性，产生静电凝聚的效果，这一作用加强了尘粒与雾粒的凝聚，从而获得较高的降尘率。

8.2.2　矿井下的降尘

1. 井下气幕隔尘法

目前井下防尘主要采用通风除尘、喷雾降尘、湿润矿体降尘等措施，但是这些方法的除尘效果并不好，特别是对呼吸性粉尘的除尘效果不明显。气幕隔尘技术是在其他降尘措施的基础上，采用一种透明的无形屏障——气幕，将未降落的粉尘，特别是呼吸性粉尘隔离在工作区以外，以降低粉尘对工人的危害。通过调整气幕射流喷射角度和气幕到工作面的距离，能使工作面含尘浓度降到产尘区含尘浓度 10%以下。

2. 湿式凿岩防尘

风钻湿式凿岩是将压力水经过风钻和钻杆中心孔送到炮眼底部，把岩粉从炮眼中湿润并冲洗出来，以达到防尘目的。湿式凿岩可使粉尘从 1000 mg · m^{-3} 以上降到 10 mg · m^{-3}。按供水方式分类，有侧式供水和中心供水两种。中心供水是在风钻的中心装有水针，水针前端插入钎尾的中心孔，后端通过弯头与供水管相连。凿岩时，水通过水针和钎尾中心进入炮眼，水压应低于 0.15 MPa，防止机膛进水。侧式供水是从风钻机头的侧面直接向钎尾供水，凿岩时打开水阀，压力水从供水管进入供水套，经过橡胶密封圈的水孔和钎尾侧孔流入钎杆中心水孔直达炮眼内。侧式供水的优点是减少漏风，压风不致进入炮眼，提高了风钻活塞冲击力和湿润粉尘的能力。多年来，凿岩防尘主要采用湿式凿岩防尘措施，其除尘效率高达 90%。但是由于气压作用使钻眼岩浆雾化，造成粉尘的二次飞扬，这是湿式凿岩存在的主要问题，这部分粉尘约占工作面粉尘总量的 50%～60%。目前，湿式凿岩防尘仍侧重于控制炮眼内粉尘的逸出。

3. 干式凿岩捕尘

在缺水矿井及不能采用湿式凿岩捕尘时，必须采用干式捕尘措施，防止凿岩时粉尘的产生。干式凿岩捕尘可分为两种：①干式孔底捕尘，经过钎杆中心孔、风钻机头和连在机头上的输尘软管将炮眼内的粉尘抽入干式捕尘器中，含尘空气经干式捕尘器的滤袋净化后，排放到工作面，炮眼口的空气向孔内流动，避免孔内粉尘飞扬到工作面；②孔口干式捕尘，通过炮眼口的捕尘塞和连在捕尘塞上的抽尘管，把炮眼内的粉尘抽入一个滤尘袋中，过滤后的干净空气回到巷道内。

8.2.3　其他降尘技术

1. 化学降尘剂除尘

用化学降尘剂除尘是近年来我国发展起来的一项防尘技术。实践证明其防尘效果很好，特别是降低对人体有害的呼吸性粉尘效果更加明显。目前有泡沫除尘法和添加湿润剂除尘法两种。

1）泡沫除尘

泡沫除尘是用封闭空隙的泡沫体覆盖尘源，使刚产生的粉尘迅速得到湿润和沉积。泡沫除尘过程是表面活性物质发泡剂与水混合后，喷洒到发泡网上，再经气流的吹激产生体积很大的泡沫，用发泡装置射向尘源。体积大的泡沫，能大大增加与尘粒的相互作用表面，延长相互作用时间，既隔绝尘源，又使呼吸性粉尘易于湿润捕捉。

2）添加湿润剂除尘

许多国家的研究证明，通过在水中添加湿润剂制成的水溶液具有明显的降尘作用，尤其是对降低呼吸性粉尘的浓度效果明显。这是因为在水中添加湿润剂后，水溶液的物理化学性质发生变化，提高了润湿能力，使呼吸性粉尘能够附着在水雾上被捕集。

2. 超声雾化技术

1）超声雾化抑尘器

超声雾化抑尘器是在局部密闭的产尘点中，利用压缩空气驱动的超声波雾化器，激发高度密集的亚微米级雾，使雾迅速凝聚微细粉尘，使粉尘特别是呼吸性粉尘很快沉降到产尘点上，实现就地抑尘。这种方法不用把含尘气流抽出，避免了使用干式除尘器带来的问题，特别是清灰工作带来的二次污染。同时，在捕尘过程中耗水量极少，被称为超声干雾捕尘，避免了喷雾用水量过大的弊端。

2）超声雾化旋风除尘器

井下凿岩作业要求防尘用的通风除尘器尽可能体积小，常规的井下除尘器采用过滤层与水膜相结合的方式拦截气流中的呼吸性粉尘。当井下通风防尘要求体积小时，势必以高风速保证所需的风量，除尘阻力过大，能耗高，难以被应用。超声雾化旋风除尘器能很好地解决这个问题，除尘器采用超声雾化器产生的微细水雾拦截呼吸性粉尘，用直流旋风器脱去捕尘后的雾。采用这种新技术，不但提高了除尘效果，而且阻力大幅下降。

3. 复合滤料袋式除尘

复合滤料是发达国家近年来研发的一种新型滤料。它是把一层亚微米到超亚微米级的超薄纤维黏附在一般滤料上形成的新型滤料，或者是把一层亚微米级的高分子薄膜黏附在一般滤料上而成。复合滤料过滤粉尘主要依靠薄膜的筛滤，同时也借助于膜表面上的粉尘薄层进行过滤。由于薄膜的孔径很小，大部分尘粒被阻留在膜的表面，完成气尘分离。与一般滤料所不同的是，粉尘不会深入支撑滤料的纤维内部。

复合滤料袋式除尘在滤袋工作一开始就能在膜表面形成透气性很好的粉尘薄层，既能保证较高的除尘效率，特别是除去呼吸性粉尘，又能保证较低的运行阻力。用复合滤料制成的袋式除尘器经实际运用表明具有高效、阻力小、清灰容易等优点，是一种较理想的治理呼吸性粉尘的设备。

4. 湿式颗粒层除尘

湿式颗粒层除尘兼具湿式除尘和颗粒层除尘两者的优点。当喷液量小时，液体在颗粒层表面形成一层液膜，使颗粒层之间的孔隙减少，截留作用增强，同时增大颗粒表面的湿润性，减少尘粒扩散碰撞到颗粒表面后引起的二次飞扬。

当喷液量大时，不仅在颗粒层表面形成一层液膜，还可能在颗粒空隙中形成细水流、细水滴，它们与气流中的粉尘之间发生截留、惯性碰撞和扩散等效应，有利于除尘。因此，湿式颗粒层比干颗粒层有更好的除尘效果，其除尘效率随喷洒强度和颗粒层高度增大而提高。

8.3　粉尘爆炸的防治

8.3.1　粉尘爆炸的条件和过程

1. 爆炸与燃烧的区别

一般把生成氧化物但不产生强光的反应称为氧化反应，如铁生锈；将产生强光和大量热的剧烈氧化反应称为燃烧；将产生高温、高压的剧烈燃烧反应称为爆炸。

物质要发生燃烧必须有点火源（或称为加热源）将其加热至一定温度，这一温度称为着火温度或燃点（ignition point）。可燃性物质一旦着火燃烧，即使停止加热或去掉点火源，只要有足够的 O_2 存在，仍能继续燃烧。木材的燃点为 225 ℃，木炭为 360 ℃，煤为 250～500 ℃，焦炭为 700 ℃。

粉尘爆炸（dust explosion）是悬浮于空气中的粉尘颗粒与空气中的 O_2 充分接触，在特定条件下瞬时发生燃烧反应，放出大量热，进而产生高温、高压的现象。可燃性物质细粉在空气中扩散浮游形成尘云（粉尘和空气混合的分散系），着火后迅速燃烧造成粉尘爆炸。不仅固体粉尘能够形成尘云，液体粒子也能分散在空气中，这一分散体系称为烟雾，可燃性烟雾燃烧爆炸也属粉尘爆炸之列。

2. 粉尘爆炸的条件

任何粉尘爆炸都必须具备三个要素：①可燃性粉尘；②为使微粒子燃烧所必需的空气，即相对于可燃性成分含有足够的 O_2，粉尘悬浮于空气中达到爆炸浓度极限范围以内，微粒子之间有一定的距离，使空气能自由流动，而且微粒子之间的距离十分小，使火焰能得到传播；③着火源，有足够的热量供应，点燃粉尘。

煤尘爆炸是最频发的粉尘爆炸，是煤矿的主要自然灾害之一，同时具备煤尘爆炸的三个要素时才会发生煤尘爆炸：

1）煤尘本身具有爆炸性

判断煤尘本身是否有爆炸性时，应当在井下采取煤样，送专业单位进行煤尘爆炸性鉴定后确定。一般来说，无烟煤（除个别情况外）大多数无爆炸性，而其余各类煤均有爆炸性。煤的变质程度越低，挥发分产率越高，煤尘的爆炸性就越强。据爆炸性鉴定结果统计，我国煤矿中 88％的矿井具有煤尘爆炸危险。发生煤尘爆炸时，粒径小于 1 mm 的煤尘都能参与爆炸，但其主体是粒径小于 74 μm 的煤尘。

2）浮游煤尘具有一定的浓度

煤尘浓度在爆炸下限和爆炸上限之间时才会爆炸，低于下限浓度或高于上限浓度的煤尘都不会发生爆炸。不同种类的煤和不同的试验条件得到的爆炸上、下限浓度不相同，但一般来说，煤尘爆炸的下限浓度为 30～50 $g \cdot m^{-3}$，上限浓度为 1000～2000 $g \cdot m^{-3}$，其中爆炸力最强的浓度范围为 300～400 $g \cdot m^{-3}$。井下空气中如果有瓦斯和煤尘同时存在，二者能相互降低爆炸下限，从而增加瓦斯煤尘爆炸的危险性。瓦斯浓度达到 3.5％时，煤尘浓度只要达到 6.1 $g \cdot m^{-3}$，就可能发生爆炸。

3）点燃煤尘的引爆火源

煤尘爆炸的引爆温度一般为 250～500 ℃，这种温度在井下各种作业地点是容易达到的。温度越高，越容易引起爆炸。如果空气中含 O_2 浓度降低，则引爆温度升高，含 O_2 浓度低于 10％时，煤尘不会爆炸。

3. 引起煤尘爆炸的多发原因

我国大多数煤矿属于有煤尘爆炸危险的矿井。在矿井生产过程中，煤尘浓度达到爆炸下限的情况虽然并不常见，但在煤层中放炮的瞬间和放炮后的短时间内，由于煤的破碎和附近沉积的煤尘被扬起，常使悬浮煤尘达到爆炸的下限浓度。另外，矿井巷道中普遍有大量沉积的煤尘，这些煤尘如果重新飞扬在空气中就可能迅速达到爆炸下限的浓度，这是使许多局部性事故迅速扩大成区域性事故或全矿性重大恶性事故的主要原因。矿井中可以引起煤尘爆炸的火源经常发生，如放炮产生的火源、电气火花、局部地点的火灾或瓦斯爆炸、金属摩擦热或碰撞火花等，都可以引起煤尘爆炸事故。常见的引起煤尘爆炸的直接原因有以下几种：

（1）使用非煤矿安全炸药在煤层中放炮，放炮的火焰把爆破后扬起的煤尘点燃引爆。

（2）放炮时违章操作，如不除净炮眼内的煤粉、不填或少填炮泥、用炮纸和煤粉代替炮泥、放炮前不洒水等，使放炮时出现明火引爆煤尘。

（3）使用毫秒雷管不当，如毫秒雷管最后一段的延期时间超过 130 ms 等，或在煤层中使用段发雷管，使后起爆的爆炸火焰点燃先起爆形成的高浓度煤尘和瓦斯。

（4）在煤层中放连珠炮，用多根放炮导线连续放炮。1980 年 12 月 8 日，位于江苏省徐州市附近的韩桥煤矿夏桥井发生煤尘爆炸。根据爆炸后现场的情况分析判断，在放炮时采用多芯线一次联炮、短间隔放炮的方法。这样，前一炮崩起的煤尘尚未被吹散，紧接着第二炮又响了，导致炮眼处喷出的火焰引起飞扬的粉尘爆炸。

(5) 在有煤尘沉积的地方放明炮或在煤仓中放炮处理堵仓。

(6) 倾斜井巷中的跑车、矿车和轨道的摩擦热或碰撞火花点燃被扬起的沉积煤尘。

(7) 局部火灾或瓦斯爆炸点燃被扬起的沉积煤尘等。

人们虽然已经掌握煤尘爆炸的条件和引起爆炸的原因等知识，但是在煤矿生产中仍然有人对煤尘爆炸的危险性认识不足。虽然当瓦斯超限时警惕性较高，但对煤尘浓度很高、沉积煤尘很多的情况却不那么重视，以至于发生煤尘爆炸。

4. 粉尘爆炸的过程

可燃固体在空气中燃烧时释放出热量，而释放能量的快慢(燃烧速度的大小)与固体暴露在空气中的面积有关。因此，对于同一种固体物质的粉尘，其粒度越小，比表面积则越大，燃烧扩散就越快。一方面如果这种固体的粒度很细，以至可悬浮起来，一旦有点火源将其引燃，则可在极短的时间内释放大量热，这些热量来不及逸散到周围的环境中，致使该空间内气体受到加热并绝热膨胀，而另一方面粉尘燃烧时产生的大量气体使体系形成局部高压，以致产生爆炸及传播。

发生粉尘爆炸的粉尘粒径大致是 0.5～15 μm，即使如此微细的物质，其燃烧也要经过如下几个阶段：①粉尘颗粒表面受着火源或加热源加热；②颗粒表层有挥发性成分蒸发；③其蒸气或雾体产生燃烧。虽然粉尘爆炸的机理还不十分清楚，但燃烧初期，粉尘颗粒表层可假想有图 8－1 所示的反应带。

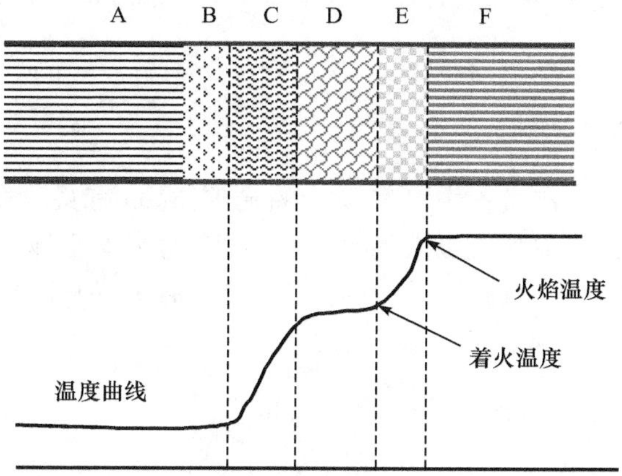

图 8－1 粉尘颗粒表层的反应带

图 8-1 中，A 为未反应部分，此处温度不上升，粉尘颗粒内部无明显变化。

B 为发泡带，最初外形无变化，但随着颗粒内部温度上升，开始产生分解并释放挥发性成分，粉体起泡。

C 为流动带，温度上升，挥发性成分从颗粒表面迅速流向空气中，挥发性成分浓度增高，但还未发生燃烧。

D 为反应带，挥发性成分的浓度迅速下降，以适当比例和空气混合，并发生燃烧反应，但还不发光。

E 为燃烧带，燃烧反应加剧，发出旺盛火焰。

F 为炽热带，处于火焰温度，光亮闪耀。

达到着火温度时，挥发性成分开始燃烧，出现火焰，而后可燃性成分完全氧化并放出大量热，温度稳定趋于一定值，即达到火焰温度(燃烧温度)。木材、木炭、煤或焦炭的燃烧温度都在 1000 ℃以上。燃烧从颗粒表面开始，然后向颗粒内部扩展，直至燃烧殆尽，以一种连锁反应进行，燃烧速度一般每秒仅数毫米。火焰在高温、高压下可看作黏性流动，很容易扩散到自由空间里而消散。但是，当火焰沿着固体间隙或壁面流动时，有高速流动的特性，火焰流经固体间隙并闪光，速度可达每秒几百米。火焰在物体表面切线方向迅速流动并闪光的现象称为传火。如果粉尘在 20 m 范围内扩散，以 100 $m \cdot s^{-1}$ 的速度传火时，则全部粉尘颗粒将在 0.1 s 内产生火焰；再假如颗粒的燃烧速度为 10 $mm \cdot s^{-1}$，颗粒的平均粒径为 4 μm 时，则颗粒将在 0.2 ms 内燃烧殆尽。因此，粉尘一旦着火，就会在短时间内由燃烧而引起爆炸。

许多国家都重视粉尘爆炸灾害预防和控制的研究。尽管建立了一些大型实验场，并基本统一了粉尘爆炸性测试方法与装置，制定了测试的 ISO 与 IEC(International Electrotechnical Commission，国际电工委员会)标准，但总的来说，目前粉尘爆炸的研究尚处于实验和经验阶段，系统的理论研究还只是刚刚开始。

8.3.2　粉尘爆炸的特点

1. 危害性大、破坏力大

粉尘爆炸是粉体生产过程中可能发生的最严重、危害最大的事故类型。因为粉尘爆炸属于突发性和破坏力极大的事故，生产部门和安全部门应对此十分重视。在可燃物和易燃、易爆物的破碎、筛分、储存、混合、输送、中转、包装、使用等过程中都必须防止此类事故的发生。

2. 粉尘爆炸具有复杂性

粉尘爆炸比可燃固体和可燃气体的爆炸都复杂。可燃性粉尘悬浮于空气中，形成爆炸浓度范围内的粉尘云，在点火源作用下，与点火源接触的部分粉尘最先被点燃并形成一个小火球。在这个小火球燃烧放出的热量作用下，周围临近的粉尘被加热，温度升高，引起着火、燃烧现象，这样火球迅速扩大而形成粉尘爆炸。

粉尘爆炸的难易程度和剧烈程度与粉尘的物理、化学性质及周围空气条件密切相关。燃烧热越大、颗粒越细、活性越高的粉尘，发生爆炸的危险性越大；密度小、易悬浮的可燃物质的爆炸危险性较大；空气中 O_2 含量高时，粉尘易被点燃，爆炸也较为剧烈。此外，粉尘和大气越干燥，则发生爆炸的危险性也越大。

对于具有爆炸性的煤尘，遇到火源时，火源周围的煤尘迅速气化放出可燃性气体。这些气体与空气混合后被点燃，燃烧的热量传递给附近的煤尘又使其受热气化和燃烧，这种煤尘气化燃烧不断循环扩展，传播速度越来越快，最终使煤尘的燃烧转变为爆炸。在发生爆炸的地点，空气受热膨胀，密度变小，在一个极短时间内形成负压区，外部空气在气压差的作用下向爆炸地点反流冲击，带来新鲜空气，这时爆炸地点如果还有煤尘、瓦斯和火源，可能连续发生第二次爆炸，造成更大灾害。

煤尘爆炸可放出大量热，爆炸火焰温度可达 1600～2000 ℃，使人员和设备受到严重损害。煤尘爆炸时，爆源 10～30 m 处的破坏程度较轻。在爆炸区内，离爆源越远，爆炸压强越高，破坏力越强。国外实测的煤尘爆炸压强可达 1.9 MPa。在煤尘爆炸中，火焰的传播速度和爆炸冲击波速度越传越快，而冲击波越来越超前于火焰的传播。实测的火焰传播速度为 610～1800 $m \cdot s^{-1}$，而爆炸冲击波最高速度据计算可达 2340 $m \cdot s^{-1}$。这样，巷道中沉积的煤尘先被冲击波扬起，随即被火焰点燃爆炸，使爆炸不断地向远处蔓延。煤尘爆炸气体中含有大量的 CO_2 和 CO，灾区空气中 CO 含量可高达 2%～8%，这也是造成人员死亡的重要原因。结焦性的煤尘发生强爆炸时，有部分煤尘被焦化，形成焦砟或黏块附着在支柱的背风侧，而迎风侧有烧痕；在弱爆炸时，焦砟与黏块在支柱的迎风侧。

3. 容易导致二次爆炸

粉尘爆炸发生之后，往往紧接着发生二次爆炸。这是由于在第一次爆炸前，有不少粉尘沉积在一起，如果扬起来，则能形成浓度超过爆炸上限的粉尘。当第一次爆炸形成的冲击波或气浪将沉积粉尘重新扬起时，粉尘在空中与空气混合，浓度在粉尘爆炸范围内，就可能紧接着发生二次爆炸。二次爆炸造成的灾害往往比第一次爆炸严重得多。

英国 Penhros 工厂 1983 年发生爆炸事故，调查推测其点火源为集尘器内某部件移动产生的火花，从而导致粉尘爆炸。由于集尘器内粉尘沉积较多，第一次爆炸产生的冲击波或气浪将集尘器和其他地方沉积的粉尘卷扬起来，形成可爆炸的粉尘云，导致了可怕的二次爆炸。

我国某铝品生产厂 1963 年发生粉尘爆炸事故，经调查后推断，最先是管道内铝粉尘燃烧爆炸，所造成的气流振动使车间内各处积存的铝粉尘飞扬起来，使整个车间空气中铝粉含量达到爆炸极限值，管道内泻出的灼热气体成为使整个车间引爆的点火源，导致了二次爆炸。二次爆炸猛烈程度远远大于管道内的一次爆炸，车间瞬间变成了废墟。

8.3.3 粉尘爆炸的特性参数

粉尘爆炸的特性可用相对可燃性、爆炸极限、爆炸压强、爆炸敏感性等参数描述。

1. 相对可燃性

粉尘燃烧的可能性一般用相对可燃性表示。在可燃性粉体中加入不可燃的无活性粉体并分散为尘云后，用标准点火源点火，使火焰停止传递所需要的无活性粉体的最低加入量（质量分数），即为相对可燃性。通常采用煅烧过的陶土作为无活性粉体，表 8-1 列出了一些粉体所需的陶土最低加入量（相对可燃性）。

表 8-1 粉体的相对可燃性

粉体种类	相对可燃性	粉体种类	相对可燃性
镁	90	合成橡胶成型物	90
锆	90	木质素树脂	90
铜	90	碳酸树脂	90
铁（氢还原铁）	90	紫胶树脂	90
铁（羰基化铁）	85	乙酸盐造型物	90
铝	80	尿素树脂	80
锑	65	玉米粉	70
锰	40	烟煤粉	65
锌	35	马铃薯粉	57
镉	18	小麦粉	55
乙酸盐树脂	90	烟草粉	20
聚苯乙烯树脂	90	无烟煤粉	0

相对可燃性相同的有机粉体与金属粉体在燃烧机理上有差异。有机粉体受热蒸发或分解产生蒸气，一般发生气相反应着火。Sn、Zn、Mg、Al 等金属粉体受热也产生蒸气，而熔点高的 Fe、Ti、Zr 等金属粉体受热不易产生蒸气，后者着火是直接在其颗粒表面发生的。金属粉体的相对可燃性按 Mg＞Fe＞Al＞Sb＞Mn＞Zn 的顺序下降。天然有机物的相对可燃性比合成有机物小，其原因之一是天然有机物

和大气的湿度保持平衡，因吸湿含有水分而降低了可燃性。

2. 爆炸极限

与可燃气体混合物发生爆炸一样，可燃粉尘爆炸也存在粉尘浓度的上限和下限。粉尘颗粒与颗粒之间的距离过大时，由于颗粒表面上的火焰不能延伸到相邻颗粒表面而消散，因此，尘云过于稀薄时，燃烧不能持续。反之，如果粉尘颗粒彼此过于紧密，也就是可燃物浓度太大时，由于颗粒之间不能保持必要而充足的 O_2，也不能引起燃烧。能够维持燃烧的浓度范围称为爆炸极限，可采用一些简化公式估算爆炸极限。

粉尘爆炸浓度的上限和下限不像气体那样确定，粉尘的上限值波动很大，这是因为粉尘的化学组成、粒度大小及成分不像气体那样稳定。爆炸下限浓度值受点火能量、O_2 浓度、粉尘粒度、粉尘种类、水分等诸多因素的影响。一般而言，粉尘爆炸下限浓度为 20～60 $g \cdot m^{-3}$，上限为 2～6 $kg \cdot m^{-3}$。上限更易受多种因素的影响，其值不如下限易于确定，通常也不易达到上限的浓度。一些粉尘的爆炸下限浓度等参数见表 8-2。

表 8-2　粉尘爆炸特性参数

可燃性粉尘	爆炸下限浓度/($g \cdot m^{-3}$)	最小着火能/mJ	最大爆炸压强/($\times 10^5$Pa)	备注
木材粉末	40	20	4.4	
酪蛋白	45	60	3.4	
煤	35	40	3.2	
氧杂萘邻酮茚树脂	15	10	4.4	危险物
木质素树脂	40	20	4.9	
镁	20	50	5.1	危险物
甲基间位丙烯基成型物	20	105	4.0	
季戊四醇	30	10	4.6	危险物
苯酚树脂	25	10	4.2	危险物
苯酚成型物	30	10	4.4	
无水苯二甲酸	15	15	3.4	危险物
聚乙烯	25	80	5.8	
聚苯乙烯成型物	15	40	3.5	
聚苯乙烯树脂	20	120	3.1	
聚乙烯醇缩丁醛	20	10	3.2	
丙烯醇树脂	35	20	4.8	
铝	25	50	6.3	危险物

续表

可燃性粉尘	爆炸下限浓度/(g·m^{-3})	最小着火能/mJ	最大爆炸压强/(×10^5Pa)	备注
硬脂酸铝	15	15	4.4	危险物
木棉细毛	50	25	4.7	
纤维素乙酸盐	25	15	4.8	危险物
纤维素乙酸盐成型物	25	10	4.4	危险物
尿素树脂	70	80	4.6	
尿素树脂成型物	75	80	4.4	
硬化橡胶	25	50	4.0	
环六亚甲基四胺	15	10	4.5	
纤维素	25	60	4.6	危险物

3. 爆炸压强

相对可燃性是易着火、易燃烧的指标，但不表征燃烧的结果——爆炸压强。粉尘爆炸压强与粉尘的浓度、粒度有关，在某一浓度范围内，爆炸压强随粉尘浓度的增大而增大，用最易爆炸时的浓度所对应的爆炸压强表示最大爆炸压强。粉尘爆炸的最大压强一般不超过 7×10^5 Pa，平均约为 3×10^5 Pa。爆炸压强的上升速率取决于场所的封闭状况，密闭状态时的上升速率可达 7×10^7 Pa·s^{-1}。

粉尘粒度越小，最大爆炸压强也越高。粉尘粒径小于 100 目时，其影响尤为显著。一般氧化反应是粉体表面积的函数，粒度越小，单位质量的颗粒数就越多，粉体的相对可燃性越大，燃点和爆炸下限浓度越低，最大爆炸压强上升速率越大。造型用乙基纤维素粉末的粒度与爆炸性的关系见表 8-3。

表 8-3　乙基纤维素粒度与爆炸性的关系

粒度/目	35	48	65	150	270
相对可燃性/%	3	10	24	70	90
着火点/℃	450	420	380	350	320
爆炸下限浓度/(g·cm^{-3})	—	220	100	25	20

4. 爆炸敏感性

粉尘爆炸的敏感性可以用着火敏感度、爆炸敏感度、爆炸指数等参数表征。

1) 着火敏感度

$$着火敏感度=着火温度\times最小着火能\times爆炸下限浓度$$

2）爆炸敏感度

$$爆炸敏感度 = 最大爆炸压强 \times 最大爆炸压强上升速率$$

3）爆炸指数

$$爆炸指数 = 着火敏感度 \times 爆炸敏感度$$

8.3.4　粉尘爆炸的预防途径

根据粉尘爆炸的三个要素：可燃性粉尘、粉尘悬浮于空气中且达到爆炸极限浓度范围以内、着火源，当这三个要素同时存在时才会发生爆炸，如图 8-2 所示。因此，只要消除其中一个条件，就可以有效地防止粉尘爆炸事故的发生。

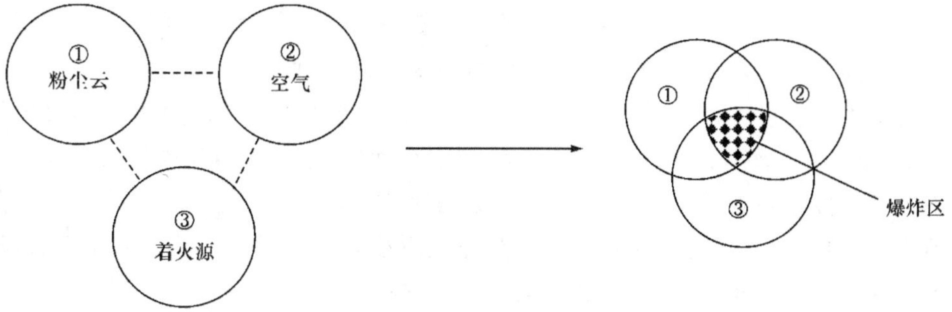

图 8-2　粉尘爆炸的三个要素

1. 排除着火源

引起粉尘爆炸的着火源有明火、电加热、电火花、静电放电、大电流电弧、热辐射、冲击等，甚至自燃形成的火源，如烟煤的自燃。这些着火源在尘云内出现时，爆炸将难以避免，因此，排除着火源是防爆的有效措施。

火花探测和熄灭系统是消除点火源的有效途径。这种系统通常安装在除尘管道上，在探测到点火源后，用适量的水雾将火花熄灭。

对于煤粉储罐内引起的自燃，因燃烧不充分放出 CO，可用测 CO 浓度的方法监控，及时向罐内补充惰性气体，抑制自燃。

在处理气体或蒸气类的爆炸性混合物、可燃性液体、具有爆炸性的粉体时，要防止静电放电引起爆炸。因此，储存这些物质的容器必须用导电性好的材料制作，装置还必须有良好的接地装置。另外，粉体在空气中自由降落时，往往由于与空气摩擦、表面剥落而带电。为此，接受粉体的容器必须绝缘，以防放电。要将粉体的带电仅通过接地导出并非易事，如果使粉体处于含大量水蒸气的氛围中，则能有效地防止粉尘带电。此外，还可采用空气中放电的方法，使粉尘离子化以中和带电。

2. 防止可爆粉尘云形成

可爆粉尘云的存在是爆炸的必要条件之一。可爆粉尘云是指粒径小于500 μm的粉尘的含量占有一定比例、粉尘与空气或 O_2 充分混合、浓度在爆炸范围内的悬浮状的尘云。

1）抑制粉尘浓度

控制粉尘浓度使之处于非爆炸范围内，也就是使粉尘浓度低于爆炸下限或高于爆炸上限，不形成可爆粉尘云，自然不会发生粉尘爆炸。

2）生产过程的惰性化处理

惰性化处理是避免形成可爆粉尘云的有效方法。例如，烟煤的最大爆炸压强上升速率随 O_2 浓度的降低而明显下降，当温度不太高时，使 O_2 浓度低至12%，则烟煤粉尘不会发生爆炸。此外，也可用惰性粉进行惰性化处理。由于无烟煤比烟煤的爆炸敏感度低得多，故可将其与无烟煤混合使用，用以在启动或停机时降低烟煤粉的爆炸性。新投产的烟煤粉处理系统先用惰性的石灰石粉试车，使设备死角处填充惰性粉，可以避免烟煤粉残留在死角内发生自燃。设备启动前或停机后，使用惰性气体清除设备内的积尘，也是防爆措施之一。

3. 降低 O_2 浓度

若能降低空气中 O_2 的浓度，可大大减小爆炸的可能性。空气中 O_2 浓度小于10%时，许多有机物粉尘将不发生爆炸。美国的塑料制品厂就是用限制 O_2 浓度的方法防止爆炸。

必须指出，限制 O_2 浓度对防止粉尘爆炸虽然有效，但空气中 O_2 不足对工作人员的健康是有害的。因此，在没有采取有效保健措施之前，不能采用降低 O_2 浓度的方法。如果用 CO_2 或 He 稀释以降低 O_2 含量，其优缺点与前者无多大差别。此外，用 CO_2 或 N_2 充入空气也不能防止某些金属粉尘的爆炸，因为有些金属在高温、缺氧的空气中仍能和 CO_2 或 N_2 发生激烈反应而燃烧和爆炸，尤其是铸造 Zr、Mg 及其合金时易发生爆炸，因此，这种情况下金属粉尘的存在是非常危险的。不爆炸的金属粉有 Al、Cr、Cu、W、Co、Ni、Se、不纯 Fe 等。

8.3.5 粉尘爆炸的防范措施

粉尘爆炸发生后，应限制其发展与传播，减少危害。由于粉尘爆炸的起因复杂，生产过程条件多变，因此必须针对不同的情况，采取相应的防护措施，主要的防护措施有爆炸的封闭、泄爆、抑爆、隔爆等。

1. 粉尘爆炸防护措施

1）封闭

烟煤的最大爆炸压强一般不超过0.9 MPa，采用封闭技术是可行的。封闭技术对设备强度的要求较高，设备必须能承受粉尘的最大爆炸压强而不产生永久变形。显然，设备的强度必须按压力容器的要求进行设计，设计耐压应高于最大爆炸压强。

2）泄瀑

如果设备的强度无法达到封闭的要求，则可采用泄爆技术。常压下泄爆面积可根据GB/T 15605—1995“粉尘爆炸泄压指南”计算。采用泄爆技术的设备投资比封闭技术低，故应用较普遍。对于高压系统不宜采用泄爆技术，因其泄爆气流速度可达音速，造成噪声污染，且维修不便。对于建筑物可安装泄爆门窗，将爆炸压力迅速释放。

3）抑爆

对于可能产生火源的设备和装置，应安装抑爆系统，如在设备之间的连接管道处采用喷射灭火剂抑爆，这样既可不中断生产过程，又可及时将初始火焰扑灭，不失为一种可行的措施。

4）隔爆

将爆炸危险性大的设备相对隔离，设置机械隔爆装置，将爆炸隔离在某个区域外。

2. IEP防爆系统

美国Fenwal公司防灾技术研究所成功开发了IEP防爆系统（Indutrial Explosion Protection System），既能防患人身事故，又能防护设备损伤。该装置可预测爆炸的先兆，在爆炸发生前即消灭其初期燃烧，防止二次爆炸发生。其作用如下：①使装置处于监视状态；②用压力或温度传感器检测着火条件；③喷射灭火剂阻止燃烧。以上三个动作在毫秒级时间内完成，然后过渡到以下动作：④到达破坏压力前先打开放泄阀；⑤防止邻接区域的二次爆炸；⑥相连机械停止运转；⑦发出警报，开启指示灯；⑧消防灭火装置启动。

塑料、药品、橡胶、金属、食品、化工等的粉碎作业，爆炸的可能性大。在这种场合，必须将压力或温度传感器设置在粉碎机、旋风筒、袋式除尘器、储仓等设备上，如图8-3所示。爆炸性粉尘和危险作业区如表8-4所列。

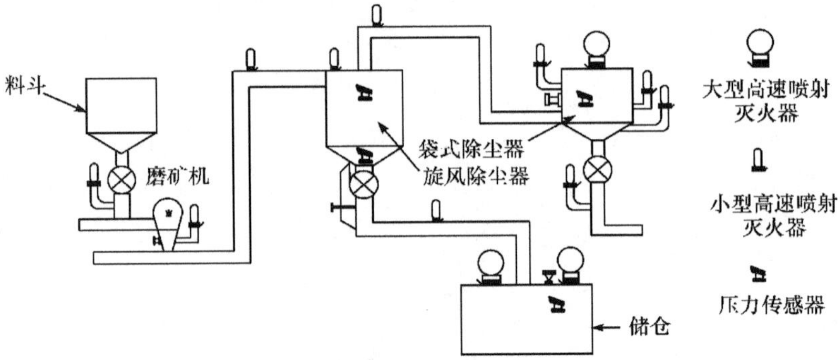

图 8－3　防爆位置

表 8－4　爆炸性粉尘和危险作业区

行业	爆炸性粉尘	危险作业区
塑料	苯酚树脂	粉碎机、旋风筒、除尘器
	聚苯乙烯	喷射机、湿风干燥机、旋风筒、除尘器、混合装置、储仓
	ABS 树脂	干燥机、收集器
	甲基纤维素	粉碎机、混合作业、筛分机
	醋酸纤维素	旋风筒、成型作业
	聚丙烯	袋式除尘器、储仓
	聚乙烯	干燥机
医药、农药、染料、颜料	各种医药	喷雾干燥机、粉碎机
	各种农药	回转烘干机、微波干燥机、喷雾干燥机、袋式除尘器、收集器
	各种染料	粉碎机、混合机
	己二酸	回转烘干机、输送机、储仓、换气管道
	苯二甲酸	冷凝器、旋风筒、收集塔
黏结剂	合成糊料	粉碎机
	糊精	粉碎机、焙烧炉、混合作业
饲料	谷物类	干燥机、筒仓、料罐、提升机、回转分级筛
食品	小麦粉	粉碎机、旋风筒、除尘室、回转烘干机、喷雾干燥机、筒仓
	淀粉	粉碎机、旋风筒、袋式除尘器、干燥机
	砂糖	粉碎机、筛分机、料斗、袋式除尘器、静电除尘器
木材	木粉 纸粉	粉碎机、回转烘干机、旋风筒、储仓

用作灭火剂的物质必须考虑消火速度、消火能力及毒性等。常用的灭火剂有①干粉灭火剂，一种干燥、易流动的微细固体粉末，由具有灭火作用的基料（如 $NaHCO_3$、磷酸盐等，占 90%以上）和防潮剂、流动促进剂、结块防止剂等添加剂组成；②泡沫灭火剂，能与水相溶，并可通过化学反应或机械方法产生灭火泡沫；③卤代烷灭火剂，其灭火原理是对燃烧反应起化学抑制作用，同时也有一定的冷却和窒息作用，对于不爆炸但产生热效应的场合也适用。

3. 煤尘爆炸防范措施

(1) 煤矿井下通风是重要的安全措施，平时一定要保证正常的风流。

(2) 在容易产生煤尘的地点，可采用煤层注水、洒水、喷雾和清扫等方法，防止煤尘飞扬和悬浮在空中。

(3) 井下作业情况复杂，放炮有较大的危险性。如果操作稍有不当，极易引起火灾、煤尘爆炸等事故，一般不可采用联炮、短间隔放炮的方法。

(4) 放炮的炮眼深度和封泥深度一定要符合安全要求。

(5) 在有煤尘爆炸危险的工作面采取爆破作业时，在放炮前后，均应在其附近 20 m 范围内的巷道洒水，以消除悬浮煤尘，并可使爆炸震起的煤尘及时散落。

8.4 沙尘暴的危害及防治

8.4.1 沙尘暴的成因和危害

1. 沙尘暴的定义

在气象学中，将沙尘天气分为浮尘、扬尘、沙尘暴三个等级。浮尘天气是指在无风或风力较小的情况下，尘土、细沙均匀地浮游在空中，使水平能见度小于 10 km。扬尘是指风力较大时，将地面沙尘吹起，使空气相当混浊，水平能见度为 1～10 km。沙尘暴(sandstorm)是沙暴和尘暴两者的总称，是指强风把地面大量沙土卷入空中，使空气特别混浊，水平能见度低于 1 km 的天气现象；其中沙暴是指大风把大量沙粒吹入近地面气层所形成的携带沙的风暴；尘暴则是大风把大量尘埃及其他细粒物质卷入高空所形成的风暴。沙尘暴又分为一般沙尘暴、强沙尘暴和特强沙尘暴三个等级，一般沙尘暴的水平能见度小于 1 km，强沙尘暴的水平能见度小于 500 m，特强沙尘暴的水平能见度小于 50 m。

2. 沙尘暴的成因

沙尘暴形成的基本条件：①地面上裸露的干燥、疏松的沙尘物质；②强风；③不稳定的空气。三者同时存在才能产生沙尘暴。三个因素中，沙尘源是形成沙尘暴的物质基础；强风是卷扬沙尘的动力；而不稳定的空气，即气压差造成空气上下对流，将沙尘卷入高空是形成沙尘暴重要的动力条件。因此，可以说沙尘暴是特定的气象和地理条件相结合的产物。

近年来，在全球气候变化的影响下，我国北方地区干旱和暖冬现象日益加剧，加之不合理的人为活动（滥垦、滥伐、滥樵、滥牧、滥用水资源等）干扰，造成大面积的植被破坏，加剧了土地沙化，沙尘暴途经地带，壤质和砂质土壤比例相当高。当春季回暖解冻、狂风刮起时，大面积沙化土地上裸露的干燥、疏松沙土极易被强风扬起，为沙尘暴的形成提供丰富的沙源。青藏高原北部特有的大气环流给我国西部地区带来的频繁强风是形成沙尘暴的动力条件。如果低层空气温度高，则不稳定，容易向上运动，风吹动沙尘，卷扬很高，形成沙尘暴。

除上述三大因素外，工矿、交通建设、大规模施工等产生的扬尘也为沙尘暴的发生和发展提供了细沙和尘土。某些地区和环节的政策失误、管理混乱、协调失控、运转机制失效是导致沙尘暴的社会原因。

我国多方专家研究后认为，我国北方地表沙化加剧是沙尘陡增的一个重要原因。研究表明，20 世纪 50～60 年代，我国沙化土地面积平均每年扩展 1560 km^2，90 年代每年扩展已达 2460 km^2，全国土地沙化面积达 2.62×10^6 km^2。尽管在内蒙古科尔沁部分地区，经过 20 多年人工造林的努力，植被得以恢复，但从整体来看，建设与破坏相抵后，土地沙漠化面积仍在迅速增长，基本评价应是“局部改善，整体恶化”。

对多个全球气候模式及区域模式的分析结果表明，未来几十年内，在全球变暖的影响下，北半球中纬度内陆地区降水量变化不大，但温度显著升高，地表蒸发加大，土壤变干，这是有利于沙尘暴发生的不良气候背景；再加上土地资源利用不合理的局面短期内难以根本扭转，草地资源退化和减少的状况难以根本改变，以及水资源短缺的矛盾日趋严重，都将导致未来沙尘暴的继续活跃。另据中华人民共和国环境保护部和中国科学院联合“探索沙尘暴”科学考察队的考察结果，综合考虑近期生态环境和气候状况的变化，以及近年沙尘暴活跃势头，也认为在未来几年，我国的沙尘暴仍将会增加。

3. 沙尘暴的时空分布

沙尘暴主要出现在沙漠地区及其相邻近的干旱、半干旱地区。世界上有四大沙尘暴多发区：中亚、北美洲、澳洲及包括中非和西亚在内的中东地区。

北美洲的沙漠主要分布于美国的西部和墨西哥的北部。在与沙漠接壤的荒漠干旱区，沙尘暴时有发生，甚至在大平原上爆发了历史上著名的“黑风暴”。导致北美洲沙尘暴的原因主要是土地利用不当、持续干旱等。

澳大利亚是个干旱国家，陆地面积的 75％属于干旱和半干旱地区。澳大利亚的中部和西部海岸地区沙尘暴最为频繁，平均每年有 5 次之多。由于许多地区气候干燥，加上耕作和放牧的影响，土壤表层缺乏植被的覆盖，导致土地的逐渐沙化，一旦刮起大风，就会发生沙尘暴。

亚洲中部的沙漠区在不断扩大，原苏联的中亚五国(哈萨克斯坦、乌兹别克斯坦、吉尔吉斯斯坦、塔吉克斯坦、土库曼斯坦)是沙漠化比较严重的地区，总面积近 $4\times10^6\ km^2$。由于人口的快速增加，人为过量取水灌溉，乱砍、滥伐森林，超载放牧，草场退化，沙漠化十分严重。中亚地区盐土面积辽阔，达 $1.5\times10^5\ km^2$，因此造成沙尘暴和盐尘暴的混合发生。

中东地区的沙尘暴主要在非洲撒哈拉沙漠南缘地区，从20世纪70年代初到80年代中期，由于连年旱灾及当地人过量放牧和开垦，造成草场退化、田地荒芜、沙漠化土地蔓延、沙尘暴加剧，当地人的生活环境急剧恶化。频繁的沙尘暴还波及其他地区，有的沙尘被风带过大西洋到达南美洲亚马逊地区，还有的沙尘被吹到了欧洲。

我国属于中亚沙尘暴多发区。近年来，我国西北、华北、东北，以及湖北、江苏、安徽等省区沙尘暴频繁发生，波及大半个中国，沙尘暴发生的频率和强度明显增加，使全国近20个省会城市受到沙尘的污染，其中呼和浩特、兰州、太原、西宁、银川、北京、天津、石家庄8个城市为多发重度污染城市。

根据沙尘暴发生的频率、强度、沙尘物质组成和分布、生态、土壤水分含量、水土利用方式和强度，结合区域环境背景，可确认沙尘暴源区。利用卫星、遥感等高新技术研究的结果表明，我国沙尘暴的源区分为境外源和境内源。境外源主要有蒙古国东南部沙漠区和哈萨克斯坦东部沙漠区。境内源主要是内蒙古东部的苏尼特盆地或浑善达克沙地中西部、阿拉善盟中蒙边境地区、新疆维吾尔自治区南疆的塔克拉玛干沙漠和北疆的古尔班通古特沙漠。根据卫星遥感图像分析，初步推断影响我国沙尘暴的路径主要有三条：①偏西路径，翻越帕米尔高原后进入南疆盆地，然后向东移动继续影响青海和甘肃；②西北路径，经北疆和蒙古国西部进入我国，影响新疆、青海、甘肃、宁夏、内蒙古及陕西等地区；③偏北路径，由贝加尔湖或蒙古国中部和东部进入我国，主要影响内蒙古、甘肃、宁夏、陕西及华北地区。

我国沙尘暴的季节变化特征是春季最多，占全年总数的1/2，夏季次之，秋季最少。按月份来看，4月份沙尘暴的发生率最高，3月份和5月份次之，9月份最低。我国西北地区沙尘暴的日变化特征为午后和傍晚占总数的65.4%，清晨到中午占34.6%。

4. 沙尘暴的危害

沙尘暴是21世纪我国及美国、墨西哥、澳大利亚等国家面临的最大环境问题之一，其主要的危害有如下三个方面：

(1) 造成人畜伤亡、建筑物倒塌等严重的经济损失。近几年来，我国每年因风沙危害造成的直接经济损失达 540 亿元，相当于西北 5 省区财政收入的 3 倍。

(2) 掩埋农田、居民区、工矿、道路。每次沙尘暴的尘源区和影响区都受到不同程度的风蚀侵害，风蚀深度可达 1～10 cm。我国每年由沙尘暴产生的土壤细粒物质流高达 1～10 Gt，其中绝大部分粒径在 0.063 mm 以下，损失了大量的土壤有机质及氮、磷、钾，这对源区农田和草场的土地生产力造成严重的破坏。在影响区，以风沙流的形式造成农田、渠道、村舍、交通线路、草场等被大量的流沙淹没，对大中城市、工矿及交通运输造成严重的威胁，沙尘暴景象如图 8－4 所示。

图 8－4　沙尘暴现象

(3) 加剧生态环境的恶化和环境污染。草场和农田受到严重的风蚀，土地沙化面积不断扩大，加速水土流失，黄河中每年有 1.6 Gt 的泥沙全部来自西北的风沙区。在沙尘暴源地和影响区，大气污染加剧，人们的健康受到影响。沙尘暴期间，人们会明显感到呼吸困难，引发咳嗽、哮喘等呼吸系统疾病，每次沙尘过后，发病率都会明显增高。

8.4.2　沙尘暴的防治对策

1. 国外沙尘暴防治经验

人类不合理的开发活动加剧了沙尘暴的发生。美国西部，原苏联哈萨克斯坦、西伯利亚、乌拉尔等地区震惊世界的沙尘暴灾害均是由盲目垦荒造成的。

美国的西部地区原本是一片辽阔的大草原，肥美的绿草使印第安土著人世世代代过着平静的放牧生活。然而，1860～1890 年这种平静被打破了。随着美国开发西部的潮流，大量移民涌入西部，盲目垦荒 9000 km^2。使土壤大面积裸露、沙化，再加上美国西部干燥、多大风的气候特征，导致 1934 年震惊世界的美国西部特大沙尘暴灾害“黑风暴”。因沙尘暴灾害，这一年美国西部大平原损失了 300 Mt 肥沃土壤，损毁耕地 4500 km^2，16 万农民倾家荡产逃离西部大平原，众多城镇成为荒无人烟的空城。

原苏联自 1954 年起在哈萨克斯坦、西伯利亚、乌拉尔、伏尔加河沿岸和高加索的部分地区，盲目大量开垦荒地，10 年垦荒 6000 hm^2（公顷，1 hm^2 = 10000 m^2）。由于耕作制度混乱，又缺乏防护林带，加之气候干旱，造成新垦荒地风蚀严重。每年春季疏松的地表土被大风刮起，形成沙尘暴。1960 年 3 月和 4 月的沙尘暴席卷了原苏联南部大平原的广大地区，使垦荒地区春季作物受灾面积达 400 hm^2 以上。

1963年的沙尘暴比1960年更严重，在哈萨克斯坦被开垦的土地上，受灾面积达2000 hm^2，占垦区总面积的80%。

上述国外沙尘暴灾害实例表明，人类不合理的开发活动不但影响环境，而且会给国家和人民生命财产造成巨大损失，不能只顾眼前利益而无限度地向大自然索取，而不给大自然"休养生息"的机会，否则将受到大自然的惩罚。

美国西部特大沙尘暴使美国人聪明起来，美国国会通过决议长期投资治理西部地区沙尘暴。其治理手段是严禁垦荒，退耕还草，并作为国家公园保护起来；在大风来临之前，对干燥、疏松的耕地进行喷灌，以免扬尘；依靠间作、套作、作物留荐、增加冬春季田间覆盖和改革农具等，大力减少沙尘暴的发生率。

原苏联哈萨克斯坦等地区治理沙尘暴的主要手段是退耕还草和营造农田防护林，经过艰苦努力已基本解决沙尘暴灾害，使之不再猖狂。

总结国外治理沙尘暴的经验主要有：①"封堵"，保护好沙漠周边的草原带，阻止新沙源区的扩展；②退耕还草，退耕还牧；③推广土壤保持耕作法，如少耕、免耕及轮作；④营造防风林。

2. 我国沙尘暴防治对策

多年来，我国防沙、治沙取得很大的成绩，但总体上是治理速度赶不上沙化速度。治理沙尘暴是一项基础性建设任务，既要有阶段性攻坚目标，又要有持久的奋斗目标。目前把治理北京沙尘暴源区作为重中之重，治理重点地区为内蒙古浑善达克沙地、北京北部沙化草原、阴山北部风蚀沙化土地、山西雁北沙化土地和华北平原北部河流冲积沙化土地。加速构筑京津绿色生态屏障，阻挡沙尘暴侵入京津地区。

(1) 坚持"预防为主，保护优先，防治并重"的生态保护与建设方针。沙尘暴是一种自然现象，目前人类尚不能控制它们的生消，但可以减少和降低其出现的频数和强度。沙尘暴是恶劣生态环境的直接产物，沙尘暴防灾、减灾的根本出路是遏制沙尘暴形成的物质基础——沙源。改善生态环境，在保护好沙源地区现有植被的同时，退耕还草，合理放牧，大面积恢复自然植被。在沙源的周围地区，人工种草、种树、营造防风林，因地制宜，宜乔则乔、宜灌则灌、宜草则草，建立乔、灌、草相结合的防风固沙体系。封山、封草，严禁超载放牧，以固泥沙。根据内蒙古多年实地研究的数据，按成本效益分析法分析，治理沙尘暴效果最佳的是退耕还草、推广轮作、免耕等土壤保持耕作方法。

(2) 深入研究沙尘暴源区环境与沙尘暴运移规律。沙尘暴是我国北方重大灾害性天气，但过去重视不足，投入不够，研究不深入。应大力开展沙尘暴分布、形成、机制、监测、预报及防御技术的研究；开展气候变化对沙尘暴演进的影响等研究，为研制决策提供科学依据。应强调地球科学、环境科学等多学科的有机交叉综合，从地球各圈相互作用过程来揭示沙尘暴运动规律和成灾机理，加强人口、资源、环境、灾害之间互馈的关系研究。通过土地沙化与沙尘暴间的相互偶合关系及强风时空特征，分层次地摸清极限气候条件下生态环境的改良对沙尘暴天气防灾减灾的调节功能。

(3) 实施西部开发战略应把保护和改善生态环境放在首要位置，作为西部大开发的切入点。防治西部地区沙尘暴要注意生态效益、经济效益和社会效益的有机结合。要加大防治力度，依法防治沙化、沙尘暴，进一步完善《中华人民共和国草原法》、《中华人民共和国森林法》、《中华人民共和国水土保持法》、《中华人民共和国防沙治沙法》。加大防治沙尘暴的宣传教育力度，充分调动各方面的积极性，才能从根本上遏制土地沙化扩展势头，治服沙尘暴，确保我们赖以生存的环境及可持续发展。

(4) 突破传统、被动的气象灾害"预防—救灾"体制，形成更适合可持续发展的高效、动态的"生态治理—灾害控制"的沙尘暴调控体系。切实处理好防沙与治沙的关系，转变重治理、轻预防的认识，以防为主，积极防治。京津地区近期防治沙尘暴的关键在于治理其相邻沙化草原地区和农牧交错区的沙化土地，要改变过去以沙漠、戈壁为目标的治理思路。治理沙尘暴是一项系统工程，涉及环境、农业、气象、草原、生态、林业、水利等方面，各有关方面应依靠科技进步，通力合作。加大防沙、治沙投资力度，多渠道集资，调动全社会防治沙尘暴。治理与脱贫解困相结合，加大扶贫开发力度。根据卫星及遥感等高新技术研究表明，我国的扬尘和沙尘暴源地半数为蒙古国，加强与蒙古国合作，共同防治沙尘暴。

(5) 合理调配水资源，利用经济杠杆，提高水资源利用率。重视并合理安排生态用水，通过人工影响天气手段合理开发利用空中水资源，调节和增加大气降水量，在一定程度上弥补沙尘暴源区地表和地下水资源的不足，改善其生态环境。

(6) 进一步完善包括地面观测、高空观测、天气雷达观测、气象卫星观测、全天候通讯网、沙尘暴动态监测、预报系统，及时、准确地发布沙尘暴信息，以利于各有关方面提前安排好生产、交通及生活，使沙尘暴灾害造成的损失降低到最低程度。

8.4.3 纳米蒙脱石用作治沙材料

蒙脱石是具有层状结构的硅酸盐黏土矿物，其几何形体为纳米尺度，片层厚度约 1 nm，长和宽 100～1000 nm，层间距 1.0～1.5 nm。层片间的阳离子(Na^{+}、K^{+}、Ca^{2+}、Mg^{2+}、Al^{3+}等)吸附能力较弱，容易与外界阳离子发生交换，进行插层处理后形成特殊的层间结构。蒙脱石能将水及植物生长所需的营养物质嵌入层间，具有固水、固肥、缓释、改善沙化土壤的团粒结构等功能，可为植物提供良好的微生态环境，且能固定细小沙尘。将附有治沙材料的"种植绳"埋入沙层内，年降雨量在 200 mm 以上时，通过植物根系的发育起作用，生长出各种植物(草、乔木、灌木、藻类)，如图8-5所示，从而可防治沙尘暴。

成都正光生态科技公司和四川大学用蒙脱石作为治沙材料，经过四川西北若尔盖草原、内蒙古浑善达克沙漠边缘等处的大规模实验，成效显著。

图8-5 沙漠"种植绳"

1. 蒙脱石治沙材料的特点

(1) 为天然有机/无机复合材料，绿色环保。以全土质化的天然矿物蒙脱石为基础材料，经"水肥柱撑"过程获得天然有机/无机复合材料，不存在难降解和有二次污染隐患等问题，为绿色环保治沙提供了基本保证。

(2) 在固水、固肥的同时，具有明显改善土壤结构的优点。纳米蒙脱石具有良好的吸附作用，可明显改善沙化土壤的团粒结构。而以往只强调固水，忽略固肥和改善沙化土壤的结构，未能形成植被所需的土壤条件。

(3) 具有良好的缓释效果。蒙脱石层间变距，层间电荷平衡被打破，层间吸附嵌入的水、植物营养元素的释放过程受电荷力的约束，在植物生长过程中具有良好的缓释特性。根据使用对象的特点，材料具有可设计性。

(4) 具有良好的固沙和防止沙尘飞扬的优点。纳米蒙脱石对细小沙尘具有良好的吸附、黏结作用，能有效地固定沙面和细小沙尘，改善土壤结构，减缓沙尘暴。

(5) 具有废物利用、资源综合利用、绿色环保的特点。该材料在生产工艺过程中使用大量的磷化工废弃物、农副产品、秸秆废弃物，具有变废为宝、综合利用资源的优势。

(6) 蒙脱石资源丰富，容易开采，生产成本低，是目前国内外已知的大规模用于治理沙漠的成本最低的材料。

2. 生态化治沙的效益评价

1) 生态效益

用纳米蒙脱石治沙使沙漠表面实现植被覆盖，特别是地衣的生长，对固沙十分有效，从而可以得到改善生态环境的目的。同时土壤环境中有益微生物有所增加，土壤和植被具备了自养和抗旱能力。整体效果和未治理前的状况相比，其改变显著、可持续，技术方法科学，工程成本比较经济适宜。

2) 经济效益

固定移动的沙丘预防沙漠化地区的沙化面积扩大，保护沙漠中的公路、铁路设施，具有重要的防灾、减灾意义。草、灌、乔复合的生态化治沙方法的有效使用，可以逐步取代效果持续时间短的机械固沙和传统的草方格固沙法，减少工程投入；可以发展节水农业和免耕农业，这对地广人稀的西北干旱地区很有吸引力；可以广种柴林及耐干旱的薯类作物，使之成为重要的能源基地；可以形成大面积牧草场，成为我国远离人口稠密带，没有污染的农牧基地。生态化的沙漠治理是治标又治本的有效措施，具有重要的、长远的经济效益。

3）社会效益

我国的沙漠地区是我们至今还没有充分认识和开发利用的潜在国土资源，是未来可开发的新增可用国土。生态化治沙技术是治理和改善沙漠环境，开发沙漠资源的关键的基础性技术，对沙漠地区的生态产业建设，新型环保经济的发展，当地农牧民的增收，具有重要的、长远的社会意义。

参考文献

卞学昌，张祖陆．2003．我国沙尘暴产生的原因、危害及防治对策．国土与自然资源研究，(2)：60—61

陈振兴．2004．特种粉体．北京：化学工业出版社

盖国胜．2000．超细粉碎分级技术——理论研究·工艺设计·生产应用．北京：中国轻工业出版社

高濂，孙静，刘阳桥．2003．纳米粉体的分散及表面改性．北京：化学工业出版社

胡秀颖，周仕学，王振华等．2008．球磨时间对镁碳复合储氢材料结构和性能的影响．功能材料，39(3)：424—425

李凤生．2000．超细粉体技术．北京：国防工业出版社

李凤生．2002．特种超细粉体制备技术及应用．北京：国防工业出版社

李凤生，刘宏英，刘雪东等．2004．微纳米粉体制备与改性设备．北京：国防工业出版社

李珣，陈文梅，褚良银等．2005．超细气流粉碎设备的现状及发展趋势．化工装备技术，26(1)：27—31

刘欣萍，肖荔人，许兢等．2006．无机粉体改性塑料的研究进展．应用化工，35(12)：952—957

卢国俭，周仕学，马怀营等．2007．反应球磨法制备镁/碳纳米复合储氢材料．功能材料，38(7)：1128—1131

卢寿慈．1999．粉体加工技术．北京：中国轻工业出版社

陆厚根．1998．粉体技术导论．上海：同济大学出版社

吕英海，周仕学，吕东琴等．2009．有机蒙脱石对赤潮藻生长的影响．矿产综合利用，(5)：30—33

罗驹华．2004．非金属矿物粉体机械力化学研究进展．化工矿物与加工，(11)：5—8

谬寄乔．2001．粉体材料科学与工程实验技术原理及应用．长沙：中南大学出版社

倪萌，Leung Michael K H，Leung Dennis Y C．2006．光催化剂纳米粉体的制备技术．粉末冶金技术，24(5)：379—382

聂鸿丽，罗帆．2004．粉磨功指数试验应注意的几个问题．建材技术与应用，(6)：16—18

邱冠周，胡岳华，王淀佐．1993．颗粒间相互作用与细粒浮选．长沙：中南大学出版社

苏小莉，曹智，张治军．2007．机械力化学法制备改性超细粉体的研究进展．金属矿山，(8)：1—3

陶珍东，郑少华．2003．粉体工程与设备．北京：化学工业出版社

王弘，陈宜鸿，马培琴．2006．粉体特性的研究进展．中国新药杂志，15(18)：1535—1539

王奎升．2002．工程流体与粉体力学基础．北京：中国计量出版社

王文义．2004．水泥颗粒特征与现代水泥粉磨技术．北京：原子能出版社

毋伟，陈建峰，卢寿慈．2004．超细粉体表面修饰．北京：化学工业出版社

吴成义，张丽英．2003．粉体成形力学原理．北京：冶金工业出版社

谢广元，张明旭，边炳鑫等．2001．选矿学．徐州：中国矿业大学出版社

谢洪勇．2003．粉体力学与工程．北京：化学工业出版社

姚书典. 1991. 重选原理. 北京:冶金工业出版社
曾凡,胡永平. 1995. 矿物加工颗粒学. 徐州:中国矿业大学出版社
张国旺. 2005. 超细粉碎设备及其应用. 北京:冶金工业出版社
张立德. 2001. 超微粉体制备与应用技术. 北京:中国石化出版社
张立德. 2007. 市场需求变化与纳米粉体产业技术升级走向. 新材料产业,(6):25—27
张庆阳,张沉,李莉. 2002. 我国北方沙尘暴及其防治初探. 城市环境与城市生态,15(5):48—50
郑水林. 1993. 超细粉碎原理、工艺设备及应用. 北京:中国建材工业出版社
郑水林. 2003. 粉体表面改性. 北京:中国建材工业出版社
郑水林. 2005. 超微粉体加工技术与应用. 北京:化学工业出版社
周乐光. 1990. 工艺矿物学. 北京:冶金工业出版社
周仕学,谭琦,马怀营等. 储氢材料 67Mg29C3Ni1Al 的放氢动力学研究. 功能材料,40(3):410—412
Carstensen J T. 2004. 现代药用粉体微粒学. 钟玉绪等译. 北京:中国医药科技出版社
Cai P, Huang Q, Zhang X, et al. 2006. Adsorption of DNA on clay minerals and various colloidal particles from an Alfisol. Soil Biology and Biochemistry, 38(3): 471—476
Cho M H, Bahadur S, Pogosian A K. 2006. Observations on the effectiveness of some surface treatments of mineral particles and inorganic compounds from Armenia as the fillers in polyphenylene sulfide for tribological performance. Tribology International, 39(3): 249—260
Holmes N S, Morawska L. 2006. A review of dispersion modelling and its application to the dispersion of particles: an overview of different dispersion models available. Atmospheric Environment, 40(30): 5902—5928
Saida K, Nishimoto K, Kawabata Y, et al. 2005. Sintering behavior of metallic and ceramic powders during pulsed electric-current sintering process// Novel Materials Processing by Advanced Electromagnetic Energy Sources. Amsterdam: Elsevier Science Incorporation: 289—292
Shao Y, Dong C H. 2006. A review on East Asian dust storm climate, modelling and monitoring. Global and Planetary Change, 52(1—4): 1—22
Wu Z C, Wang P, Yao X, et al. 2006. Effect of carbon/noncarbon addition on hydrogen storage behaviors of magnesium hydride. Journal of Alloys and Compounds, 414(1—2): 259—264
http://www.chinagrain.gov.cn
http://www.china-ex.com
http://www.cnpowder.com.cn
http://www.crystalstar.org
http://www.duststorm.com.cn
http://www.gmc.org.cn
http://www.kaogu.net.cn
http://www.zgkww.com